中 国 古 生 物 志

总号第 201 册 新丁种第 13 号

中国科学院 南京地质古生物研究所 编辑
古脊椎动物与古人类研究所

大荔中更新世人类颅骨

吴新智 著

（中国科学院古脊椎动物与古人类研究所、中国科学院大学地球与行星科学学院）

科学技术部基础性工作专项（2013FY113000）资助

科 学 出 版 社

北 京

内 容 简 介

本书对中国陕西省大荔县出土的一具中更新世人类颅骨进行了详细的描述和测量，并与其他人类颅骨化石做了比较研究。大荔颅骨是具有一系列原始特征和已经达到人类演化中"现代"水准和状态的，以及中间状态特征的综合体，表现出人类演化过程中的形态镶嵌。其他中更新世颅骨也有"现代"特征，但是都比大荔的少得多，提示古人类形态"现代化"的进程在中更新世已经有了展现，大荔颅骨所代表的人群可能与现代人相应特征的形成有过比较多的联系。大荔颅骨大量特征与中国其他中更新世人相同或相近，还与国外其他中更新世人共享许多特征，代表中国古人类连续进化，与境外古人类有过杂交的演化过程中的一个重要环节。大荔颅骨的研究为现代人起源的多地区进化说和中国古人类网状的连续进化附带杂交的假说增添了形态学证据。本书还为人类演化提出一个简略的图景，认为大荔颅骨代表直立人在早更新世发出的一支的后代，是中更新世人类多样性的一员。

本书可供国内外古人类学、考古学工作者参考。

图书在版编目（CIP）数据

中国古生物志. 新丁种第 13 号（总号第 201 册）：大荔中更新世人类颅骨/吴新智著. —北京：科学出版社，2020.10

ISBN 978-7-03-066396-2

I. ①中… II. ①吴… III. ①古生物–中国 ②中更新世–人类–颅骨–大荔县 IV. ①Q911.72

中国版本图书馆 CIP 数据核字（2020）第 199425 号

责任编辑：胡晓春 孟美岑 / 责任校对：张小霞
责任印制：吴兆东 / 封面设计：黄华斌

科学出版社 出版
北京东黄城根北街 16 号
邮政编码：100717
http://www.sciencep.com

北京捷迅佳彩印刷有限公司 印刷
科学出版社发行 各地新华书店经销

*

2020 年 10 月第 一 版 开本：A4（880×1230）
2021 年 11 月第二次印刷 印张：13 1/2
字数：457 000

定价：168.00 元

（如有印装质量问题，我社负责调换）

《中国古生物志》编辑委员会

目　　录

图 表 目 录

一、前　言

大荔颅骨是我国发现的保存比较完好的中更新世人类颅骨，在我国的人类化石中占据着承先启后的位置，特别宝贵的是它保存了几乎完整的比大多数更新世中期标本在形态上更接近现代人的面部骨骼。这个颅骨的发现和研究使笔者有可能比较全面地探索中国的人类化石与国外，特别是欧洲、非洲化石的形态比较，进而思考我国的人类演化过程、及其与旧大陆西部古人类基因交流和现代人起源等更为广泛的问题。除了关于大荔颅骨本身的信息外笔者还尽量将一些比较重要的，源于国内外化石的比较资料写进本书，根据这些资料探讨诸多形态特征在人类演化过程中的发展趋势、地区变异和交流的状况，从而推论大荔颅骨在古人类的时间和空间分布格局内所处的位置，其与境内外其他人群之间的亲疏关系以及在人类演化过程中扮演的角色。

本书按整体颅骨非测量性特征的观察、整体颅骨测量、分骨观察和测量的顺序来介绍和讨论有关的各项形态学信息，原则上将那些涉及两块或两块以上骨骼的项目和颜面骨骼放在整体颅骨部分，将脑颅只涉及一骨的数据放在相应骨骼的部分。

1978年3月，住在陕西省大荔县西部段家公社解放村的地质队员刘顺堂在该村附近甜水沟的黄土陡壁上的砂砾层中发现了一具比较完整的人类颅骨，这就是本书研究的对象。有关情况已有多文发表（王永焱等，1979；吴新智等，1979；吴新智，1981），此处不再赘述。

根据伴生动物群和地貌位置判断，这个人类化石地点属于中更新世后期。用放射性同位素对伴生的动物化石测出的年代颇有参差，如人类颅骨出土地层的牛牙化石测得铀系年代为距今209000±23000年（陈铁梅等，1984）。用电子自旋共振法为伴存的贝壳化石测年结果是早于25万年（尹功明等，2001）。考虑到埋藏人类化石的砂砾层位于古土壤S2之下13米，以红外释光（IRSL）测定该古土壤层，其年龄为24.7万年前，推测大荔颅骨的年代比此为早。分析与人类化石同层的披毛犀牙齿的釉质和齿质的^{230}Th，得出年代分别为258+34/–26千年前和349+53/–38千年前。以电子自旋共振法（ESR）分析同层的丽蚌化石测得29.7–21.0万年。综合估计大荔颅骨的时代为30到26万年前（尹功明等，2002）。用ESR/U系法分析同层动物牙化石得出的年代为281+46/–41千年前（Yin et al., 2011）。

由于大荔颅骨和伴生动物化石都是出自河流堆积，而且有鱼化石共存，所以有人怀疑伴存动物与人类化石是否从不同的地方和层位搬运至此，用动物化石测得的年代能否代表大荔人类颅骨。大荔颅骨保存得相当完好，基本上没有磨损的痕迹，有些破坏而且被挤压向上的上颌骨齿槽突与颅骨其他部分仍旧镶嵌在一起没有脱离，显示其在河流中搬运距离不会很远。目前有关的测年技术还不够成熟，所获得的年龄数据的可靠性还有待提高，但是综合考虑各方面的资料，特别是所有年代数据都落在一个不太长的区间中，似乎可以认为，大荔颅骨很可能是与直立人的晚期成员，以及欧洲的"海德堡人"和非洲"罗德西亚人"大体上同时代的在东亚的一个代表，或处于东亚的早更新世或中更新世早期的直立人向智人过渡的阶段，与晚期直立人共存。作者声明：诸多物种名称往往被不同作者赋予不同的涵义，本书作者将按照提供资料的作者的原文或目前比较流行的提法进行引述，不因自己的观点而加以改变。

大荔的这具颅骨保存比较完全，主要缺少右侧顶骨的后大部，左侧顶骨后内侧的一小条，右侧颞骨的后上部，枕骨鳞部的右上部及相邻左半上部一小条。此外，颧弓、枕骨大孔周围、左上颌骨下部和蝶骨翼突也有缺损。上颌骨齿槽突破损严重，有变形，而且被挤压向上，其腭突与齿槽突脱离，被挤压向更上方，腭骨大部破损。其出土地位置见图1。

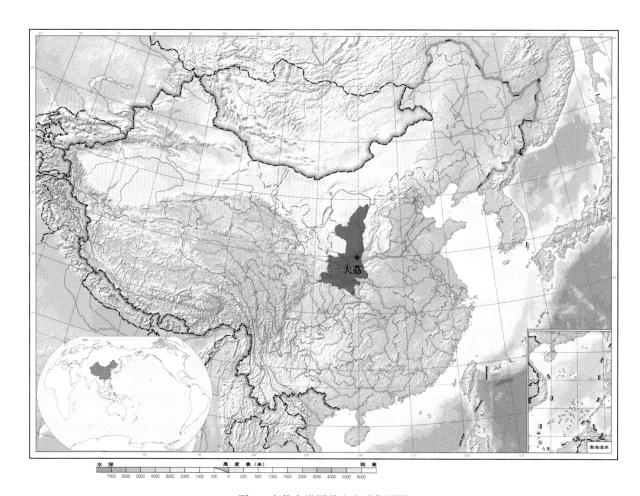

图 1　大荔人类颅骨出土地位置图

Figure 1　Geographical position of Dali site

审图号：GS（2020）5234 号

二、性别和年龄

大荔颅骨总体上比较粗硕，眉脊厚重，颞线和乳突上脊显著，脑颅骨壁颇厚，前额后倾，可判断为属于男性。不过还应当指出，大荔颅骨的颧骨颇小、颧弓颇细，乳突较小，与一般男性头骨不大协调，但是颧骨的表现也许有进步或其他方面的意义。(附带说一下，笔者使用"脊"字而不用一般使用的"嵴"字，因为后者指的是山脊，而前者才是泛指物体上像脊柱的条形隆起部分)

辽宁营口金牛山的中更新世人类颅骨形态在许多方面与大荔颅骨接近，但其骨壁比大荔的薄得多，肌脊较弱。Rosenberg 等(2006)对其髋骨进行的分析认为其可能为女性的。这从侧面支持大荔颅骨属于男性的鉴定。

从 16 世纪开始，人们就利用颅骨骨缝闭合作为判断年龄的手段，该方法在 20 世纪前半叶大行其道，但是到 50 年代却遭到严厉的批评，被认为"不可靠"。80 年代 Meindl 和 Lovejoy 研究了 Hamann-Todd Collection 的 236 具现代人颅骨，在其表面选取了 17 个点按 4 个级别记录了骨缝在各该点闭合的情况。他们从其中选取了 10 个点：①人字缝中点；②人字点；③顶孔点；④矢状缝前点；⑤前囟点；⑥冠状缝中点；⑦翼点；⑧蝶额点；⑨下蝶颞点；⑩上蝶颞点。他们将其中前 7 个点结合起来归之为穹隆系统；后 3 个点与翼点、冠状缝中点统归之为外侧前系统。他们对所获得的资料进行统计后发现：根据"外侧前系统"各点骨缝闭合状态判断出的年龄，比传统的根据颅内穹隆系统作出的结果要准确得多，该研究根据颅外骨缝闭合级别判断年龄的平均偏差只是传统方法的一半。前者的平均偏差的平均值是 7.5 年，而传统方法所得的平均偏差的平均值是 14.2 年(Meindl and Lovejoy, 1985)。从颅外观察，大荔颅骨穹隆部保存的部分除左侧蝶骨大翼上缘与额骨邻接的小段骨缝已经愈合外，其余骨缝都可以清晰地分辨。颅底的蝶枕缝已经愈合。颅骨内面的骨缝均未见愈合。按照 Meindl 和 Lovejoy (1985)的资料推测，可能在 19–48 岁之间。由于其颅内骨缝全部处于可见的状态，也许可以推测其年龄更可能处于这个区间的下部，即 30 岁上下。根据大荔颅骨骨缝的愈合与可见状态，参考 Steele 和 Bramblett (1988)的方法判断，这个个体的年龄可能处于 25–49 岁之间。

判断人类化石的年龄最好把头骨、牙齿和体骨方面的资料汇总起来进行综合考虑，才比较有把握。但是大荔却只有颅骨可以作为判断年龄的依据，因此，将其年龄判断在一个比较宽的范围内可能是比较合适的。这件标本可能保存有牙根，将来也许可以用 CT 研究其牙根，为估计年龄添加新的数据。

过去 Weidenreich 曾经写道，"中国猿人的情况(爪哇猿人更加如此)证明，早期人类颅骨骨缝开始愈合和完全愈合的过程比现代人早得多，骨缝愈合的程度比现代人完全得多。在这一方面早期人的情况与猿类比较相像。如果这符合实际，则可以推测，中国猿人生命的所有阶段都比现代人短，换句话说，一个用现代人的标准判断为 15 岁的中国猿人，实际上可能只有 10 岁甚至更小。"(Weidenreich, 1943, p. 179)但是 Smith (1991)联系灵长类第一臼齿的萌出时间与脑量及体重的关系进行研究，指出人猿超科的生活史格局有三个等级：南方古猿属于猿的等级；晚期直立人和尼安德特人(以下简称尼人)属于现代人等级；早期直立人属于中间等级。这种看法从 Bromage 和 Dean (1985)对南方古猿等人科成员未成年化石牙齿的显微研究可得到佐证。据此大荔化石人的生活史格局应该与现代人没有多大差别，可以采用同样的参考标准。Brooks (1955)曾指出男人与女人的骨缝愈合时间可以上下 5–8 岁。Meindl 和 Lovejoy (1985)报道人种和性别在颅骨骨缝愈合上的差异较小。因为现代人颅骨骨缝愈合的时间实际上有相当大的变异，所以当仅仅利用骨缝愈合状况来判断年龄时应该特别谨慎，应该知道据此判断出的年龄的可信度是有局限的。

三、整体颅骨非测量性特征的观察

本节记述颜面骨骼和那些涉及两骨或更多骨的性状，笔者将脑颅仅仅涉及一骨的大多数非测量性状放在各骨中分别记述。

1. 前面观 (图 2)

从前面观察，大荔颅骨与北京直立人颅骨相比给人显然不同的印象是大荔颅骨穹隆相对宽得多，穹顶轮廓线呈均匀的弧形，而北京直立人的则明显地呈两面坡屋顶状。大荔的脑颅总体上比直立人更加接近现代人。大荔颅骨的颜面给人特别深刻印象的还有：眉脊特别粗大，尤以中段和内侧段为显著，大荔和北京标本眉脊上缘的轮廓差异特别明显，前者的内侧段与外侧段交会成角状，后者则连成比较均匀的弧形。眉脊的详细描述和测量将见于额骨部分。北京和南京直立人的中面部(包括颧弓)比上面部宽得多，现代人两者差距小，大荔颅骨上面部与中面部宽度的差距，介于直立人和现代人之间。大荔的颧骨整体较小，下端比上端更近内侧。

眼眶

右侧眼眶保存比较完整，左眼眶下缘破损，外下部受到挤压，有些移位变形。两侧眼眶外侧缘中段颇直，其余各缘均为颇匀称的浅弧形。两眶内侧缘、右眶下缘弧度很浅，眶上缘则弧线稍深，右侧尤甚。除了左眶下外侧缘因破损情况不明外，各缘之间也都以弧形相接，缺乏角状转折。眶下缘内侧端斜向上内侧方，与泪前脊相连续处也不构成角形转折。右眶外下缘圆钝，与中国大多数人类化石一致。

北京直立人、南京直立人与郧县的人类颅骨的眶上缘都是基本上接近直线形；和县颅骨眶上缘的轮廓与大荔的最相近，而右眶上缘比大荔的弯曲。马坝颅骨的眼眶上缘呈圆弧状；而大荔此处为浅弧形。大荔颅骨的右眶总体上看除上缘有些弯曲外，比较接近长方形。中国其他更新世人类颅骨除了马坝比较接近圆形，和县颅骨眼眶上缘有些弯曲外，都比较接近长方形。

KNM-WT 15000 男孩的左眶接近圆形，右眶接近斜置的椭圆形，眼眶上缘呈弧形，眼眶下缘与内侧缘之间构成角形。KNM-ER 3733 左眶上缘较直，右侧略弯。OH 9 颅骨右眶上缘呈很浅的弧形，接近直线，左眶更直。Dmanisi 的 D 2700 的右眶上缘较直，左眶上缘略近弧形。

大荔和马坝颅骨既没有眶上突(supraorbital process)，也没有眶上切迹(supraorbital notch)和眶上孔(supraorbital foramen)，这在中国、甚至全世界的中更新世人类颅骨中是比较特殊的。金牛山颅骨两侧眶上缘有眶上突和眶上切迹(吕遵谔，1989)。蓝田直立人的眶上突显著，眶上切迹左侧宽大，右侧较狭小。北京直立人的眶上缘有宽而浅的眶上切迹，其外侧为突出的眶上突，没有眶上孔。南京汤山和沂源(吕遵谔等，1989)的直立人都有眶上突，助成宽大的眶上切迹。和县颅骨此处骨表面被侵蚀，难以判断有没有此二构造。总之，除和县直立人情况不明外，中国的直立人和金牛山颅骨都有眶上突和眶上切迹。大荔和马坝颅骨没有这两个结构，郧县颅骨似乎也没有。

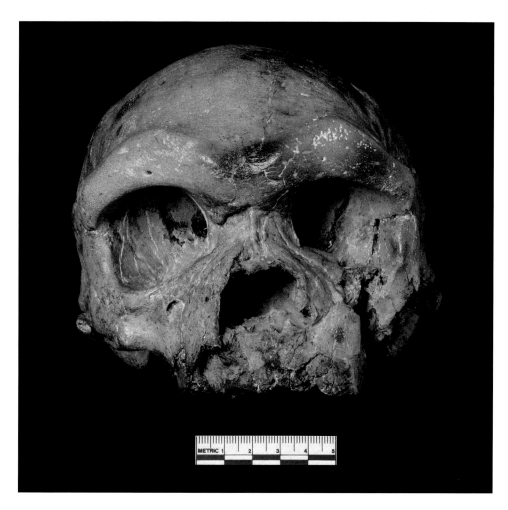

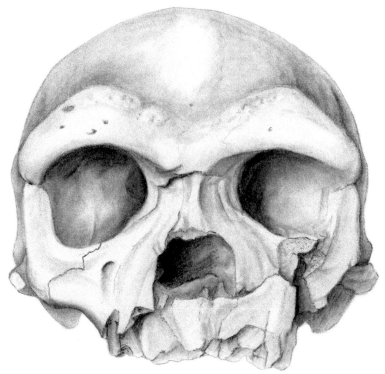

图 2　大荔颅骨前面观

Figure 2　Anterior view of Dali cranium

Arago 颅骨的左眶有眶上切迹及眶上突；右眶的眶上切迹还向上延展，在眉脊下部形成一沟，眶上突则较左侧为弱，只是一个很小的尖突。Petralona 的眼眶上缘呈很浅的弧形，右眶的眶上切迹处有较 Arago 为浅的切迹和沟，基本上没有眶上突，左眶上缘的内侧段有极为浅平，但似不够称为切迹的凹陷，中段有极弱的眶上突。在 Atapuerca SH 的保存了眶上缘内侧段的标本中，至少有一件有眶上切迹。AT-400+AT-1050 切迹最大，其外侧有明显的突起。Steinheim、La Ferrassie、La Quina、La Chapelle 和 Le Moustier 都没有眶上切迹。

KNM-ER 3733 右侧似有微弱的眶上切迹，左侧此部破损，从照片 (Rightmire, 1996, p. 24) 看，Bodo 颅骨没有眶上突和眶上切迹。Kabwe 1 号两眶都有显著的眶上突和眶上切迹。近年被许多古人类学者与 Petralona 和 Kabwe 一起归入海德堡人的 Bodo 颅骨却有眶上孔。

因此这一组结构的形态变异很多。旧大陆西部眶上突的存在与否有变异，中国直立人一般都有眶上突，金牛山颅骨有眶上突和眶上切迹，而大荔和马坝颅骨没有眶上突和眶上切迹，似乎只有 Bodo 与之一致。这对研究旧大陆东部和西部之间更新世中期古人类在进化上的关系可能有一定的意义。

现代人有浅的眶上切迹或眶上孔，没有眶上突。

几乎所有中国化石人类的颅骨眼眶外下缘都是圆钝的，迄今只有马坝头盖骨的右眼眶的外下缘比较锐利，是很少的例外。KNM-ER 15000 眶下缘颇锐，爪哇直立人 IV 头骨眼眶下外侧缘和尼人的眶外下缘也不圆钝。Petralona 头骨的眶外下缘圆钝，Arago 的眶外下缘宽平。眼眶外下缘圆钝或锐利似乎既没有功能方面的意义，也没有对某种环境适应的价值，看来遗传漂变导致中国绝大多数更新世人类眼眶外下缘圆钝，马坝一段锐利的眶缘可能是与其他地区基因交流的结果，不排除属于东亚人群内居次要位置的变异的可能。

大荔颅骨眶顶保存完好。其前端的内侧部有小的凹陷，左眶的凹陷呈梭形，其长度约为 16 毫米；右眶的小凹陷略呈新月形，长度与左眶的相近。眶顶的前外侧部为泪腺窝 (lacrimal fossa)，大荔颅骨右侧泪腺窝凹陷程度比左侧稍深，与成年北京直立人的相近。南京直立人左侧眶顶保存，和县直立人两侧眶顶的前部保存，泪腺窝都比大荔的为深。马坝头盖骨此处比大荔稍深，但又远逊于现代人很凹陷的泪腺窝。Weidenreich（1943）指出北京直立人 III 号和 Mojokerto 幼儿均有泪腺窝，因此他认为直立人的泪腺窝可能随着成年而消失。

OH 9 颅骨眶顶较平。Atapuerca SH 的所有额骨都表现出像尼人和现代人那样呈穹隆状凹陷的眶顶。Arago 21、Steinheim、Petralona 和 Kabwe 的眶顶也都呈穹隆状。泪腺窝都比大荔的明显，但是比现代人稍逊。

根据泪腺窝在这些颅骨上的表现，笔者设想，成年北京直立人的较平的眶顶是比较原始的特征，南京与和县标本在这个特征方面比北京的进步，在直立人的较平的眶顶和现代人的凹陷较深的泪腺窝之间有着类似马坝标本这样的中间状态，提示现代人的这个特征是逐渐演变而成的。Atapuerca SH 和 Arago 21 等比较早的标本的眶顶就已经呈比较深的穹隆状，看来泪腺窝逐渐变深的过程在欧洲和东亚是不同步的，现代人的这个特征在人类进化过程中在欧洲可能出现得相当早，而不是在现代人出自非洲说所假设的现代人最近共同祖先出现时 (20 万年前或 15 万年前) 才与其他"现代"特征同时出现的。总之，泪腺窝较深这个现代人区别于直立人的特征是从中更新世人的比较平坦的眶顶逐渐演变而成，不是在某个时间突然出现的，如果具有比较开放的思维，恐怕也不能排除来自尼人的可能性。

大荔颅骨左眼眶的外侧壁上有大的垂直裂口，显示颧骨与蝶骨分开。右眶外侧壁上有浅痕，可能指示两骨已经愈合的骨缝。眶壁此处有一较大的颧眶孔 (zygomatico-orbital foramen)，位置似在蝶骨与颧骨交接的区域。在此孔的前下方约 1 厘米处有二小凹，似乎也是小的颧眶孔。它们前距眶缘约 8 毫米。

大荔颅骨眶底呈内侧高外侧低的斜坡状。左眶底与外侧壁之间有狭的眶下裂 (infraorbital fissure)。左侧眶下裂的外侧壁向下延展颇深，使得眶腔只能经过垂直向下的通道与颞下窝 (infratemporal fossa) 相通，而不能向外侧水平地通往颞下窝。眼眶底较颞下面 (infratemporal surface) 为高。北京直立人颞下脊 (infratemporal crest) 稍低于眶脊 (orbital crest)，而现代人则两者通常位于同一水平，因此这是大荔颅骨比较接近直立人的特征。眶下裂中段与眶下沟 (infraorbital groove) 相接。眶下沟由后向前逐渐增宽，在距眶下缘约 6 毫米处，眶下沟向前延伸为眶下管（infraorbital canal），右眶的眶下裂与眶下沟后段为堆积物所充填，眶下沟前段的边缘破损。

眶上裂（supraorbital fissure）不清楚，但显然不会像现代人那样宽大。总的看来，大荔颅骨的眶上裂和眶下裂更接近北京直立人而与现代人相去较远。Weidenreich（1943）曾认为现代人眶上裂和眶下裂之增宽加大与颅骨骨量的减少有关。大荔颅骨在这方面尚保留着比较原始的状态。

额鼻缝和额上颌缝

大荔鼻骨的上缘很短，额骨与鼻骨上缘相连，不与鼻骨的侧缘相接，两侧的额鼻缝互相连续，其与两侧的额上颌缝也直接连续。两侧的额鼻缝和额上颌缝合成向下张开角度很大的倒 V 字形，与中国其他更新世人类化石的微向上凸的弧线形比较接近。在 Atapuerca SH 5 等颅骨，这四条骨缝合成张开角度较小的倒 V 字形。尼人的额鼻缝位置往往比额上颌缝为高，两者常不直接连续，其间有一段鼻骨侧缘与额骨相接的骨缝。总之欧洲中更新世颅骨和尼人中额鼻缝和额上颌缝表现多样，既有呈微向上凸弧线形的，也有成倒 V 字形或曲折上突者。在现代黄种人中，额鼻缝和额上颌缝的关系有相当大的变异，有的和中国更新世人类相似，有的和尼人相似，有的介于两者之间，所以就这一特征而言，中国的古人类在更新世时期呈现连续，而与近代人之间的关系比较复杂，既连续又有较多变化。推测中国近代人此处骨缝从更新世时的比较简单的格局变得更加多样，可能是在全新世与欧洲等地人群基因交流的结果。

梨状孔

梨状孔上缘破损，两侧缘或鼻脊（nasal crest）的大部保存，其上段边缘较锐，中段较钝。右侧下段因上颌齿槽突被外力向后方和上方推挤而破损，被挤入上颌体前表面的后方。左侧下段则被推挤向上方和前外侧，而与梨状孔左侧缘中段断开，并移动到上颌体的前外侧。尽管有这些被歪曲之处，但是从侧面观察仍旧可以看出，嗅点（rhinion）与鼻棘下点（subspinale）的连线所代表的鼻脊总的方位接近垂直，大荔的鼻脊下段似乎与现代人比较近似，而与黑猩猩相去较远。大荔颅骨梨状孔下缘部分破损，保留的部分显示似属婴儿型。梨状孔下缘左半和左外侧缘的结合部的外侧下方有一新月形浅窝。

Petralona、Arago 和 Kabwe 的鼻脊上段从上到下稍向后斜，鼻脊下段几乎垂直向下，与其上段构成浅的弧形。

距今 180–150 万年的人类颅骨的梨状孔宽阔，但是格鲁吉亚 Dmanisi 颅骨的梨状孔比东非的相对地要狭些（Antón, 2003）。南京直立人梨状孔也宽，大荔颅骨虽然因为破损不能作准确测量，但是看来也比较宽阔。

人类颅骨鼻腔底与鼻腔前口的关系一般表现为 3 种类型：①一水平型；②坡型；③两水平型。鼻腔前口与鼻腔底形成一个光滑连续的平面为一水平型；两者之间呈斜坡状或适度阶梯状为坡型；两者之间具有明显的垂直洼陷为两水平型。80%的成年和亚成年尼人都表现为两水平型，此型鼻腔底也以较低的频率出现于中更新世非洲人、晚更新世的 Skhul 和 Qafzeh、欧洲旧石器时代晚期人中的晚期者（14%–50%）。大约 10%的近代人也属于这个类型，而在撒哈拉以南的非洲人中，则出现率为 20%。欧洲中更新世人大多为一水平型，非洲中更新世人部分如此（Franciscus, 2003）。大荔颅骨鼻腔底前部和中部保存，但是断开，可能属于一水平型或坡型。柳江和资阳的鼻腔底也属于一水平型；巢县 1 号上颌（只保存鼻腔底的前部）和许家窑 1 号上颌都属于两水平型；长阳 1 号则不大显明，取决于如何复原其鼻腔底的后部，或者属于两水平型，或者属于坡型；麒麟山 1 号上颌骨鼻腔底的后部呈弱坡状，但是不足以将其归属于坡型；山顶洞 101 号鼻腔底呈波浪形，但是不足以将之认作两水平型；港川 4 号的上颌鼻腔底为坡型（Wu et al., 2012）。近年报道许家窑的内耳半规管呈"尼人内耳迷路模式"，与公王岭、和县、柳江的"祖先内耳迷路模式"不同（Wu et al., 2014），而许家窑上颌骨鼻腔底与鼻腔前口呈两水平型,与 80%尼人所表现的一致,巢县鼻腔底前部属于两水平型,枕骨上有类似尼人的枕外隆凸上小凹。将这些现象联系起来考虑也许有利于推测它们的成因与尼人和东亚古人之间的基因交流有关。

梨状孔与眼眶之间的骨面隆起

大荔颅骨的梨状孔与眼眶之间的骨面呈隆起状。Franciscus 和 Trinkaus（1988）将鼻旁隆起称为梨状孔外侧外翻（lateral nasal aperture eversion, LNAE）。南京直立人 1 号颅骨这个部位粗看起来似乎有些隆起,但是细看便可发现,没有真正意义的鼻旁隆起,只是在鼻骨下部近外侧缘的部分和与其相接的上颌骨表面在小范围内有些隆起。周口店第一地点出土的这个部位的化石只有出土于 Locus L 的一件左上颌骨的额突,Weidenreich（1943）认为可能属于第 X 号头骨。Weidenreich、Tattersall 和 Sawyer 分别将其组合到他们各自复原的头骨上,据笔者观察,这两个复原头骨都看不出具有"梨状孔外侧外翻"。中国其他更新世颅骨中迄今未见过这样的外翻,都与大荔颅骨显然不同。据 Franciscus 和 Trinkaus（1988）观察,绝大多数南方古猿此处没有外翻,只有 Sts 5 和 TM 1512 有最小程度的外翻,在直立人中,KNM-ER 3883 头骨虽然破碎,但是清楚地具有梨状孔外侧外翻,KNM-ER 3733、SK 847、OH 9、Sangiran 17 有显著的梨状孔外侧外翻,StsW 53 的上颌骨额突下部和梨状孔外侧缘上部缺乏外侧外翻。在能人中虽然 KNM-ER 1470 的梨状孔外侧壁相当破损,但是看起来稍稍翻向前外侧。KNM-ER 1813 的上颌骨额突下部和梨状孔外侧上部有显著外翻。KNM-ER 3732 只保存左上颌骨额突,看起来有些朝向前外侧。KNM-ER 1805 有梨状孔外侧外翻,但是不显著。OH 24 则没有梨状孔外侧外翻,OH 62A 虽然没有鼻骨,但是保存了左上颌骨的大部,据 Johanson 等（1987,转引自 Franciscus and Trinkaus, 1988）描述为外翻,但是其外翻程度比上述几件直立人标本弱。

梨状孔外侧外翻在欧洲许多标本上都有明显的表现,其在近代欧洲人男性和女性的出现率分别为 93.8%和 100%。这样的隆起在中国的更新世人类中很罕见,中国云南人男女分别为 46.15%和 8.33%,华北人男性为 56.0%（周文莲、吴新智,2001）。看来这种构造在人类首次走出非洲前就已经出现,走出非洲后可能由于遗传漂变,在向西迁徙的后裔中比在向东的后裔中拥有较高的频率。后来由于基因交流,导致近代东西方人群在这个特征上的频率差距虽然仍旧存在,但是已经远非更新世时那样显著。大荔颅骨的这个特征既可能是基因交流的结果,也可能反映当时东方人群中占次要位置的变异。

鼻齿槽斜坡

大荔颅骨的鼻齿槽斜坡（nasoalveolar clivus）有残损并且向后上方移位。高度似乎稍大于 20 毫米。据 Wu X. J.等（2012）报道和援引,巢县、长阳的鼻齿槽斜坡高度分别为 28.4 毫米和 24.5 毫米,尼人和现生东亚人的平均值分别为 24.2 毫米和 16.9 毫米。Dmanisi 2282、2700 和 4500 分别为 28 毫米、大于 20 毫米和 33 毫米（Rightmire et al., 2017）。因此大荔的数据可能低于这些化石人类而高于现生东亚人的平均值。与上述化石人类比较,大荔颅骨更接近现代人。

2. 侧面观（图 3、图 4）

前囟点与颅顶点的相对位置

大荔颅骨的前囟点与颅顶点基本上重合。北京和南京的直立人、马坝和 Kabwe 的颅骨也都如此,前囟点与颅顶点基本上重合。但是和县直立人的颅顶点则在前囟点后方大约 5 厘米,现代人的颅顶点也在前囟点的后方。Kennedy 等报道,许多亚洲直立人的前囟点与颅顶点重合,印度的 Narmada 早期智人颅骨的颅顶点在前囟点之后 39 毫米,这个位置与智人中颅骨较高者一致（Kennedy et al., 1991,

p. 479）。Petralona 的颅顶点在前囟点之后大约 4.5 厘米，Steinheim 的颅顶点也在前囟点的后方，从图版上看 2002 年报道的埃塞俄比亚中 Awash 的 Bouri 组早更新世的 Dakanihylo（简称 Daka）段中的大约 100 万年前的直立人颅骨的颅顶点在前囟点后方大约 3 厘米（Asfaw et al., 2002）。

因此就这个特征而言，大荔和马坝比较接近北京和南京的直立人以及 Kabwe，而和县、Narmada、Petralona 和 Steinheim 比较接近现代人，甚至在 100 万年前的 Bouri（或 Daka）就已经与现代人一致。这样的分布格局表明现代人所具有的这个特征很早就已经出现。这些情况也可能反映，颅顶点在前囟点之后相隔一段距离的状况在旧大陆西部的化石人类中比较普遍，颅顶点与前囟点重合的状况则是东亚中更新世人类中比较普遍的特征。大荔颅骨的这项特征可能反映其东方的特色。和县直立人在这项特征上与东亚其他直立人不同可能因为与现代人接近。de Lumley 等（2008, pp. 406, 421）所附的线条图显示，郧县曲远河口的 EV 9002 和复原头骨的头顶点都位于前囟点之后，距离分别是 3–4 厘米和大约 4 厘米。

前囟点与眉间点的相对高度

就前囟点和眉间点与眼耳平面的相对高度而言，大荔额骨与和县的接近，北京直立人这两点的高度之间的差距比大荔的大得多，南京 1 号则居于其间。换言之，在这几具颅骨中，脑颅前部的扁塌程度以大荔与和县的最接近，北京直立人最隆起，而南京 1 号居中。四者相比，大荔与和县标本在此项特征上似乎比较原始。

鼻根点凹陷

从侧面观察，大荔颅骨前部可见呈明显角状的鼻根点凹陷，额骨眉间部与鼻骨的正中矢状轮廓线在鼻根点处相交成约 116° 的角，其表现与马坝的人类颅骨很相近，但是凹陷上方的眉间区的表现有所不同，大荔的在此处比马坝的具有比较大的上下径。值得注意的是，在中国直立人中，蓝田、北京周口店和南京汤山标本的鼻根点处额骨眉间区与鼻骨的正中矢状轮廓线在鼻根点相交，都构成一条甚浅的弧线，缺乏这种角状凹陷，反倒很接近现代人。和县标本此处缺损，情况不明。在欧洲和非洲标本中，KNM-ER 3733、OH 9、Bodo、Petralona、Steinheim 和 La Chapelle 等尼人的此区形态接近大荔标本，而 Kabwe 和 Atapuerca SH 5 则近似现代人，Arago 居于二者之间。这样的两种形态差别有何意义还有待探讨。

鼻骨

大荔鼻骨呈夹紧状，侧面观轮廓的上段和中段结合成浅弧形，下段有少许缺损。鼻骨总的侧面角约为 80°，与北京直立人、金牛山人类颅骨以及中国的晚期智人比较接近，而南京直立人却与这些大不相同，其鼻骨轮廓的下五分之三段突然翘起，使鼻梁高耸，鼻骨侧面角变小。Atapuerca SH 5 号颅骨的鼻骨侧面观轮廓与南京 1 号十分一致，轮廓线几乎完全重合。Bodo、Petralona、Arago、Steinheim、La Ferrassie 和 Kabwe 颅骨的鼻梁也都是翘起的，高耸的程度有所不同。

正中矢状轮廓的后部

大荔颅骨正中矢状轮廓的后部呈角状弯转，与现代型智人、尼人的圆钝状过渡的形状显然不同。所有上新世和早更新世人类的这个部分都呈角状弯转，到中更新世，人类颅骨此部的轮廓形状比较多样。中更新世的金牛山、Petralona 和 Kabwe 颅骨也呈角状弯转，Swanscombe 和 Steinheim 则与一般智人相似，呈圆钝状过渡。Atapuerca SH 4 此处呈圆钝状过渡，Atapuerca SH 5 和 6 则显现出角状弯转。Ngandong 颅骨后部呈角状弯曲，这在晚更新世颅骨中是很特殊的。

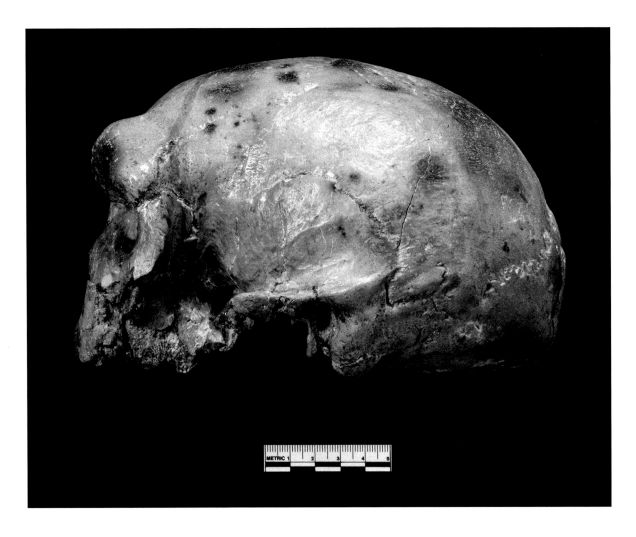

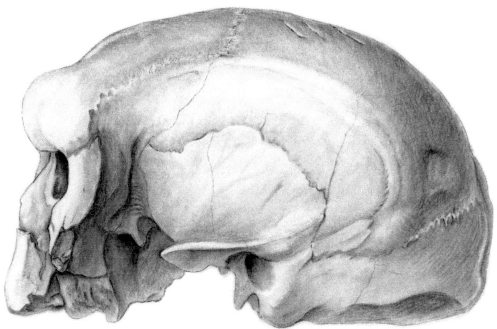

图 3　大荔颅骨左侧面观

Figure 3　Left side view of Dali cranium

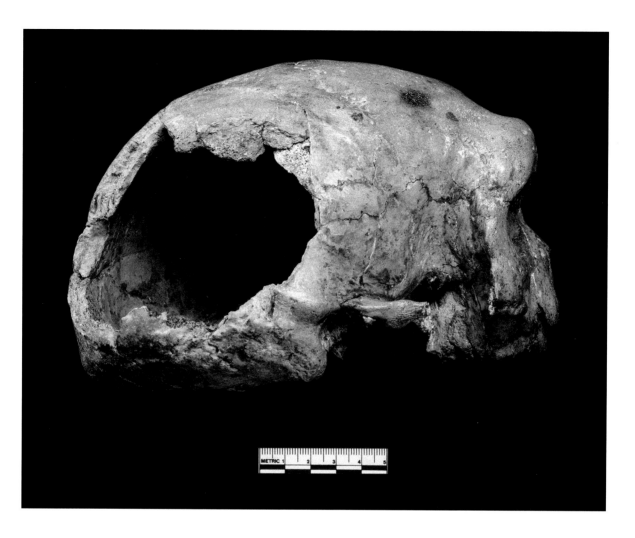

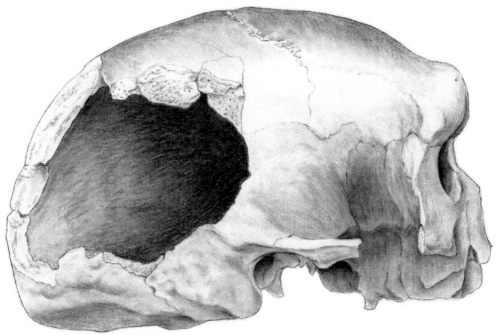

图 4　大荔颅骨右侧面观

Figure 4　Right side view of Dali cranium

过去不少学者主张角状弯转而不是圆钝地过渡的枕部是直立人的自近裔特征，是直立人与智人不存在祖先与后裔关系的重要证据之一，因而直立人是人类进化上的绝灭旁支。从上述资料看来，此处的表现不但不是直立人的自近裔特征，反倒是直立人与智人之间镶嵌进化的明证之一。

2003 年报道了 1997 年在埃塞俄比亚 Afar 低地的中 Awash 地区 Bouri 地质建造的 Herto 层发现的颅骨，命名为智人长者亚种（*Homo sapiens idaltu*），放射性同位素年代为 160000–154000 年前。文章作者认为这个亚种在时间上和形态上都居于非洲古老型人类和晚更新世解剖学上现代人之间，所以可能代表解剖学上现代人的最近共同祖先，他的解剖学和年代都构成现代人出现于非洲的有力证据（White et al., 2003）。根据发表的照片观察，实际上其 1 号颅骨（BOU-VP-16/1）的枕面和项面之间成角状弯转，而 5 号（BOU-VP-16/5）小孩颅骨则此处为圆钝形过渡。前者类似直立人，后者为现代人特征。就此处特征而言，Omo 1 和 Omo 2 分别与现代人和直立人较接近。这也从一个侧面证明现代人的出现是由古老型人类逐渐演变，镶嵌式地进化而成的。

颞线

大荔颅骨两侧颞线（temporal line）都很粗显。左侧颞线保存完全。从眉脊上缘后方约 2 厘米处分叉为上、下二颞线，在冠状缝前方大约 2.5 厘米的一段两线相距约 1 厘米。上颞线可分额骨段与顶骨段。额骨段的前三分之一与下颞线合并，包括多个小结节；额骨段后三分之二细弱；顶骨段的前 4 厘米较弱，以后变粗厚。左侧上颞线额骨段与顶骨段在冠状缝附近均向下颞线靠近，形成尖端向下外侧开口颇大的 V 字形的低脊，因此上、下二颞线在冠状缝处合并了。上颞线在顶骨前段较弱；下颞线显著得多。上颞线与下颞线在顶骨段中部大体上平行，间隔大约 1 厘米。二者之间还有一条明显度介于二者之间的粗线（中间颞线）。上、下颞线向后逐渐拉开距离。上颞线在绕经顶骨结节内侧之后先转向后下，再转向前下，最后与角圆枕（angular torus）相连。左侧下颞线在额骨只延伸于其后三分之二部，包括上、下两脊和夹于其间的一条底面粗糙的沟。上脊行经顶骨结节后，转向后下，在角圆枕上方大约一厘米处消失；下脊在绕过顶结节后变细，转行向下，到角圆枕上前方约 8 毫米处转向前下，隔顶颞缝与颞骨的乳突上脊（supramastoid ridge）相连续。在左侧角圆枕之前有一条更粗壮的斜脊，位于下颞线下脊的下方，与之平行，似乎可以算是下颞线上脊的末梢部分。

当头骨位于法兰克福平面时颞线的最高点在顶骨结节稍前方。

右侧颞线仅保存前段，比左侧为弱，在眉脊上缘后方约 1 厘米处分叉，到冠状缝前方约 1.5 厘米处两线相距约 1 厘米。额骨段前三分之一段可以视为上、下二线合并。上颞线似只见于额鳞后部和保存的顶骨前部之后段，在冠状缝前向下颞线趋近。下颞线与左侧的相似，也包括一条底面粗糙的沟和其上、下方的脊。上脊在冠状缝处中断，顶骨段后部缺损。

在冠状缝处左、右两侧下颞线间距和上颞线间最短距离分别是 111 毫米和 101 毫米。两侧上颞线间的最短距离位置在冠状缝前方 2 厘米处。Bodo 头骨颞线间距为 108 毫米（Rightmire, 1996）。Petralona 和 Steinheim 虽然颅骨的尺寸相差颇大，但是两侧颞线间距都是大约 10 厘米。Kabwe 的约为 105 毫米。据 Abbate 等（1998）报道，非洲 100 万年前的 Danakil 颅骨的颞线在顶骨上就消失了。

北京直立人、柳江、资阳、Arago、Kabwe 和 Petralona 颅骨的左右侧颞线之间最靠近处在冠状缝附近。马坝的额骨左侧大部已不存在，右侧可见上、下颞线的分叉处比大荔的更与眉脊靠近。和县颅骨左侧下颞线的顶骨段与额骨段形成尖向下外侧、开口很大的 V 字形，与大荔的相似。和县的两侧颞线间最短距离在冠状缝后约 2 厘米处；南京 1 号的两侧颞线间最短距离在额骨上部，约在冠状缝前方 1 厘米处，比大荔的靠后；马坝和 Steinheim 颅骨两侧颞线间最短距离则在额骨下部；Petralona 和 Arago 颅骨两侧颞线之间的最短距离在额骨的中上部。几个颅骨的两侧颞线都是在顶骨上缓缓加大距离。Arago 颅骨两侧颞线在额骨上有相当长的距离是几乎平行的。非洲直立人颅骨的两侧颞线比亚洲直立人的更接近平行（Antón, 2003）。

翼区(图5、图6)

翼区(pterion region)从颞鳞前上部向前伸出一个长约10毫米、高约7毫米的长方形突出部,插入顶骨与蝶骨之间,而与额骨相接,其边缘形成斜置的Π状。北京直立人和中国其他更新世人类化石翼区都呈H型,而Ngandong的头骨都属于I型。前者和后者分别被称为人型和猿型。在中国现代人中I型翼区仅有1.5%(徐福男,1955)或1.75%(史纪伦、张炳常,1953)。

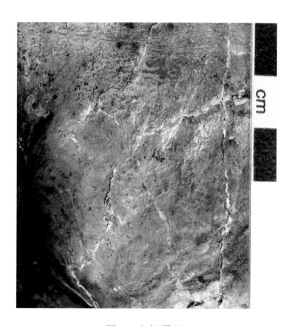

图5　左侧翼区

Figure 5　Left pterion region

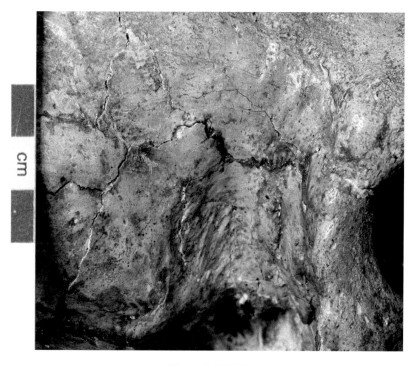

图6　右侧翼区

Figure 6　Right pterion region

颧弓

左侧颧弓有残存，很细。颧弓上缘略成凹面向上的弧线形，其大部分在眼耳平面之下，最凹处约在眼耳平面之下 4 毫米。北京直立人在 Weidenreich（1943）的复原头骨上表现为颧弓上缘大部分与眼耳平面相平，在 Tattersall 和 Sawyer（1996）复原的头骨上右侧颧弓上缘略高于眼耳平面，左侧则可以与之相平。Petralona 和 Steinheim 的颧弓上缘在眼耳平面之下；Kabwe 却与大多数尼人和现代人一样，颧弓大体上与眼耳平面一致。有意思的是，La Ferrassie 的左侧颧弓与大荔的相似，在眼耳平面之下，右侧与现代人相似。

3. 后面观（图 7）

后面观轮廓

脑颅高度比直立人大。穹顶轮廓线呈均匀的弧形，而北京直立人的则呈两面坡屋顶状。后面观轮廓在矢状缝处表现为一条微凹的线，由此向外侧，颅盖上段，即顶骨的上半部走向与水平线大约构成 20° 的角，使整个头顶略呈两面坡屋顶状。颅盖上段曲度很弱，外侧端为显著的顶结节，颞线经过此处。由此向下的轮廓线可称为颅盖外侧段，此段又可被乳突上脊分为上、下两段。上段的走向几乎垂直，仅略微向外侧偏倾。乳突上脊在上、下两段之间使颅盖或颅骨穹隆很显著地向外侧突出。颅骨穹隆外侧壁下段由乳突外侧轮廓构成，轮廓线由上外侧行向下内。颅底段主要为枕骨所构成，为一条稍有凹凸的线，总的方位接近水平，但中央部分较外侧段稍低。总之，后面观轮廓可分为颅盖和颅底两段，加上位于其间属于颞骨乳突部的区段合成一个底边较长的七边形，最宽处的位置较高，在颞骨鳞的后上部。

这样的轮廓与北京直立人形成鲜明的对比。后者在矢状缝区形成显著突出的矢状脊，颅盖部上段比外侧段短，大荔颅骨则两段相差不多。大荔的上段比北京直立人的较为接近水平；大荔颅骨外侧段则比北京直立人颅骨较为接近垂直。此二段的基本走向所构成的角度在大荔颅骨比在北京颅骨要小得多，即比较接近直角。在北京直立人的 V 号和 XII 号头盖骨上，上、下两段均为曲线，它们之间呈均匀的曲线过渡，而大荔颅骨两段的曲度都很小，接近直线，两段之间的过渡较为峻急。北京直立人的颅底轮廓线呈稍向下凸的弧形。

和县的直立人颅骨在颅盖轮廓线的表现上与大荔颅骨比较接近，其颅盖上段的走向甚至比大荔的更加水平，以至代表颅盖上段和外侧段两段基本走向的两条直线所夹的角比大荔的更小，即更接近直角。两个颅骨后面观轮廓线颅底段的形状有些不同，在大荔是中部比两端部稍低，在和县颅骨则是中段与外侧段位置难分高低。

马坝颅骨缺颅底，从保留的颅盖部分可看出，其轮廓线的上段向外下方偏离水平面的程度和外侧段偏离垂直线的程度均比大荔颅骨为大。二段之间呈圆弧形过渡，而非角形弯转。在后面观轮廓线上，马坝头盖骨更接近尼人和现代人，与大荔颅骨和直立人都很不同。

Narmada 颅盖轮廓线的上段和外侧段的坡度以及二者之间的长度比例方面都比大荔颅骨更接近直立人。将 Narmada 的后面观轮廓与中国的标本相比，其与北京直立人相似的程度显然大于其与大荔颅骨相似的程度。而马坝头盖骨则向现代人靠拢。

非洲的 WT 15000 直立人颅盖轮廓线左右两侧很不对称。左侧上段走向的水平程度介于大荔与和县颅骨之间，比北京直立人颅骨更接近水平。上段较外侧段为短，两段交接状况与大荔颅骨较接近。这个颅骨右侧的上段和外侧段两段的交接状况则与北京直立人颅骨较相似，即其间的弯转较缓（Walker and Leakey, 1993）。

Kabwe 的颅骨穹隆后面观有些接近北京直立人，最宽处也接近颅底，不过顶骨中部比较膨隆，高度较大。Petralona 的颅骨穹隆后面观总体上类似 Kabwe，但是较宽和较矮，颅顶中央段较圆钝。

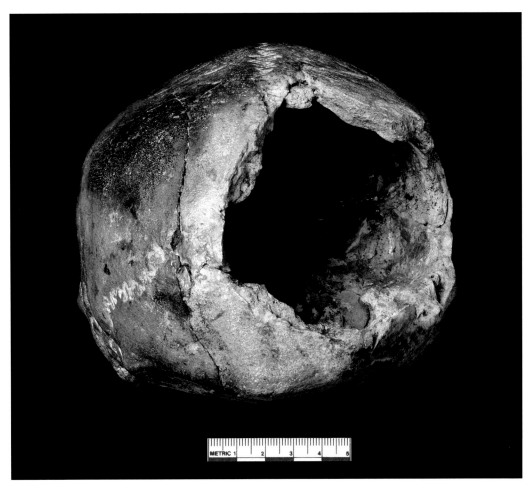

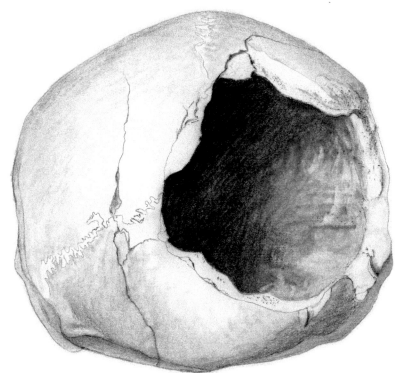

图 7 大荔颅骨后面观

Figure 7 Posterior view of Dali cranium

西班牙 Atapuerca SH 2、4 和 8 号颅骨后面观轮廓的顶骨上段形成帐篷状轮廓，3、5、6、7 号标本的两侧顶骨下段较平行则为房屋状轮廓，但是两幼年颅骨的颅底较宽，因此顶骨壁比较向上集聚。总之 Atapuerca SH 颅骨的后面观不是如尼人那样的呈"圆形"（尼人的近裔性状），Arsuaga 等认为颅骨后面观的"房屋状"（两侧壁平行）轮廓可以看成是"帐篷状"（两侧壁向上趋近）和"圆形"轮廓之间的中间状态（Arsuaga et al., 1997, pp. 241, 242, Fig. 4）。Atapuerca SH 5 号颅骨的后面观轮廓与 Swanscombe 化石相似，与大荔颅骨也相当接近。

La Ferrassie 等尼人颅骨的后面观整个轮廓更近似圆形，即最宽处位置较高。

总之这些颅骨的后面观轮廓可以分为"帐篷状"、"近圆形"和居间的"房屋状"，变异颇多，总体上是从非球形向近球形发展，在直立人和智人之间存在许多过渡类型，不可能将二者截然分开。这也是镶嵌地过渡的一个例证。

缝间骨（可能属于印加骨）（图 8）

大荔枕鳞上方有两块残存的小骨片，连在一起纵长 24 毫米、横宽 18 毫米，可能是印加骨或顶枕间骨的残存部分。印加骨（Inca bone）名称最早见于 M. E. Rivero 和 S. J. Tschdy 1851 年对秘鲁人类头骨的描述，因多见于南美洲古印加帝国遗留的人骨，故名。1903 年 Le Double 称之为顶枕间骨（转引自 Hanihara and Ishida, 2001）。

在中国的更新世人类中，北京直立人 6 具头盖骨中有 4 具具有印加骨，出现率相当高。许家窑的两块比较完整顶骨的后上角自然阙如，这样的形态似乎暗示具有印加骨或比较大的缝间骨；丁村的小孩顶骨也有类似的情况，意味着可能生前具有印加骨（贾兰坡等，1979；吴茂霖，1980；吴新智，1989）。丁村附近的石沟地点发现的枕骨也显示可能有印加骨（杜抱朴等，2014）。贵州普定穿洞人类颅骨的枕

图 8　顶枕间骨

Figure 8　Wormian bones between parietal and occipital bones

骨鳞部残留的骨缝显示该颅骨也很可能具有印加骨(吴茂霖,1989)。在新石器时代大汶口和下王岗的头骨中印加骨也有出现(颜訚,1972;张振标、陈德珍,1984)。

许泽民曾研究殷墟西北岗人类头骨与台湾和海南岛一些人群头骨中的顶间骨,将之分为甲乙丙三型。甲型和乙型至少有一端在星点附近,丙型则只与人字缝上部大约三分之一段相接(许泽民,1966)。按此分型,大荔颅骨的顶枕间骨属于丙型。据许的分析,顶间骨的出现与头型、人工变形无关,却可能与额中缝以及头骨的某些不正常缝合或缝间骨等多余骨片有关。性别对于此骨的出现没有太大的意义。根据他提供的数据可以计算出顶间骨的总出现率在福老汉人、海口汉人、客家、台湾平埔族、台湾泰雅族和殷墟西北岗组头骨分别为4.82%(44/913)、6.00%(3/50)、14.14%(14/99)、6.67%(20/300)、7.10%(12/169)和6.91%(26/376);丙型的出现率分别为2.63%(24/913)、4.00%(2/50)、12.12%(12/99)、3.67%(11/300)、5.33%(9/169)和4.26%(16/376)。洛树东等对山西出土的1600具现代人头骨作了观察,结果发现47例具有顶间骨,占2.94%(洛树东等,1983)。在统计过程中他们剔除了横径或纵径小于2厘米的缝间骨和虽大于2厘米但"骨缝走行占据于两顶骨后内侧角及枕骨鳞部尖端"的独立小骨片(该文称作"小囟门骨"),或许这是他们统计得出的出现率小于许泽民的数字的重要原因之一。据于景龙(2006)研究,汉人中印加骨的出现率为5.95%±0.72%。

日本宫古岛出土的一块晚更新世枕骨显示该个体也可能具有印加骨。Petralona 颅骨在顶骨和枕骨之间有一块宽约3厘米、不呈三角形的缝间骨。在欧洲和非洲发现的中更新世人类化石中除此之外鲜有类似印加骨的情形被发现。

Hanihara 和 Ishida (2001)系统地研究过印加骨,将之分为6型。大荔颅骨的状况与其 I、II、III、IV 型均相差很多,相对于这4型而言,大荔似乎与 V 型比较接近,也许归入"其他"型更加妥当。他们发现印加骨在从东亚起源的人群如北极区美洲印第安人和尼泊尔人、我国西藏地区人群中有相对较高的出现率,印度北部和撒哈拉以南地区也有相当高的出现率,而我国华北地区反而出现率很低。在东北亚、中亚、西亚、澳大利亚和欧洲,印加骨出现率相对地较低。完整的印加骨在旧大陆西半球(撒哈拉以南地区除外)出现率也低。他们的结论是,印加骨的出现不能排除有遗传背景的可能。由于撒哈拉以南地区也有相当高的出现率,所以他们认为印加骨不是亚洲独有的地区特征。

Deol 和 Truslove (1957)对老鼠的研究支持印加骨的出现有强的遗传控制。另外,Ossenberg (1970)和 Lahr (1996,转引自 Hanihara and Ishida, 2001)建议枕骨区的缝间骨的出现和(或)分布与头骨的人工变形有关系。

如果人类的印加骨确有强的遗传控制,应该考虑中国已经发现多例中更新世的印加骨,而非洲中更新世迄今仍旧没有发现印加骨。迄今没有证据表明印加骨的形成可能是基于选择的情况下发生趋同现象的结果,在这样的情境下,令人不能不想到撒哈拉以南地区现代人群的印加骨高出现率是否可能出于东亚化石人的贡献。世界各地现代人印加骨的源头究竟是在非洲的最早现代人祖先还是在东亚,也是值得探讨的。

笔者以为,根据现有的化石证据,印加骨可能最先出现在东亚而且以比较高的出现率延续了一段时间,后来经历了基因流和遗传漂变的复杂过程导致目前复杂的分布格局。迁徙去美洲的人群由于遗传漂变,具有较高的印加骨出现率,发展出印加帝国的文化,与印加骨相关的基因可能也流向非洲撒哈拉以南地区导致该地区现代人表现出高的出现率,而留在中国的晚更新世人和其后的汉人中印加骨却只有较低的出现率。

4. 顶面观(图9)

颅型

按 Sergi 分型(Martin and Knussmann, 1988),大荔颅骨的颅型在梨形与楔形之间,最宽处在其最大

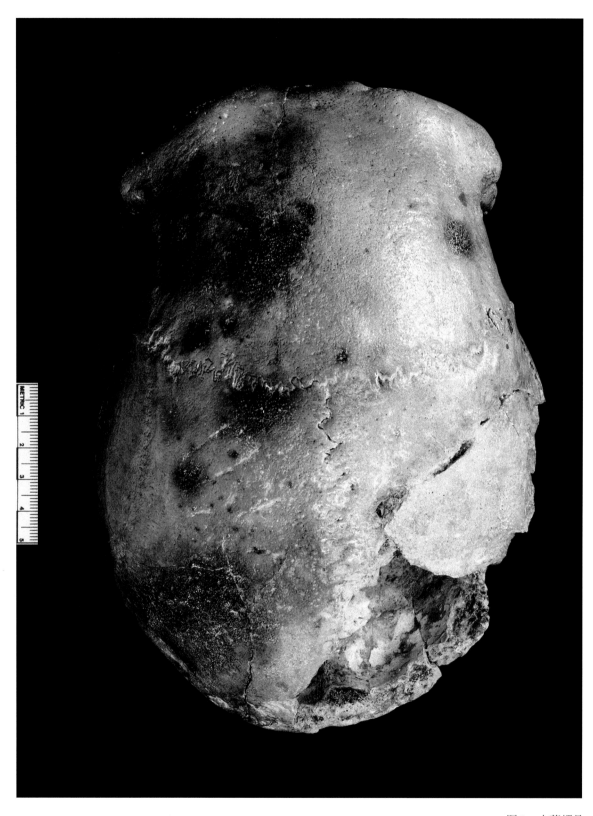

图 9　大荔颅骨

Figure 9　Top view

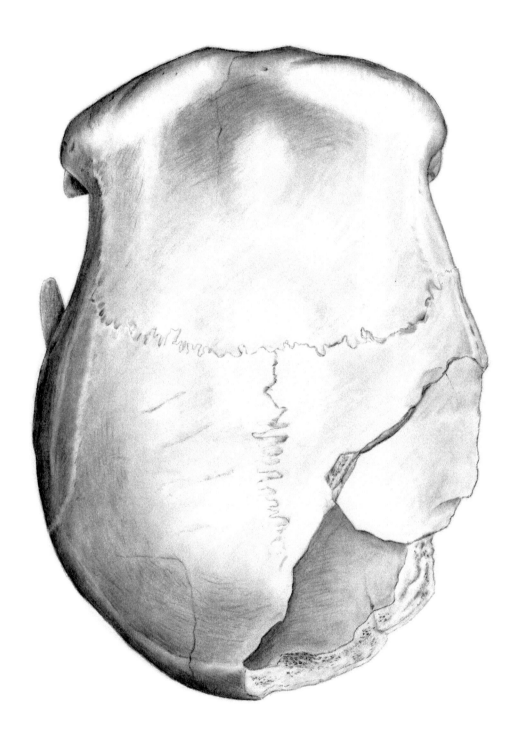

顶面观
of Dali cranium

长度中三分之一段的后部，顶面观总的形状与 Narmada 颅骨很接近，而与欧洲尼人的最宽处显著不同，后者的最宽处在颅骨最大长度的后三分之一段。北京直立人 III、V、X、XI、XII 号颅骨的最宽处都在颅长的中三分之一段的后部。南京 1 号，郧县 1、2 号，山顶洞，柳江，资阳等中国古人类的其他颅骨也都是如此，因此这样的颅型是中国更新世人类的共同特征之一。不过和县颅骨顶面观轮廓比大荔的短宽，并且最宽处的位置比大荔以及中国其他化石颅骨的显著靠后，与尼人比较接近。

冠状缝

大荔颅骨冠状缝上段左内侧 2 厘米和右内侧 3 厘米为深波型，由此到上颞线为复杂型。矢状缝仅保存前部的一段，长约 5.5 厘米，其前小半段为微波型，后段为复杂型。

前囟区隆起

大荔颅骨的前囟区有一块极其微弱的菱形隆起，粗看时难以辨识，但用手触摸可以察觉，其纵横二径分别约为 5.5 厘米和 5 厘米。前囟区隆起(prebregmatic eminence)在北京直立人非常显著，在蓝田直立人则阙如；南京 1 号此部为病理变化所累，但是其左顶骨的前内侧部有长宽均约 1.5 厘米的区域呈隆起状，推测病发前可能具有这个构造；和县标本只在冠状缝前方稍微隆起，冠状缝后方则显得平坦。早期的或古老型智人如大荔和马坝颅骨有微弱痕迹，晚期的智人或早期现代人一般阙如，但也可以相当显著的形式出现于个别标本上，如资阳的颅骨。

Antón 等(2002)的研究报道，爪哇 3 例小脑量的直立人，2 例早期大脑量和 5 例晚期大脑量的标本中全都有前囟区隆起，只有 Sambungmacan (以下简称 Sambung) 3 是个例外，前囟区没有隆起，其脑量为 917 毫升，在 Antón 等研究的脑量小的标本的变异范围(813–940 毫升)内(Antón et al., 2002)。

非洲的 OH 12 有前囟区隆起(Antón, 2003, p. 138)。在非洲的中更新世标本中，前囟区隆起有很大的变异，有的标本前囟区隆起很强(如 Bodo 和 Kabwe 1)，有的较弱(如 Hopefield)，有的很弱(如 LH 18)，有的阙如(如 Eliye Springs 和 Florisbad)(吴新智、布罗厄尔，1994)。

总体上看这是大荔颅骨的一个介于原始和现代之间的特征。

顶骨没有矢状脊和旁矢状凹陷

大荔顶骨缺少北京直立人那样的矢状脊(sagittal ridge)和旁矢状凹陷(parasagittal depression)。南京 1 号的矢状缝只保存很短的一段，又为病理变化所累，和县颅骨矢状缝中段稍隆起，前段和后段不存在矢状脊。马坝颅骨顶面与大荔接近，没有矢状脊，也无旁矢状凹陷。

Groves 和 Lahr (1994)重新研究中更新世人类的各种性状，得出结论认为有 5 个性状是直立人所独有的衍生性状，其中包括"顶骨有矢状脊"。和县顶骨的形态提示他们的这个观点是值得商榷的。

5. 底面观 (图 10)

蝶骨体与枕骨体已经愈合，仍有痕迹可见。

硬腭中部断裂，其后部被压向上，与前部之间形成大约 1 厘米的落差。齿槽突大部破损并受挤压，尤以后部为甚。经过初步的复原，估计硬腭长可能接近 50 毫米。

厄立特里亚(Eritrea)的大约 100 万年前的 Danakil 颅骨硬腭宽而短，在颅骨底面观上，其长度小于颅骨总长的三分之一(Abbate et al., 1998)。而大荔标本似乎大于三分之一。

门齿孔

从底面看，大荔的门齿孔(incisor foramen)在内侧门齿间隔后上方约 11 毫米处，水平距离大约 6 毫米。Bodo 的门齿管在上颌齿槽中隔的后方 6–8 毫米(Bermúdez et al., 2004)。

颞骨岩部或锥体

此处骨骼有残存，但是所有结构如颈动脉管(carotid canal)开口等都不显现，无法按照 Martínez 和 Arsuaga (1997)以茎乳孔的最前点和颈动脉管开口的最后外侧点的连线为岩部轴测量其与正中矢状面所成的角。笔者只能结合其周边结构估计，两侧岩部长轴各与正中矢状平面形成略小于 40° 的角。北京直立人岩部长轴与矢状面构成 40°角，现代欧洲人为 63°(Weidenreich, 1943)，和县直立人则约为 60°(吴汝康、董兴仁，1982)。因此在从直立人到现代人的进化过程中，此角有由小变大的趋势，而大荔标本与直立人比较接近，与现代人相距较远。

但是 Martínez 和 Arsuaga (1997)以他们的方法测量现代人和黑猩猩各 30 例的岩部轴与正中矢状面所成的角，得"平均值±标准差"分别是 49.7°±7.3°和 49.8°±6.99°，因此认为此角在现代人和黑猩猩之间没有差异，得出结论认为岩部轴在人类进化中没有变化。

6. 颅 骨 内 面

大荔颅骨的颅内面与现代人颇有差异，特别显明的是颅中窝的前后径较短，使得大荔的颅中窝成槽状，其底面较欠开阔。

额脊

额脊(frontal crest)延伸于额骨鳞部的下半，其起点高于鼻根点。整体上突出程度不高，游离缘不锐，下段尤甚。

鸡冠

鸡冠(crista galli)不高，横径颇大，不像现代人那样近似薄片状。而北京直立人和 Ngandong 的化石都没有这个结构。

眶顶

大荔颅骨的眶顶成前后径较长的穹隆状，穹顶向上，稍偏内侧方，骨面满布不规则状小隆起。现代人的眶顶也呈穹隆状，但是其横径比纵径稍长，穹顶指向后方和内侧方的程度比大荔颅骨更甚，表面的不规则形隆起的程度更甚，往往有比较显著的游离缘。

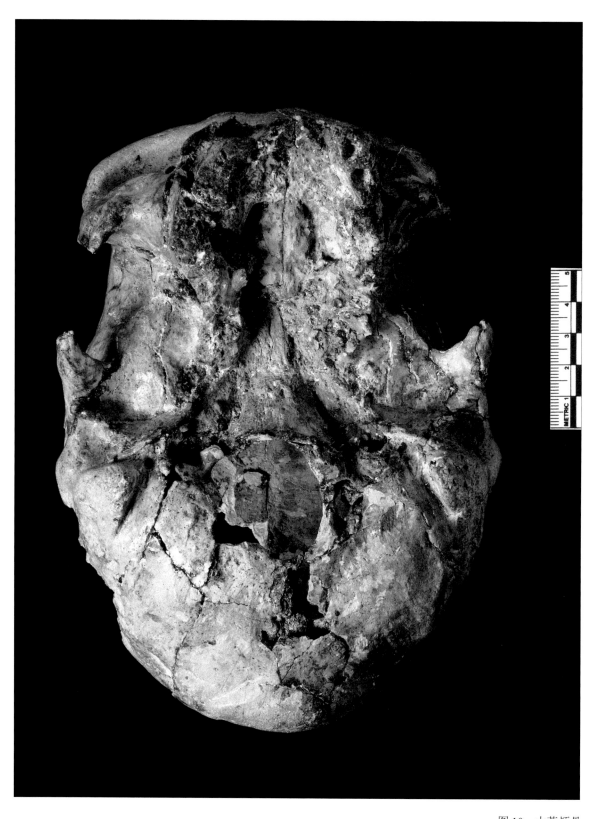

图 10　大荔颅骨

Figure 10　Basal view

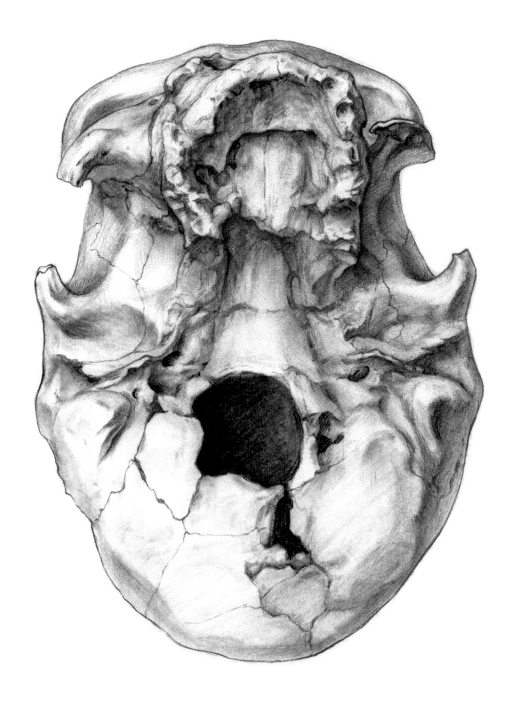

底面观
of Dali cranium

薛氏脊

薛尔维氏脊(crista Sylvii)简称薛氏脊。大荔颅骨的薛氏脊是由蝶骨小翼向外侧延伸的粗硕的脊，与蝶骨小翼一起构成颅前窝和颅中窝的分界。薛氏脊内侧部较狭，由下前内侧向上后外侧逐渐增宽，主要位于顶骨的前下部，底面宽约 15 毫米，两侧面肥硕，游离缘钝，其横断面略呈梯形。脑膜中动脉前支的起始部穿过薛氏脊外侧段的下部。

McCown 和 Keith 报道(转引自 Weidenreich, 1943, p. 37)，Skhul 5 号颅骨的薛氏脊底宽 15 毫米，高达 55 毫米。60%的现代人有薛氏脊，但是不粗硕，基底部较狭，游离缘锐，从蝶骨小翼向外侧延伸，是一条横断面成三角形的脊或较薄的骨片，脑膜中动脉前支经过其后方。北京直立人薛氏脊比大荔的长，可以达到顶骨中央部，此脊也被脑膜中动脉前支的起始部穿过。Schwalbe（转引自 Weidenreich, 1943）说类人猿、狭鼻猴没有薛氏脊，新大陆猴有微弱的薛氏脊，因此他认为此脊是进步的人类特征。Weidenreich (1943)说猩猩经常有薛氏脊，不过没有北京直立人粗硕，他还确定 Gibraltar 的尼人也有这样的脊，因此他主张此脊更可能不是进步的而是退步的特征。从这个例子应该想到，一般将那些与比较古老的标本接近的特征说成是原始的，将更接近现代人的说成是进步的，而实际上人体形态特征的进化是复杂的，如此"原始"和"进步"的表现在不同地区发展可以是不同步的，有一些"进步"的特征也可以出现在"原始"特征之前。在研究一件化石断块时，切忌轻易地以其具有的"原始"或"进步"特征来判断其整个个体的演化位置。

脑膜中动脉沟

左侧的脑膜中动脉(middle meningeal artery)沟完整而清楚，有三条分支。额顶支比颞上支稍粗，其末梢分布于前囟区和顶孔区。颞上支最长，颞下支稍细，几乎与颞上支平行。389 例中国现代人颅骨中只见一例有颞下支(赵一清，1955)。北京直立人除 V 号颅骨外的其他标本的颞下支或很细或不清楚。大荔颅骨的分支形式与北京直立人最晚的颅骨 V 号比较相似。整体看来，大荔颅骨脑膜中动脉分支的印迹比北京直立人的丰富。

小脑窝和大脑窝

大荔颅骨的枕骨大脑窝(cerebral fossa)与小脑窝(cerebellar fossa)面积之比大约为 3：2，介于北京直立人与现代人之间。北京直立人的这个比例大约为 2：1；现代人的则大约是 1：2，现代人小脑窝无论是矢状径还是横径都比大脑窝大。许家窑 15 号枕骨虽然右侧损坏，但是从其左侧部和右侧的残存部分可以看出，大脑窝比小脑窝大而且深；资阳颅骨的大脑窝远较小脑窝为大和深。所以资阳颅骨虽然在整体形态上无疑属于解剖学现代人，但在大脑窝与小脑窝的比例上却保存着比较"原始"的特征，这也是人类进化中形态镶嵌的例子。

横窦沟

右侧横窦沟(sulcus of transverse sinus)与矢状窦沟(sagittal sulcus)明显连续，全沟宽度均匀，沟身约宽 5 毫米，上方和下方各有一条边缘脊。虽然右侧顶骨后大部已经丧失，但是从右侧横窦沟的走向判断，其外侧段应该经过顶骨，而不涉及颞骨。左侧横窦沟比右侧的狭窄，前外侧段与后内侧段之间不连续，轮廓都不很清晰，其外侧段沿着顶乳缝走行，在岩部后上角处，与乙状窦沟(sigmoid sulcus)相续，两者基本上形成直角。现代人横窦沟经过顶骨的后下角，而在尼人和包括北京直立人在内的其他非现代人中，横窦沟倾向于由枕骨直接连到颞骨上的乙状窦沟，而不经过顶骨。这个特征是与小脑相对于大脑枕叶发育的程度有联系的。大荔颅骨的横窦沟在这个特征方面介于尼人和包括北京直立人在内的其他非现代人与现代人之间。在 Atapuerca SH 的大多数标本中乙状窦沟达到枕乳缝，在星点之下，但是在 AT-644 标本此沟越过顶乳缝(Martínez and Arsuaga, 1997)。

乙状窦沟

大荔颅骨乙状窦沟在乳突的颅内面，颞骨岩部的外侧，略呈 S 形，主干部分弯曲程度很小。全沟上下端之间的直线距离略长于 40 毫米，除最上和最下段以外，宽度基本上匀称。从后内侧观察，右侧乙状窦沟几乎不弯曲，后缘只在下段尚可以辨识，最大宽度约 9 毫米，最狭处在上段，宽约 7 毫米；左侧沟主干的宽度比右侧似稍小，后缘因坡度缓和而不清晰。乙状窦沟在上端几乎以 90°角转接枕骨的横窦沟。

颞骨岩部

大荔颅骨左侧颞骨岩部在外侧段断裂，其内侧的部分稍向上移位，但是其最外侧和最内侧端没有移位；右侧岩部除外侧段有所保存外破损严重。

岩部长轴在冠状面与矢状面之间，略偏于冠状面。现代人的颞骨岩部位置都比较接近冠状面，值得指出的是，和县直立人的角度与现代人相近，而不同于北京直立人。岩部上缘在现代人有岩上窦沟，在大荔颅骨，只在岩部上缘的中段呈现一段狭的浅沟。岩部后面的内耳道开口处清晰可见。

大荔右侧岩部的后面不呈凹陷状。内耳门，弓状下窝(subarcuate fossa)和前庭水管(aqueduct of the vestibule)清楚可见。岩部后面和前面构成的角比现代人的大。

四、整体颅骨测量

　　本节的内容包括大荔颅骨颜面骨骼和那些涉及两骨或更多骨的测量性性状，笔者将脑颅仅仅涉及一骨的大多数测量性性状放在呈现各该骨的部分分别记述。此外还列出有关的比较数据和讨论。长度单位为毫米，角的单位为度，各表中的指数值是将构成该指数的两个参数的比值乘以 100 的结果，例如颅指数的具体数据是将 M8/M1 这个比值乘以 100（M8 是指 Martin《人类学教科书》中测量项目的编号，下同），为了排版方便，笔者只用"M8/M1"指示颅指数，而免去"×100"字样。在以后的每一张表中将不再写出这些说明。

　　最大颅长简称颅长，是颅骨测量的第一个项目，涉及颅后点。北京直立人由于有发达的枕骨圆枕使得其颅后点位于枕骨圆枕最突出处，即项面与枕面交接处；现代人的颅后点一般位置比枕面与项面的交接处为高。大荔颅骨的枕骨鳞部的枕面和项面在接近中线的位置有一过渡地带，它在正中矢状轮廓线上约长 6 毫米。大荔的颅后点在正中矢状轮廓线上，枕骨枕面与此过渡地带分界处，这样的位置介于直立人与现代人之间，而较偏于前者。Petralona 的颅后点比项面的后缘大约高半厘米，Steinheim 也是颅后点比项面的后缘稍高；Kabwe 和 Narmada 颅骨此处破损。尼人和现代人的颅后点与项面的距离大得多。

　　眉间点与枕外隆凸点间的距离(g-i)也是经常被用来显示颅骨长度的测量项目。如何确定枕外隆凸点不是一件容易的工作，有过不同的主张。Broca 在 1875 年将枕外隆凸点定义为项肌最高点。Martin 在 1928 年版《人类学教科书》(p. 509)中将枕外隆凸点定义为两侧上项线在正中矢状面上相交的点。Saller 修订的版本(Martin and Saller, 1957, p. 445)和 Bräuer 修订的版本(Martin and Knussmann, 1988, p. 162)没有修改这个定义。如果上项线和最上项线之间的枕骨表面发育成圆枕，则将枕外隆凸点定在此圆枕的下缘。Weidenreich（1943, p. 97)说由于枕外隆凸的确切位置和发育存在大的变异，导致有的例子颇难确定枕外隆凸点，他认为 Martin 将枕外隆凸点仅仅看成是肌肉附着位置的标志，而不是脑颅结构中的一个相当重要的成分。他还说由于爪哇猿人（I 和 II 号颅骨）和中国猿人（至少是 III 号和 XI 号颅骨）没有确定的圆枕下缘，不得不将枕外隆凸点移到圆枕中央，而在有确定下缘的例子中不得不也采用这个位置(Weidenreich, 1943, p. 98)。吴汝康等编著的《人体测量方法》采用了 Martin《人类学教科书》的定义。Martin 的定义在世界上得到广泛的采用，但是在处理有些人类化石时有时也确有难处。如上所述，Weidenreich 在研究北京直立人时便将枕外隆凸点与颅后点重合，放在枕圆枕中央最向后突出处。据笔者对早年制作的模型的观察，虽然北京直立人颅骨都没有枕外隆凸，而代之以粗壮的枕圆枕，但除 II 号头骨此区缺损外，大多数头骨即 III、V、X 和 XII 号颅骨的项面上均可见到两侧上项线的最内侧段以及它们在正中矢状面上的交汇点，只有 XI 号颅骨是个例外，看不出显明的上项线。由于上项线参加了枕圆枕的形成，其大部分缺乏与现代人相似的形态，只有两侧上项线最内侧段与枕圆枕下缘的最内侧段形成一个小的三角形。此三角朝前下方的顶端是两侧上项线在正中矢状面上的交点。因此在笔者看来大多数北京直立人标本是可以，似乎也应该按照 Martin 的经典定义来为枕外隆凸点定位，以提高其与其他智人标本测量数据的可比性。但是考虑到 Weidenreich 的数据已经被广泛采用，而且即使按照现有模型的实际情况重新测量 g-i 的数据，其与 Weidenreich 的数据相差不大，所以笔者仍旧沿用他提供的数据，不拟在本书就其各个标本 g-i 值的可能修正做更具体的讨论。大荔颅骨的上项线呈弧形，左右侧上项线的内侧段在颅后点下前方大约 2 厘米处会合，可以按照 Martin《人类学教科书》的定义确定枕外隆凸点。

按照 Martin《人类学教科书》的规定，最大颅宽是两侧 eu 点之间的距离，该书还规定两侧 eu 点应该位于同一水平面和同一冠状面。现代人头骨的 eu 点的位置有很多变异，按照 Martin《人类学教科书》的说明，如 eu 点位于顶骨结节，可以标注为 p.t.；如果颅最大宽在顶骨中部，顶骨结节和顶骨下缘之间，可以标注为 p.m.；如果在顶骨最下部，可以标注为 p.i.；如在鳞缝附近则标注为 s.s.；如在颞鳞上缘则为 t.s.；如在颞鳞后部则为 t.p.。该书还规定，最大颅宽不应在颧骨根（下颞线）处测量（Martin and Saller, 1957）。但是许多研究化石的学者不按此行事，将在乳突上脊处测量得到的颅骨最大宽度仍使用 M8 的代号。

大荔颅骨实测最宽处在乳突上脊水平，此处的颅宽为 150.5 毫米，其乳突上脊特别突出，加大了这项测量的数值，歪曲了脑颅的实际宽度，如果按照 Martin 教科书定义的规定，最大颅宽不应采用这个数据。笔者将脑颅右后部进行复原，避开乳突上脊，测得头骨脑颅部的最大宽，为 149.5 毫米，测量点位于颞骨鳞部的后上部接近鳞缘处。按 Martin《人类学教科书》定义的精神，笔者采用 149.5 毫米为大荔头骨的最大颅宽。

表 1　颅长、颅宽和颅指数

Table 1　Cranial lengths, breadths and indices

	最大颅长 Max. cranial length	g-i 长	最大颅宽 Max. cranial breadth	两顶骨宽 Bi-parietal breadth	颅指数 Cranial indices	
	g-op	g-i	eu-eu	bi-par	eu-eu/g-op	bi-par/g-op
	M1	M2	M8		M8/M1	
大荔 Dali	206.5	190	(149.5)	(149.5)	72.4	72.4
蓝田复原颅骨 Lantian reconst.	188	—	—	—	—	—
郧县 Yunxian EV 9001（L）	223[#]	—	170	—	—	—
郧县 Yunxian EV 9001（L）（复原 reconst.）	210	—	(162)	—	77.14	—
郧县 Yunxian EV 9002（L）	217[#]	170	170	—	78.3	—
郧县 Yunxian EV 9001（L）（复原 reconst.）	215	—	(162)	(147)	75.3	68.4
北京直立人 ZKD II（W）	(194)	(194)	—	—	—	—
北京直立人 ZKD III（W）	188	188	137.2	—	73.0	—
北京直立人 ZKD V	(213)	(213)	—	—	—	—
北京直立人 ZKD X（W）	199	199	143	—	71.9	—
北京直立人 ZKD XI（W）	192	192	139.8	—	72.8	—
北京直立人 ZKD XII（W）	195.5	195.5	141	—	72.1	—
南京直立人 Nanjing 1	(180.5)	(180.5)	(143)	—	79.2	—
和县直立人 Hexian	190	—	160	—	84.2	—
金牛山 Jinniushan	206	—	148.0	—	71.8	—
山顶洞 Upper Cave 101	204	188	143	—	70.1	—
山顶洞 Upper Cave 102	196	185?	136	—	69.4	—
山顶洞 Upper Cave 103	184	180?	131	—	71.2	—
柳江 Liujiang	189.3	171	142.2	—	75.1	—
资阳 Ziyang	169.3	—	131.1	—	77.4	—
丽江 Lijiang	167.0	150.0	141.0	—	84.4	—
蒙自马鹿洞 Maludong（C）	—	—	141	—	—	—
穿洞 Chuandong 1	174.5	—	136.0	—	77.9	—

	最大颅长 Max. cranial length	g-i 长	最大颅宽 Max. cranial breadth	两顶骨宽 Bi-parietal breadth	颅指数 Cranial indices	
	g-op	g-i	eu-eu	bi-par	eu-eu/g-op	bi-par/g-op
	M1	M2	M8		M8/M1	
穿洞 Chuandong 2	170	163	130.5	—	76.8	—
港川 Minatogawa I	182	—	148	—	81.3	—
港川 Minatogawa II	166	—	134	—	80.7	—
港川 Minatogawa III	176	—	138	—	78.4	—
Dmanisi D 2280（R2）	177	—	(136)	119	76.8	—
Dmanisi D 2280（复原 reconst.）（L）	176	—	(132)	118	75.0	67.04
Dmanisi D 2280（Wo）	176.5	175.8	135	120.5	76.5	68.3
Dmanisi D 2282（R2）	—	—	—	116?	—	—
Dmanisi D 2282（复原 reconst.）（L）	166	—	(132)	116	79.5	69.9
Dmanisi D 2282（Wo）	166	—	—	116	—	—
Dmanisi D 2700（R2）	155	—	126	117	81.3	75.5
Dmanisi D 2700（L）	153	—	125	113	81.7	73.9
Dmanisi D 2700（Wo）	165	162	126.5	120.2	76.7	72.8
Dmanisi D 3444（Wo）	163	161	131.9	123	80.9	75.5
Dmanisi D 4500（R4）	169	—	135.5	—	80.2	—
Sangiran 2（R3）	183	—	141	137	77.0	74.9
Sangiran 4（R3）	—	—	147	140	—	—
Sangiran 10（R3）	—	—	145	131	—	—
Sangiran 12（R3）	—	—	150	139	—	—
Sangiran 17（K）	204	204	156	138	76.5	67.6
Sangiran 17（L）	202	—	156	—	77.2	—
Sangiran 17（R2）	207	—	161	142	77.8	68.6
Sangiran IX（R3）	186	—	142	132	76.3	71.0
爪哇 Trinil 直立人 I（W）	(183)	(183)	(130)	—	71.0	—
爪哇直立人 Pithecanthropus II（W）	(176.5)	(176.5)	135	—	76.5	—
Bukuran（R3）	194	—	153	143	78.9	73.7
Ngawi（R3）	184	—	144	138	78.3	75.0
Sambung 1（K）	199	—	146	140	73.4	70.4
Sambung 1（R3）	200	—	151	146	75.5	73.0
Sambung 3（R3）	179	—	146	138	81.6	77.1
Sambung 4（R3）	199	—	156	147	78.4	73.9
Ngandong I（W）	197	197	138	—	70.1	—
Ngandong V（W）	219.5	219.5	145	—	66.1	—
Ngandong VI（W）	193	193	141	—	73.1	—
Ngandong IX（W）	202	202	156?	—	77.2	—
Ngandong X（W）	204.5	204.5	153	—	74.8	—
Ngandong XI（W）	202	202	143	—	70.8	—
Ngandong 1（R3）	196	—	153	149	78.1	76.0

	最大颅长 Max. cranial length	g-i 长	最大颅宽 Max. cranial breadth	两项骨宽 Bi-parietal breadth	颅指数 Cranial indices	
	g-op	g-i	eu-eu	bi-par	eu-eu/g-op	bi-par/g-op
	M1	M2	M8		M8/M1	
Ngandong 6（R3）	221	—	155	149	70.1	67.4
Ngandong 7（R3）	192	—	147	141	76.6	73.4
Ngandong 7（K）	193	(188.5)	143	135	74.1	69.9
Ngandong 10（R3）	202	—	159	152	78.7	75.2
Ngandong 11（R3）	202	—	158	153	78.2	75.7
Ngandong 11（K）	202	200	143	138	70.8	68.3
Ngandong 12（R3）	201	—	151	139	75.1	69.2
Narmada（K）	203	194	(164)	(145)	(80.8)	(71.4)
Narmada（L）	(205)	—	(164)	(145)	(80.0)	(70.7)
Shanidar 1（K）	207.2	191	154	154	74.3	74.3
Shanidar 1（S）	207	191	152	—	73.4	—
Amud（S）	215	198	154	154	71.6	71.6
Tabun 1（W）	183	—	141	—	77.0	—
Skhul 4（S）	(206)	—	(148)	—	(71.8)	—
Skhul 5（W）（K）	192	190	143	143	74.5	74.5
Skhul 9（S）	(213)	—	(145)	—	(68.1)	—
Qafzeh 6（S）	195	—	147	—	75.4	—
Niah（B）	(180)	—	(140)	—	(77.8)	—
Wadjak 1（B）	200	—	149	—	74.5	—
Keilor（B）	197	—	143	—	72.6	—
KNM-ER 1470（R2）	168	—	>138	120	>82.1	71.4
KNM-ER 1813（R2）	145	—	113	100	77.9	69.0
KNM-ER 3733（K）	180	—	139	128	77.2	71.1
KNM-ER 3733（L）	178	—	141	128	79.2	71.9
KNM-ER 3733（R2）	182	—	142	131	78.0	72.0
KNM-ER 3773（WL）	—	183	144	—	—	—
KNM-ER 3883（K）	181	—	136	127	75.1	70.2
KNM-ER 3883（L）	179	—	136	127	76.0	71.0
KNM-ER 3883（R2）	182	—	140	134	76.9	73.6
KNM-ER 3883（WL）	—	181.5	136	—	—	—
KNM-ER 42700（R3）	153	—	120	116	78.4	75.8
KNM-WT 15000（L）	175	—	141	124	80.6	70.9
KNM-WT 15000（R3）	175	—	141	137	80.6	78.3
KNM-WT 15000（WL）	—	175	141	—	—	—
OH 9（K）	206	205	146	134	70.9	65.0
OH 9（L）	201	—	146	134	72.6	66.7
Danakil（Buia）	204	—	130	125	63.7	61.3
Daka（R3）	180	—	139	129	77.2	71.7

	最大颅长 Max. cranial length	g-i 长	最大颅宽 Max. cranial breadth	两顶骨宽 Bi-parietal breadth	颅指数 Cranial indices	
	g-op	g-i	eu-eu	bi-par	eu-eu/g-op	bi-par/g-op
	M1	M2	M8		M8/M1	
Bodo（R5）	—	—	148	148	—	—
Kabwe（K）	206	205	(154)	141	(74.8)	68.4
Kabwe（S）	210	208	144.5	—	68.8	—
Kabwe（L）	206	(202)	(154)	141	(74.8)	68.4
Kabwe（R3）	209	—	145	145	69.4	69.4
Ndutu（R1）	(183)	—	144	—	(78.7)	—
Omo 2（R3）	—	—	147	142	—	—
Jebel Irhoud 1（S）	198	190	145	—	73.2	—
Ceprano（Cl）	193	—	161	—	83.4	—
Ceprano（A）	198	—	—	156	—	78.8
Ceprano（Lc）	196	—	161	(150)	82.1	(76.5)
Atapuerca SH 4	(201)	—	164	—	(81.6)	—
Atapuerca SH 5	185	—	146	—	78.9	—
Atapuerca SH 5（Lc）	180	—	141	—	78.3	—
Atapuerca SH 6	186	—	136	—	73.1	—
Arago 21-47（复原 reconst.）（L）	(199)	—	(144)	—	(72.4)	—
Petralona（Wo）	210	—	168	150	80.0	71.4
Petralona（K）	208	190	161	147	77.4	70.7
Petralona（S）	209	—	150	—	71.8	—
Petralona（St）	209	—	156	150	74.6	71.8
Petralona（R3）	208	—	165	151	79.3	72.6
Petralona（Lc）	208	203	160	—	76.9	—
Steinheim（K）	185	179	132	132	71.4	71.4
Steinheim（S）	184	179	132–133	—	—	—
Steinheim（R3）	184	—	126	—	68.5	—
Ehringsdorf（K）	195	—	145	145	74.4	74.4
Ehringsdorf（W）	196	—	145	—	74.0	—
Saccopastore 1（K）	181.5	175	142	142	78.2	78.2
Saccopastore 1（S）	181–182	(175)	142	—	—	—
La Chapelle（K）	209	193.5	156	156	74.6	74.6
La Chapelle（S）	208	—	156	—	75.0	—
La Ferrassie 1（K）	207	194	158	158	76.3	76.3
La Ferrassie（S）	209	(202)	158	—	75.6	—
Fontechevade 2（K）	195	—	154	154	79.0	79.0
Monte Circeo 1（K）	203	198	154	154	75.9	75.9
Monte Circeo 1（S）	204	195	155	—	76.0	—
Gibraltar（S）	193	—	149	—	77.2	—
Le Moustier（S）	196	—	150	—	76.5	—

	最大颅长 Max. cranial length	g-i 长	最大颅宽 Max. cranial breadth	两顶骨宽 Bi-parietal breadth	颅指数 Cranial indices	
	g-op	g-i	eu-eu	bi-par	eu-eu/g-op	bi-par/g-op
	M1	M2	M8		M8/M1	
Cro Magnon 1 (K)	202.5	200	149.5	149.5	73.8	73.8
Cro Magnon 1 (S)	202	200	149.5	—	74.0	—
Předmostí 3 (S)	201.5	—	145	—	72.0	—
Předmostí 4 (S)	191.5	—	144	—	75.2	—
Combe Capelle (S)	198	—	130	—	65.7	—
Oberkassel ♂ (S)	194	—	144	—	74.2	—
Oberkassel ♀ (S)	181	—	129	—	71.3	—
Afalou ♂ (平均 average) (S)	194.9	—	145.7	—	74.8	—
Taforalt ♂ (平均 average) (S)	194.6	—	146.1	—	75.1	—
直立人 Homo erectus (C)						
平均值±标准差	—	—	142±6	—	—	—
范围 Range	—	—	130–153	—	—	—
东亚中更新世人 East Asian Middle Pleistocene humans (C)						
平均值(例数)	—	—	148.5(2)	—	—	—
范围 Range	—	—	148–149	—	—	—
尼人 Neanderthals (C)						
平均值±标准差(例数)	—	—	148±7(16)	—	—	—
范围 Range	—	—	138–157	—	—	—
东亚早期现代智人 East Asian early modern Homo sapiens (C)						
平均值±标准差(例数)	—	—	138±6(7)	—	—	—
范围 Range	—	—	131–145	—	—	—
西亚早期现代智人 West Asian early modern Homo sapiens (C)						
平均值±标准差(例数)	—	—	145±3(7)	—	—	—
范围 Range	—	—	140–148	—	—	—
欧洲早期现代智人 European early modern Homo sapiens (C)						
平均值±标准差(例数)	—	—	143±7(19)	—	—	—
范围 Range	—	—	131–154	—	—	—
非洲早期现代智人 African early modern Homo sapiens (C)						
平均值(例数)	—	—	145(1)	—	—	—
现代人 Modern man (S)	174–187	—	128–153	—	—	—
现代人 Modern man (L)	180.4(158–212)	—	137.7(116–161)	—	—	—

资料来源:

测量标本中,大荔据笔者,以下各表同此,一般不再说明;蓝田直立人为笔者据复原模型;北京直立人 V 据邱中郎等(1973);南京直立人据吴汝康等(2002);和县直立人据吴汝康和董兴仁(1982);金牛山据吴汝康(1988);山顶洞据吴新智(1961);柳江据吴汝康(1959);资阳据吴汝康(1957);丽江据云南省博物馆(1977);穿洞 1 据黄象洪(1989);穿洞 2 据吴茂霖(1989);港川据 Suzuki (1982);Danakil 据 Abbate 等(1998);Daka 据 Antón (2003);Ndutu 据 Rightmire (1990);Atapuerca SH 据 Arsuaga 等(1997),原文为 Martin 8, XCB。

注明(A)者据 Ascenzi 等(2000)。

注明(B)者据 Brothwell (1960)。

注明(C)者据 Curnoe 等(2012),该文所写直立人(狭义 ERECT)包括 Baku、陈家窝、公王岭、和县、建始、洛南、南京、Ngandong、Sangiran、周口店复原颅骨；东亚中更新世人包括大荔、金牛山、马坝、许家窑；尼人包括 Amud、Arcy-sur-Cure、Ehringsdorf、Forbe's Qarry、Gibraltar、Krapina、Kulna、La Chapelle、La Ferrassie、La Quina、Le Moustier、Monte Circeo、Neanderthal、Saccopastore1、Šal'a、Shanidar、Spy、Tabun、Vindija；东亚早期现代智人包括宝积岩、穿洞、峒中岩、都安、Gua Gunung、Hang Cho、黄龙、柳江、Mai Da Nuoc、港川、Moh Khiew、土博、那来、山顶洞、武山、Wadjak；西亚早期智人（WAEHS）包括 Skhul、Qafzeh；欧洲早期现代智人包括 Barma Grande 未编号、Combe Capelle、Cotte de St. Brelade、Cro Magnon、Mladec、Předmostí、Grotte de Enfants；非洲早期现代智人包括 Herto、BOU-VP 和 Omo-Kibish 1。

注明（Cl）者据 Clarke（2000）。

注明（K）者据 Kennedy 等（1991）。

注明（L）者据 de Lumley 等（2008），其中注明 Lc 者的颅宽数据测量位置在乳突上脊，郧县带#者为保存的变形状态。

注明（R1）者据 Rightmire（1983）。

注明（R2）者据 Rightmire 等（2006）。

注明（R3）者据 Rightmire（2013）。

注明（R4）者据 Rightmire 等（2017）。

注明（R5）者据 Rightmire（1996）。

注明（S）者据 Suzuki（1970）。

注明（St）者据 Stringer 等（1979）。

注明（W）者据 Weidenreich（1943），北京直立人、爪哇直立人和 Ngandong 标本的颅长和 g-i 长用同一数据；颅宽用"平均最大颅宽"，不是 M8，北京直立人、爪哇直立人和 Ngandong 的代码分别为 $(8^1)W$、$(8^1)W$ 和 (8^1)。

注明（WL）者据 Walker 和 Leakey（1993）。

注明（Wo）者据 Wolpoff 通信惠赐（2011）或据 Wolpoff（1980）。

表中带括号的测量数值为估计值，以下各表均同。

　　表 1 的数据有的是所注明的各该文献的作者测量所得，其中一部分是他们转引自其他文献并且注明了其来源，读者可以查阅，为了节省篇幅，笔者不将这些来源一一列出。这一段说明也适用于本书其他诸表中数据的来源。有一些标本在不同作者的文献中有着不同的数据，笔者无缘接触其真化石，不能判断孰是孰非，姑且全列于表中，不加甄别。不同作者对化石的分组有不同观点，笔者都按其原意采纳于本书，不作更改。

　　从表 1 可以看出 g-op 与 g-i 长度之差在更新世初期的人群中为零或很小，在中更新世，非洲的 Kabwe 此二测径的差距可能很小，欧洲 Petralona 和 Steinheim，非洲 Jebel Irhoud 1 此二测径的差距较大，在晚更新世人中有颇大的变异。大荔颅骨在这个项目方面与此二欧洲中更新世标本相近，却与中国的直立人差异较大。虽然北京直立人有的标本 op 点与 i 点重合，有的不重合，但是 Weidenreich（1943）一概按重合处理，使得他所发表的 g-op 与 g-i 的距离相等，实际上在北京的个别标本与和县的标本上可以将 i 点定在 op 前下方不远处，不过其 g-op 与 g-i 距离虽不相等，但是差距很小。

　　需要说明的是，表 1 中北京直立人的最大颅宽不是 eu-eu。北京直立人标本的 euryon 点很难确定，Weidenreich（1943）在其研究报告中没有给出标准的 eu-eu 值，而是给出 4 个测量值（颞顶宽、角圆枕间宽、最大脊间宽和平均最大宽），在这些横径中经常被人引用的是平均最大宽（average "maximum" 或 $(8^1)W$）。也曾被用来与其他标本的 eu-eu 值进行比较。

　　北京与和县直立人颅骨最宽处都在乳突上脊水平，吴汝康、董兴仁（1982）研究和县颅骨的论文中列出的标号马丁 8 号"颅宽"的数据（160 毫米）实际上也是在乳突上脊处测量得到的颅骨宽度。de Lumley 等（2008）列出的郧县等颅骨的 M8 注明是在乳突上脊处测量的。吴汝康等（2002）所举南京直立人的颅骨宽是在复原颅骨的乳突上脊处测量得到的。本书所列北京直立人的颅宽引自 Weidenreich（1943）的"$(8^1)W$"，不是 M8。Atapuerca SH 无论成年（4 号、5 号、8 号头骨）还是青少年（6 号、7 号）的，颅骨最宽处也都在乳突上脊，印度尼西亚和非洲的直立人以及 Kabwe 和 Petralona 的颅骨最宽处也在乳突上脊。Danakil（Buia）的 UA31 号颅骨的最大宽在乳突上脊水平；Ceprano 改正的复原头骨的最大宽为 161 毫米（据 Clarke, 2000）也是在乳突上脊水平测量的。颅骨最大宽度位于这样的位置，被认为是近祖的原始特征，尼人和现代人的最宽处在顶骨，被认为是智人的衍生特征。而大荔的最宽处在乳突上脊，可以说在颅骨最宽处位置方面大荔颅骨具有原始的近祖特征。但是在大荔乳突上脊以外测得的颅骨最大宽度与在乳突上脊处测得的颅骨最大宽度两者相差很小，也可以说它在这项特征方面有些趋近现代人。应该可以合理地认为，智人的这项"衍生特征"是从"原始特征"逐渐变化所成，两者不是没有联系的。大荔标本在这项特征上处于直立人与现代人之间的过渡状态，就是一个例证。

有人认为两顶骨宽比位于颞骨处的颅骨最大宽能更好地反映大脑的横向发育程度。大荔颅骨右侧顶骨大部缺损，因此必须先进行复原才能测量两顶骨宽。大荔颅骨复原后的两顶骨宽为 149.5 毫米，比早更新世人类为大，在中更新世人变异范围内，较许多尼人为小，在现代人数据变异范围的上部［据 de Lumley 和 Sonakia（1985），现代人两顶骨宽为 120–158 毫米］。

早更新世和中更新世颅骨最大宽度一般比其两顶骨宽为大，在晚更新世的欧洲和西亚的尼人则两者的宽度一般是相近或相等的。大荔颅骨在这方面与这些地区尼人颅骨比较接近。引人注目的是，Ngandong 情况十分特殊，此二测径保持着比较大的差距，而 Narmada 也比较特殊，这两项颅宽之间的差距竟达到 19 毫米。

表 1 的数据看不出颅指数随着时间而变化的迹象。有些地点有较大的变异范围，如西班牙的 Atapuerca SH 地点，颅指数变异于 73.1–81.6 之间。而在某些地区，人群内似乎在这方面有较强的同质性，如山顶洞变异于 69.4 与 71.2 之间，都在 70 上下；港川的变异范围也很小（78.4–81.3），都在 80 上下。不过这也可能是标本太少之故。

中国更新世北方的颅骨无论时代早晚，颅指数似乎都较小，南方颅骨的颅指数较大。而到新石器时代，北方颅骨的颅指数一般比南方的大。东南亚的 Niah 和日本的港川也有较大的颅指数。再向南到澳大利亚，则颅指数又普遍地小于 70。这些现象是否带有特别的含义，还需要新发现的材料来探讨。

Weidenreich 以平均最大宽（average "maximum"）作为颅宽计算出的北京直立人的颅指数变异于 71.9 和 73.0 之间。一些学者将颅指数低当作直立人独有的自近裔特征之一，并主张非洲的直立人与中国的直立人不属于一个物种。从表 1 可以看出，狭长的颅骨在人类化石甚至现代人中多有表现，如山顶洞标本为 69.4–71.2，并不是中国直立人所独有的。而和县直立人颅骨却比它们短宽，颅指数较大。在从直立人到智人的过渡过程中顶面观的颅骨形状显然也是表现形态镶嵌的特征之一。

此外文献上还有一些数据，与表 1 中的有些不同，甚至相差很大，或者从另外方面反映颅骨的尺寸，也录于此以供参考，例如据 Wolpoff（1995, p. 520）研究，Ndutu 最大颅长和最大颅宽分别为 146 毫米和 141 毫米（以下单位均为毫米，不再赘述）；Petralona 的最大颅长和最大颅宽分别为 209 和 165，Kabwe 的分别为 207 和 147，Sangiran 17 的分别为 207 和 161 等。据 Wolpoff（1980）研究，Steinheim、Swanscombe、Petralona 和 Salé 的两顶骨宽（Biparietal breadth）分别为 126.8、145.0、150.0 和 130.0。Stringer 等（1979）为 Petralona 提供了眉间点-枕骨长（209.0）、眉间点-人字点长（185.0）、颅底点-鼻根点长（110.5）、颅宽（顶骨）（150.0）和颅宽（颞骨）（156.0）。Antón（2003, p. 136, Table 3）还举出其他一系列颅长的数据，但是没有列出相应的颅宽等数据，笔者将她的这些数据附在下面，而不放在表中：KNM-ER 3733，182；KNM-ER 3833，182；KNM-WT 15000，175；OH 9，206；Daka（Bou-VP-2/66），180±1；Buia（UA31），204；Dmanisi：D 2200，176；D 2282，166；D 2700，153；Sangiran 2，177；Sangiran 17，207；Sangiran IX，195；Ngandong 1，196；Ngandong 5，220；Ngandong 7，192；Ngandong 10，202；Ngandong 11，203；Ngandong 12，201；Ngawi 1，182；Sambung 1，199；Sambung 3，179。

大荔复原颅骨两侧顶骨结节间的距离在复原颅骨上为 139 毫米。

关于颅骨底部宽度，Weidenreich（1943, p. 106）使用过耳门上缘点间距（interporial：po-po，未注 Martin 编号）来表现；Arsuaga 等（1997, p. 233）用耳门上缘点间宽（该文注明是 M11(1) interporial breadth)；de Lumley 等(2008, p. 393)则用耳门上缘点间的颅底宽(largeur de la base porion-porion)。笔者查 Martin 的《人类学教科书》(1988 年版 171 页)，M11(1)的德文是 Meatus acusticus externus-Breite，没有注明为 po-po，其测量标志点是骨性外耳道的最外侧点，没有写耳门上缘点，所以测量得到的颅底宽度可能与耳门上缘点间距(po-po)有少许不同，但是也不会有太大的差距。为了方便，笔者将这几篇论文中涉及外耳门的这几项测量数据都放在表 2 的"耳门上缘点间宽"这一栏中，而标注为"po-po或 M11(1)"。在此提醒读者，由于各个作者所采用的测量项目的定义不一定完全相同，希望在将这些数据进行比较时考虑到这些因素。

此外，他们还都测量了耳点间宽(M11，au-au)，应该是可以直接进行比较的。

表 2　颅骨底部宽度

Table 2　Breadths of cranial base

	耳门上缘点间宽 Interporial breadth po-po 或 M11(1)	耳点间宽 Biauricular breadth au-au　M11		耳门上缘点间宽 Interporial breadth po-po 或 M11(1)	耳点间宽 Biauricular breadth au-au　M11
大荔 Dali	133	141	Sangiran 4 (R1)	—	132
郧县 Yunxian EV 9002 (L)	143	157	Sangiran 10 (R2)	—	126
郧县 Yunxian (三维复原 3-D reconst.) (L)	143	151	Sangiran 17 (L)	(135)	143
北京直立人 ZKD III	122.6	141	Sangiran 17 (R1)	—	140
北京直立人 ZKD V	—	148.5	Sangiran IX (R2)	—	126
北京直立人 ZKD X	124?	147	爪哇直立人 Pithecanthropus II	114	129?
北京直立人 ZKD XI	120	143	Bukuran (R2)		137
北京直立人 ZKD XII	128?	151	Ngawi (R2)	—	133
南京直立人 Nanjing 1	(130)	(139)	Sambung 1 (R2)	—	137
和县直立人 Hexian	125	144	Sambung 1 (L)	128	133
山顶洞 Upper Cave 101	130	138	Sambung 3 (R2)	—	138
山顶洞 Upper Cave 102	125	127	Sambung 3 (L)	128	133
山顶洞 Upper Cave 103	118	122.5	Sambung 4 (R2)	—	145
柳江 Liujiang	115	125	Ngandong 1 (R2)	—	130
Dmanisi D 2280 (L)	(120)	(128)	Ngandong 6 (R2)	—	148
Dmanisi D 2280 (R1)	—	(132)	Ngandong 7 (R2)	—	132
Dmanisi D 2280 (Wo)	115	128	Ngandong 7 (L)	(120)	128
Dmanisi D 2282 (L)	110 (轻微变形)	118	Ngandong 10 (R2)	—	138
Dmanisi D 2282 (Wo)	—	122	Ngandong 10 (L)	140	146
Dmanisi D 2700 (L)	110	117	Ngandong 11 (R2)	—	134
Dmanisi D 2700 (R1)	—	(119)	Ngandong 11 (L)	125	141
Dmanisi D 2700 (Wo)	107.7	119.5	Ngandong 12 (R2)	—	135
Dmanisi D 3444 (Wo)	107.8	121.8	Ngandong 12 (L)	128	134
Dmanisi D 3444 (R2)	—	120	KNM-ER 1470 (R1)	—	135?
Sangiran 2 (L)	120	123	KNM-ER 1813 (R1)	—	112
Sangiran 2 (R1)	—	126	KNM-ER 3733 (L)	120	125

	耳门上缘点间宽	耳点间宽		耳门上缘点间宽	耳点间宽
	Interporial breadth	Biauricular breadth		Interporial breadth	Biauricular breadth
	po-po 或 M11(1)	au-au M11		po-po 或 M11(1)	au-au M11
KNM-ER 3733(R1)	—	132	Ceprano(L)	(145)	(150)
KNM-ER 3883(L)	118	125	Atapuerca SH 4(A)	134	155.5
KNM-ER 3883(R1)	—	129	Atapuerca SH 4(R2)	—	147
KNM-ER 42700(R2)	—	110	Atapuerca SH 5(A)	120	139
KNM-WT 15000(R2)	—	126	Atapuerca SH 5(R2)	—	135
KNM-WT 15000(L)	115	115	Atapuerca SH 5(L)	125	132
OH 9(R2)	—	135	Atapuerca SH 6(A)	106.5	122
OH 9(L)	128	133	Steinheim(R2)	—	109
Daka(R2)	—	130	Petralona(R2)	—	150
Bodo(L)	(140)	(150)	Petralona(S)	142	154.5
Omo 2(R2)	—	131	Petralona(L)	140	145
Ndutu(R2)	—	128	Arago 21-47(L)	(135)	(137)
Kabwe(R2)	—	138	现代人 Modern man(L)	—	122.1(104–145)
Kabwe(L)	(124)	(132)			

资料来源：

北京直立人 V 据邱中郎等(1973)，其余北京直立人和爪哇直立人 Pithecanthropus 耳门上缘点间宽和耳点间宽据 Weidenreich (1943)；南京与和县直立人的耳门上缘点间宽据笔者测量 po-po；耳点间宽分别据吴汝康等(2002)和吴汝康、董兴仁(1980)；山顶洞和柳江均分别据笔者测量 po-po 和 au-au。

注明(A)者据 Arsuaga 等(1997)。

注明(L)者据 de Lumley 等［2008，其中现代人包括 524 例，据 Howells (1989)］。

注明(R1)者据 Rightmire 等(2006)。

注明(R2)者据 Rightmire (2013)。

注明(S)者据 Stringer 等(1979)，外耳门之间的横径为 142 毫米。

注明(Wo)者据 Wolpoff 通信惠赐(2011)。

表 2 显示，Dmanisi 的耳门上缘点间宽变异范围与非洲早更新世人变异范围大幅度重叠，Sangiran 的数值与 Dmanisi 的数值相比，可能亚欧大陆西部早更新世人在这个项目上比东部人较小。中国的直立人与 Sangiran 的和 Ngandong 的变异范围大部重叠，可能耳门上缘点间宽在早和中更新世缺少显著的时序性变化。而郧县的数据很特殊，比中国直立人和 Sangiran 都大得多。中国的直立人变异范围的上部与非洲中更新世人变异范围的下部重叠，这两组标本都没有超出欧洲中更新世人的变异范围。中国直立人与中国早期现代人的变异范围大部分重叠，后者总体上似乎较前者稍小。大荔的数据比郧县标本小得多，比中国的直立人和中国早期现代人都稍大，没有超出非洲和欧洲中更新世组的变异范围，分别大约相当于其中部和上部。

Sangiran 耳点间宽变异范围的下部与 Dmanisi 的上部重叠，后者没有超出非洲早更新世标本的变异范围，两者大部重叠。大荔的耳点间宽比郧县的小得多，与北京直立人最小值相等，比南京直立人稍大。中国直立人相当于非洲中更新世人变异范围的上中部。中国和非洲中更新世标本都相当于欧洲中更新世人变异范围的上中部。中国早期现代人总体上比中国的直立人小，就表 2 数据而言，两者的变异范围没有重叠。中国早期现代人相当于欧洲中更新世人变异范围的下部和现代人变异范围的中上部。

测量脑颅高度的项目最常用的是颅高和耳上前囟点高。下表显示它们的数值以及其与最大颅长（g-op）构成的指数的比较资料。

表 3　脑颅高度和指数

Table 3　Cranial heights and indices

	颅高 Cranial height ba-b M17	长高指数 I Index I ba-b/g-op M17/M1	耳上前囟点高 Auricular-bregma height po-b ht M20	长高指数 II Index II po-b ht/g-op M20/M1
大荔 Dali	118	57.1	102.5	49.6
郧县 Yunxian EV 9002（L）	(119)	53.48	(111)	51.62
郧县 Yunxian（三维复原 3-D reconst.）（L）	115	55.28	101	48.55
北京直立人 ZKD（复原 reconst.）（W）		(59.9)		
平均值（例数）	115	—	99.5(4)	51.4(4)
范围 Range	—	—	94–106	49.0–53.3
和县直立人 Hexian	—	—	95	50
金牛山 Jinniushan（WR）	123	59.7	—	—
山顶洞 Upper Cave 101	136.0	66.7	148	72.5
山顶洞 Upper Cave 102	150.0	76.5	120	61.2
山顶洞 Upper Cave 103	143.0	77.7	118.5	64.4
柳江 Liujiang	134.8	71.2	114.8	60.6
丽江 Lijiang	—	—	105	62.9
穿洞 Chuandong 2	—	—	97	57.1
港川 Minatogawa I（S2）	134	73.6	—	—
港川 Minatogawa II（S2）	115	65.3	—	—
Dmanisi D 2280（L）	(100)	56.81	90	51.13
Dmanisi D 2282（L）	(92)	55.42	(77)	46.38
Dmanisi D 2700（L）	100	65.35	82	53.59
Dmanisi D 2700（R1）	101	65.2	—	—
Dmanisi D 2700（Wo）	101	61.2	—	—
Dmanisi D 4500（R2）	92.5	54.7	—	—
Sangiran 17（K）	107	52.5	103	50.5
Sangiran 17（R1）	114?	55.1	—	—
Sambung 1（K）	—	—	103	51.8
Sambung 1（L）	—	—	100	(50.25)
Sambung 3（L）	—	—	98	55.68
Ngandong 1（W）	118?	59.9	108	—
Ngandong 5（W）	131?	59.8	109	—
Ngandong 6（W）	123?	63.8	105	—
Ngandong 7（K）	120	62.2	103	53.4
Ngandong 7（L）	117	62.23	96	51.06
Ngandong 9（W）	123?	59.8	106	—

	颅高 Cranial height ba-b M17	长高指数 I Index I ba-b/g-op M17/M1	耳上前囟点高 Auricular-bregma height po-b ht M20	长高指数 II Index II po-b ht/g-op M20/M1
Ngandong 10 (W)	118?	57.6	111	—
Ngandong 10 (L)	—	—	104	51.74
Ngandong 11 (W)	123	60.4	105.5	—
Ngandong 11 (K)	125	61.9	105.5	52.2
Ngandong 11 (L)	—	—	103	50.73
Ngandong 12 (L)	125	61.88	(105.5)	52.22
Narmada (K) (L)	(138)	(68.0)	115	56.7
Shanidar (K)	135	65.2	120	57.9
Amud 1 (S)	(139)	(64.7)	121	56.3
Tabun 1 (S)	115	62.8	98	53.6
Skhul 4 (S)	(128)	62.1	(112)	54.4
Skhul 5 (S) (K)	129	67.2	117	60.9
Skhul 9 (S)	(130)	(61.0)	(113)	(53.1)
KNM-ER 1813 (R1)	98?	67.5	—	—
KNM-ER 3733 (K)	(110)	(61.1)	96	53.3
KNM-ER 3733 (R1)	111?	60.4	—	—
KNM-ER 3883 (K)	103	56.9	92	50.8
KNM-ER 3883 (R1)	102	56.0	—	—
KNM-WT 15000 (R1)	106?	—	—	—
OH 9 (K)	105	50.4	96	46.6
Kabwe (K)	124	60.2	109	52.3
Jebel Irhoud (S)	125	63.1	—	—
Ceprano (As)	—	—	(105)	(53.0)
Ceprano (L)	(115)	58.61	100	51.02
Atapuerca SH 4 (A)	131	(65.2)	121	(60.2)
Atapuerca SH 5 (A)	125	67.6	107.5	53.1
Atapuerca SH 5 (L)	116	64.44	97	53.88
Atapuerca SH 6 (A)	130	69.9	121	65.1
Petralona (K)	127?	61.1	113	54.3
Petralona (S)	128	—	104	52.15
Petralona (St)	127.0	60.8	—	—
Petralona (L)	125	60.09	113	54.32
Arago 21-47 (L)	(121)	—	(101)	—
Steinheim (K)	110	59.5	98	53.0
Steinheim (S)	110–112	—	100	—
Swanscombe (K)	125	(68.9)	—	—
Ehringsdorf	109 (K)	55.9 (K)	121 (W)	—
Gibraltar (S)	(124)	66.8	(107)	55.4
Saccopastore 1 (K)	109	60.1	101	55.6

	颅高 Cranial height ba-b M17	长高指数 I Index I ba-b/g-op M17/M1	耳上前囟点高 Auricular-bregma height po-b ht M20	长高指数 II Index II po-b ht/g-op M20/M1
Saccopastore 1（S）	109	60.2	101	55.5–55.8
Monte Circeo（S）	123	60.3	105	51.5
La Chapelle（K）	131	62.9	112	53.6
La Chapelle（S）	131	62.9	111	53.3
La Ferrassie 1（K）	135	65.2	—	—
La Ferrassie 1（S）	134	64.1	—	—
Le Moustier（S）	127	65.56	111	65.56
Fontéchevade 2（K）	117	60.0	108	55.4
Monte Circeo 1（K）（S）	123	60.6	105	51.7
Cro Magnon 1（S）	133	65.8	122.5	62.3
Cro Magnon 1（K）	132.5	65.4	121.5	60.0
Předmostí I 4（S）	136	71.0	—	—
Předmostí I 9（S）	134	68.4	—	—
Combe Capelle（S）	139	70.2	—	—
Oberkassel ♂（S）	138	71	112	58.0
Oberkassel ♀（S）	134	74	110	61.0
Afalou ♂（平均 average）（S）	143.7	74.6	121.2	62.3
Taforalt ♂（平均 average）（S）	144.0	74.4	118.3	61.1
现代人 Modern man ♂（S）	126–141	68.5–79.4	104–121	66.1
现代人 Modern man（L）	132.7（103–159）	—	—	—

资料来源：

和县据吴汝康、董兴仁（1982）；金牛山据吴汝康（1988）；山顶洞据吴新智（1961）；柳江据吴汝康（1959）；丽江据云南省博物馆（1977）；
　　穿洞 2 据吴茂霖(1989)。

注明（A）者据 Arsuaga 等（1997）。

注明（As）者据 Ascenzi 等（2000）。

注明（K）者据 Kennedy 等（1991），指数是笔者计算所得。

注明（L）者据 de Lumley 等（2008）。

注明（R1）者据 Rightmire 等（2006）。

注明（R2）者据 Rightmire 等（2017）。

注明（S）者据 Suzuki（1970），其中的 Petralona 的耳上前囟点高是根据该文献第 127 页 M1 和 M20/M1 的数据计算得到的。

注明（S2）者据 Suzuki（1982）。

注明（St）者据 Stringer 等（1979）。

注明（W）者据 Weidenreich（1943, pp. 106, 107, Table XIX），ba-b 数据是据 XI 号颅骨复原所得；该文献第 110 页载，长高指数为 59.6，
　　本表中的数值是根据该文献表 XIX 提供的原始数据计算所得。

注明（Wo）者据 Wolpoff 通信惠赐（2011）。

　　表 3 的颅高数据显示，Sangiran 17 可能与非洲早更新世人相近，Dmanisi 的最大值比 Sangiran 17 的最小值小。Ngandong 的最小值大于 Sangiran 17。大荔的与郧县、北京直立人的相差都不大，比金牛山标本小。金牛山的比 Kabwe 稍小。所有这些标本颅高都没有超出欧洲中更新世人的变异范围，居于其中部。欧洲中更新世人与尼人变异范围大部重叠，两者的最小值相等。前者的最大值与欧洲早期现代人的最小值接近。欧洲与中国早期现代人的变异范围大部重叠。颅高在人类进化中显然有升高的趋势。

长高指数 I 的数据显示，Sangiran 17 比 Dmanisi 的最小值稍小。Dmanisi 变异范围的下部与非洲早更新世标本的中上部重叠。欧洲中更新世人变异范围的下部与 Dmanisi 的变异范围大幅度重叠，而与非洲早更新世标本变异范围的上部重叠。亚洲尼人没有超出欧洲尼人的变异范围，都在欧洲中更新世人变异范围内。但是 Atapuerca SH 颅骨的平均值反而比尼人平均值要高，甚至可以比 Cro Magnon 1 高。欧洲早期现代人变异范围的下部与欧洲中更新世人的上部重叠。中国中更新世人都在欧洲中更新世人变异范围的下部。中国早期现代人的长高指数 I 比中国中更新世人的大得多，与欧洲早期现代人有很大幅度的重叠。Ngandong 长高指数 I 最低值比 Sangiran 17 大。总之从早更新世到晚更新世颅高有由低到高的发展趋势，早更新世人类颅骨的长高指数 I 约在 50 与 62 之间，但个别的达到 65 以上，欧洲中更新世人的变异范围是 55.9–69.9，非洲中更新世人没有超出这个变异范围。欧洲尼人变异范围为 60.0–66.8，欧洲早期现代人变异范围为 65.4–74。与表 3 中的诸多比较标本相比，大荔颅骨的长高指数 I 表现得十分特殊，不但比非洲和欧洲绝大多数中更新世颅骨和北京直立人复原头骨都低，甚至比亚洲和非洲早更新世有的颅骨低，但比郧县颅骨的指数高，也许因为郧县颅骨被压扁太甚和颅骨复原不够准确所致。

耳上前囟点高的数据显示，Sangiran 17 比 Dmanisi 和非洲早更新世标本的都高。欧洲中更新世人的最低值比非洲早更新世人的最高值大。尼人和欧洲早期现代人都与欧洲中更新世人变异范围中部大幅度重叠。中国直立人变异范围的上部与欧洲中更新世人的下部重叠，前者的最高值比中国一般早期现代人的最低值小得多。欧洲早期现代人的变异范围与中国早期现代人范围重叠。大荔的这项测量值相当于中国直立人变异范围的上部和欧洲中更新世人变异范围的下部，比中国早期现代人低得多。

长高指数 II 的数据显示，Dmanisi 和非洲早更新世人的变异范围几乎全部重叠，Sangiran 17 在其中部。Ngandong 的变异范围相当小，其最小值与 Sangiran 17 相差不到 1。欧洲中更新世人变异范围最下部与非洲早更新世人的最上部有少许重叠。欧洲中更新世人与尼人的变异范围几乎完全重叠。而欧洲早期现代人却没有超出这两组人的变异范围。亚洲尼人相当于欧洲尼人变异范围的下部。中国直立人变异范围的上部与欧洲中更新世人的最下部重叠。大荔颅骨长高指数 II 比北京直立人最低值稍高，比和县和欧洲中更新世人最低值稍低，比中国和欧洲的早期现代人低得多。在表 3 列举的比较标本中大荔颅骨仅高于 Dmanisi D 2282、OH 9 和郧县三维复原颅骨。

有的人类颅骨化石不能保存得足够完整以测量 ba-b 颅高和耳上前囟点高，人类学家在以上两种表示颅骨高度的指数之外，设计了另一种表现颅骨穹隆高度的指数。吴汝康(1957)在研究资阳早期现代人颅骨的专刊中依照 Kroeber（1948)的方法在颅骨正中矢状轮廓图上测量最大颅长(g-op)和颅顶点距离这条直线的高度，以之计算颅盖高指数。他在该研究中还在这张图上测量从前囟点到表现最大颅长的直线上的垂直线的垂足 Y 到眉间点 G 的距离(GY)计算前囟位指数。现将按照这些方法获得的数据列于表 4。

表 4　颅盖高指数和以眉间点-颅后点弦为分母计算的前囟位指数

Table 4　Calvarial height index and bregma position index based on g-op

	颅盖高指数 Calvarial height index	以 g-op 为分母计算 的前囟位指数 Bregma position index based on g-op		颅盖高指数 Calvarial height index	以 g-op 为分母计算 的前囟位指数 Bregma position index based on g-op
大荔 Dali	38.4	39.5	资阳 Ziyang	45.3	41.8
北京直立人 ZKD II, III, X, XI, XII(K)	35–41	37–42	丽江 Lijiang	49.1	—
南京直立人 Nanjing	31.9	39.3	穿洞 Chuandong 1	50.0	40.1
爪哇直立人 Pithecanthropus I, II(K)	33–37	36–43	穿洞 Chuangdong 2	45.7	33.7
尼人 Neanderthals（9 例）(K)	33–43	33–40	Cro Magnon（8 例）(K)	46–55	28–37
柳江 Liujiang	42.9	44.2	现代人 Modern man(K)	51–59	—

资料来源：

柳江据吴汝康(1959)；资阳据吴汝康(1957)；丽江据云南省博物馆(1977)；穿洞 1 据黄象洪(1989)；穿洞 2 据吴茂霖(1989)；其余据笔者。

注明(K)者均据 Kroeber（1948，转引自吴汝康，1957）。

从表 4 可见，直立人和尼人的颅盖高指数变异范围有很大幅度的重叠。欧洲早期现代人化石比之高得多，其变异范围下部与中国早期现代人变异范围上部重叠。欧洲早期现代人变异范围的上部与现代人变异范围的下部重叠，而中国早期现代人的最高值比现代人的最低值低。大荔的颅盖高指数比南京和爪哇直立人的大，在北京直立人和尼人的变异范围内，比早期现代人化石最低值小。

直立人和尼人的前囟位指数变异范围也有很大幅度的重叠，欧洲早期现代人前囟位指数比较小，其变异范围的上部与尼人变异范围的下部重叠，其最高值与中国直立人的最低值相等。欧洲早期现代人变异范围上部与中国早期现代人变异范围下部重叠。而中国早期现代人的变异范围相当大，涵盖了中国和爪哇直立人的所有标本的变异范围。大荔颅骨前囟位指数与穿洞 1 号很接近，既在中国早期现代人范围的中上部，也在北京和爪哇直立人变异范围的中部，比 8 例欧洲早期现代人的大，与 9 例尼人的最大值极相近。

过去在标本不多的情况下，曾经以为前囟的位置在人类进化中有由后向前的变化趋势，甚至因柳江颅骨特别高的前囟位指数而高估其年代，现在看来至少在中国可能不存在这样的趋势，可能早期现代人这个特征具有可观的地区间差异，东亚标本前囟的位置比欧洲标本有些靠后，更多保留中更新世人的性质。值得注意的是，柳江颅骨的前囟位指数虽然较高，但是其颅顶点还是和现代人一样在前囟点之后。

还有另一种表示前囟位置的指数，即以 g-i 为分母计算前囟位指数，现将以这种方法测算和收集的数据列表于下。

表 5　以眉间点-枕外隆凸点弦为分母计算的前囟位指数

Table 5　Bregma position index based on g-i

	以 g-i 为分母计算的前囟位指数 Bregma position index based on g-i	资料来源 Author		以 g-i 为分母计算的前囟位指数 Bregma position index based on g-i	资料来源 Author
大荔 Dali	38.0	本书作者 Present author	Le Moustier	34.73	Weinert
Amud	37.3	Suzuki	Shanidar 1 (模型 cast)	30.2	Suzuki
Saccopastore	32	Sergi	Qafzeh 6	31.6	Suzuki
La Chapelle	36.5	Boule, Keith	Předmostí III	35.7	Matiegka
Spy 1	33.8	Schwalbe, Keith	Oberkassel ♂	35	Bonnet
Spy 2	35.2	Schwalbe, Keith	Oberkassel ♀	27	Bonnet
Düsseldorf	38.4	Schwalbe	现代人 Modern man	30.4–32.9	Keith, Martin
La Quina	37.3	Martin			

资料来源：

本表中所有资料，除大荔外都来自 Suzuki (1970, p. 141)。但是 Spy 1 的数据在同书 140 页的正文中作 34.8。

从表 5 数据可以看出，大荔的数据与 Düsseldorf 很接近，比其他尼人和早期现代人化石都高，比现代人的高得多。值得指出的是，尼人的以 g-i 为分母计算的前囟位指数的变异范围是 30.2–38.4，比以 g-op 为分母计算出的前囟位指数的数据稍小。笔者将两种方法提供的前囟位指数数据都引用，提醒读者在评估各数据之间的关系时不要只提指数的名称，还要说明所用的方法。

除了上面列举的表现颅盖相对高度的指标以外，人类学家还通过颅盖在 g-i 上的垂直高度来衡量颅骨穹隆的相对高度，表 6 显示这方面的数据和耳上颅高(全颅高)的数据。

表 6　颅盖高度和指数

Table 6　Calotte heights and index

	g-i 长	g-i 上的颅盖高 Calotte ht. above g-i	指数 Index	耳上颅高（全颅高） Auricular ht. (OH)
	M2	M22a	M22a/M2	M21
大荔 Dali	190	91.6	48.2	102.0
北京直立人 ZKD II	194?	79?	40.7	100 (97, B)
北京直立人 ZKD III	188	71	37.8	95 (92.7, B)
北京直立人 ZKD X	199	82	41.2	107
北京直立人 ZKD XI	192	67	34.9	93.5
北京直立人 ZKD XII	195.5	74.5	38.1	100
山顶洞 Upper Cave 101	198.0	—	—	113
山顶洞 Upper Cave 102	185.0	—	—	119
山顶洞 Upper Cave 103	180.0	—	—	118
柳江 Liujiang	172.0	—	—	114.5
丽江 Lijiang	150.0	—	—	112.0
穿洞 Chuandong 2	163	—	—	108
Dmanisi D 2280 (R1)	—	—	—	91
Dmanisi D 2700 (R1)	—	—	—	77
Dmanisi D 3444 (R1)	—	—	—	82.5
Dmanisi D 4500 (R2)	—	—	—	73
Sangiran 2 (R1)	—	—	—	92
Sangiran 4 (R1)	—	—	—	90
Sangiran 10 (R1)	—	—	—	90
Sangiran 12 (R1)	—	—	—	100
Sangiran 17 (R1)	—	—	—	101
Sangiran IX (R1)	—	—	—	93
爪哇 Trinil 直立人 I	(183)	61	33.3	(92)
爪哇直立人 Pithecanthropus II	(176.5)	66	37.4	92
Bukuran (R1)	—	—	—	98
Ngawi (R1)	—	—	—	98
Sambung 1 (R1)	—	—	—	107
Sambung 3 (R1)	—	—	—	101
Sambung 4 (R1)	—	—	—	100
Ngandong 6 (R1)	—	—	—	110
Ngandong 7 (R1)	—	—	—	101
Ngandong 10 (R1)	—	—	—	107
Ngandong 11 (R1)	—	—	—	111
Ngandong 12 (R1)	—	—	—	106
Amud 1 (S)	198	101	51.0	122
Shanidar 1 (S)	191	102	53.4	112
Teshik Tash (S)	174	93	53.4	—
Tabun 1 (S)	179	84.5	47.2	105
Skhul 4 (S)	202	98	48.5	(114)
Skhul 5 (S)	190	100	52.6	121
Skhul 9 (S)	212	87	41.0	(116)
Qafzeh 6 (S)	186	101	54.3	—
KNM-ER 3733 (R1)	—	—	—	92

	g-i 长	g-i 上的颅盖高 Calotte ht. above g-i	指数 Index	耳上颅高(全颅高) Auricular ht. (OH)
	M2	M22a	M22a/M2	M21
KNM-ER 3883(R1)	—	—	—	91
KNM-ER 42700(R1)	—	—	—	87
KNM-WT 15000(R1)	—	—	—	91
OH 9(R1)	—	—	—	102
Daka(R1)	—	—	—	101
Bodo(R1)	—	—	—	114
Omo 2(R1)	—	—	—	115.7
Saldanha(S)	200	90	45.0	—
Kabwe(S)	208	85	40.9	105(W)
Kabwe(R1)	—	—	—	103
Jebel Irhoud 1(S)	190	83	43.7	—
Atapuerca SH 4(R1)	—	—	—	114
Atapuerca SH 5(R1)	—	—	—	98
Steinheim ♀(S)	179	85	47.5	97.5(R1)
Petralona(R1)	—	—	—	105.6
Düsseldorf(S)	199	80.5	40.5	—
Gibraltar ♀(S)	186	(83)	44.6	106?(W)
Krapina D(S)	197.5	83.5	42.3	—
Saccopastore 1(S)	(175)	(79)	45.1	—
Monte Circeo(S)	195	95	48.7	—
La Chapelle(S)	—	—	40.5	110.5
Spy 1(S)	198	81	40.9	117(W)
Spy 2(S)	196	87	44.4	—
La Quina(S)	203	79.5	39.2	111(W)
La Ferrassie(S)	(202)	86	42.6	—
Le Moustier(S)	190	90	47.4	—
Předmostí 3(S)	193	109	56.5	—
Předmostí 9(S)	190	—	—	—
Combe Capelle(S)	191	104	54.5	—
Oberkassel ♂(S)	188	101	53.7	—
Oberkassel ♀(S)	170	103	60.6	—
Cro Magnon 1(S)	200	98	49	—
Afalou ♂(平均 average)(S)	—	107.6	57.6	—
Taforalt ♂(平均 average)(S)	—	107.1	57.4	—

资料来源:

北京直立人和爪哇 Trinil 直立人、Pithecanthropus 均据 Weidenreich (1943)(其中带 B 字的数据依 Black, 1930);山顶洞据吴新智(1961);柳江据吴汝康(1959);丽江据云南省博物馆(1977);穿洞 2 号据吴茂霖(1989)。

注明(R1)者均据 Rightmire (2013)。

注明(R2)者据 Rightmire 等(2017)。

注明(S)者均据 Suzuki [1970, p. 132, 144,其中 La Chapelle、Afalou 和 Taforalt 分别转引自 Boule (1913)、Vallois (1952) 和 Ferembach (1962)]。

注明(W)者均据 Weidenreich (1943)。

从表 6 可以看出,尽管在大约同时期的古人类之间有相当大的变异,但是 g-i 上的颅盖高和其与 g-i 长形成的指数在早期的颅骨总体上比晚期的小得多,表现出显著的逐渐变大的趋势。北京直立人与爪哇直立人的 g-i 上的颅盖高与 g-i 长形成的指数变异范围大部重叠。亚洲尼人的这个指数比欧洲尼人的总体上较高。欧洲尼人的最高值比欧洲早期现代人的最低值略小。上文列举的大荔颅骨几项长高指数都比较低，而表 6 的这项指数却比北京直立人、爪哇直立人和非洲中更新世人的高得多，与欧洲尼人最大值接近，与亚洲尼人最小值也接近，甚至接近欧洲早期现代人变异范围的下限，其原因主要是大荔颅骨 g-i 上的颅盖高的数据颇大。

全颅高在人类进化过程中也逐渐变大，也反映脑颅有逐渐变高的趋势。尼人变异范围的最下部与直立人的最上部有重叠，尼人变异范围与中国早期现代人范围有大幅度重叠。大荔颅骨处于北京直立人变异范围中上部，比尼人的最低值小，比中国早期现代人小得多。

另外，在尼人标本中一般都是耳上前囟点高比全颅高（耳上颅高）稍短，大荔颅骨耳上前囟点高为102.5 毫米，却比全颅高稍大。

大脑额叶与顶叶宽度的比较可以用横额顶指数（transverse fronto-parietal index）来表示。

表 7　横额顶指数
Table 7　Transverse fronto-parietal index

	最小额宽 Min. frontal breadth ft-ft　M9	最大颅宽 Max. cranial breadth eu-eu　M8	横额顶指数 Transverse fronto-parietal index M9/M8
大荔 Dali	104	(149.5)	69.6
郧县（复原）Yunxian reconst.（L）	102	161	63.4
北京直立人 ZKD III	81.5	137.2	59.4
北京直立人 ZKD X	89	143	62.2
北京直立人 ZKD XI	84	139.8	60.1
北京直立人 ZKD XII	91	141	64.5
南京直立人 Nanjing 1	80	(143)	55.9
和县直立人 Hexian	93	160	58.1
金牛山 Jinniushan	114	148	77.0
山顶洞 Upper Cave 101	107	143	74.8
山顶洞 Upper Cave 102	102.5	136	75.4
山顶洞 Upper Cave 103	101	131	77.1
柳江 Liujiang	95.2	142.2	66.9
丽江 Lijiang	89.0	—	—
港川 Minatogawa I	89	148	60.1
港川 Minatogawa II	92	134	68.7
港川 Minatogawa IV	(82)	138	59.4
Dmanisi D 2280（L）	74	(132)	56.1
Dmanisi D 2280（R3）	75	136	55.1
Dmanisi D 2280（Wo）	73.9	135	54.7
Dmanisi D 2282（L）	67	(132)	50.8
Dmanisi D 2282（Wo）	67	—	—
Dmanisi D 2700（L）	67	125	53.6
Dmanisi D 2700（R3）	67	126	53.2
Dmanisi D 2700（Wo）	78.2	126.5	61.8
Dmanisi D 3444（Wo）	66	131.9	52.0

	最小额宽 Min. frontal breadth ft-ft M9	最大颅宽 Max. cranial breadth eu-eu M8	横额顶指数 Transverse fronto-parietal index M9/M8
Dmanisi D 3444（R5）	67.5	132	51.1
Dmanisi D 4500（R5）	65	135.5	48.0
Sangiran 2（R1）	82	141	58.2
Sangiran 17（K）	99	156	63.5
Sangiran 17（R1）	95	161	59.0
Sangiran 17（L）	96	156	61.5
Sambung 1（K）	106	146	72.6
Sambung 1（R1）	102	151	67.5
Sambung 3（L）	98	142	69.0
Ngandong 6（L）	101	145	69.7
Ngandong 7（L）	104	146	71.2
Ngandong 7（R1）	103	147	70.1
Ngandong 10（L）	105	158	66.5
Ngandong 11（L）	112	159	70.4
Ngandong 11（K）	105	143	73.4
Ngandong 11（R1）	112	158	70.9
Ngandong 12（L）	102	150	68.0
Ngandong 12（R1）	103	151	68.2
Narmada（K）（L）	(106)	(164)	64.6
Amud 1（K）	115	154	74.7
Shanidar 1（K）	115	154	74.7
Skhul 5（K）	99	143	69.2
Niah	(98)	(140)	70.0
KNM-ER 1813（R3）	65	113	57.5
KNM-ER 1470（R3）	71	138	51.4
KNM-ER 3733（R1）	83	142	58.5
KNM-ER 3733（K）	—	139	—
KNM-ER 3733（L）	83	141	58.9
KNM-ER 3883（R1）	80	140	57.1
KNM-ER 3883（K）	—	136	—
KNM-ER 3883（L）	81	136	59.6
KNM-WT15000（L）	85	141	60.3
KNM-WT15000（R3）	73	131	55.7
OH 9（K）	90	146	61.6
OH 9（R2）	88	150	58.7
Bodo（L）	103	—	—
Kabwe（K）	99	(154)	(64.3)
Salé（R1）	81?	137	59.1?
Salé（K）	77	134	57.5
Ceprano（As）	(106)	156	67.9
Ceprano（L）	108	161	67.1

	最小额宽 Min. frontal breadth ft-ft M9	最大颅宽 Max. cranial breadth eu-eu M8	横额顶指数 Transverse fronto-parietal index M9/M8
Atapuerca SH 4（A）	117	164	71.3
Atapuerca SH 5（A）	105.7	146	72.4
Atapuerca SH 5（L）	104	141	73.8
Atapuerca SH 6（A）	100	136	73.5
Steinheim（K）	102	132	77.3
Petralona（K）	109	161	67.7
Petralona（S）	110.8	156.0	71.0
Petralona（L）	108	140	77.1
Petralona（R4）	108	165	65.5
Arago（K）	104.5	（144）	72.6
Arago（L）	105	（144）	72.9
Ehringsdorf（K）	113	145	77.9
Saccopastore 1（K）	101	142	71.1
Monte Circeo 1（K）	100	154	64.9
La Chapelle（K）	109	156	69.9
La Ferrassie 1（K）	109	158	69.0
Cro Magnon（K）	102	149.5	68.2
现代人 Modern man（L）	—	137.7（116–161）	—
现代人 Modern man（R）	97.6	138.6	—

资料来源：

本表测量标本中，大荔的最大颅宽是在复原颅骨上测量所得的数据；北京直立人头盖骨据 Weidenreich（1943），其颅宽用"平均最大宽"数据；南京直立人据吴汝康等（2002），和县直立人据吴汝康、董兴仁（1982），经核查其颅宽是在乳突上脊处测量的；金牛山最小额宽据吕遵谔（1989）、最大颅宽据吴汝康（1988）；山顶洞据吴新智（1961）；柳江据吴汝康（1959）；丽江据云南省博物馆（1977）；港川据 Suzuki（1982）；Niah 据 Brothwell（1960）；Ceprano 据 Ascenzi 等（2000）。

注明（A）者据 Arsuaga 等（1997）。

注明（As）者据 Ascenzi 等（2000）。

注明（K）者据 Kennedy 等（1991）。

注明（L）者据 de Lumley 等（2008, pp. 388, 427）。

注明（R1）者据 Rightmire（1990, pp.144, 156；现代人数据为取自 Terry Collection 的 15 具黑人颅骨的平均值）。

注明（R2）者据 Rightmire（1996）。

注明（R3）者据 Rightmire 等（2006）。

注明（R4）者据 Rightmire（2013）。

注明（R5）者据 Rightmire 等（2017）。

注明（S）者据 Stringer 等（1979）。

注明（Wo）者据 Wolpoff 通信惠赐（2011）。

　　上文已经交代，各个标本的颅骨宽度数据不是按照完全相同的定义测得的，但是一般地都是被用来代表脑颅的最大宽度，因此笔者仍旧采用这些数据来计算横额顶指数以进行比较，其反映的信息即使与实际有些偏差，也应该相差不远。

　　Dmanisi 最小额宽变异范围的上部与非洲早更新世人的变异范围的下部重叠，总体上后者较宽。Sangiran 较两者都宽。Ngandong 的最小值比 Sangiran 的最大值稍大。中国直立人变异范围与 Sangiran 的中下部重叠。中国直立人总体上比中国早期现代人小得多，但是变异范围有重叠。港川没有超出中国直立人的变异范围，两者几乎完全重叠。非洲中更新世人变异范围上部与欧洲中更新世人变异范围的最下部重叠，后者总体上似乎高得多。中国的直立人最大值比欧洲中更新世人最小值小得多。Cro Magnon 不超出中国早期现代人的变异范围。大荔的最小额宽比直立人大得多，位于欧洲中更新世人和 Ngandong 两组人变异范围的下部和中国早期现代人变异范围的上部，与 Cro Magnon 标本接近，比港川宽得多。

横额顶指数在一定程度上反映大脑额叶与顶叶在横向上的相对发育程度。由表 7 中所列数据可见，此指数在 Dmanisi 化石最小，与非洲早更新世化石的变异范围大部重叠。不同作者量得的 Sangiran 17 的数据有出入，但 Sangiran 与非洲上新/早更新世化石变异范围重叠。Salé 没有超出非洲早更新世化石的变异范围，Kabwe 分别比早更新世这三组的最高值都高。到欧洲的中更新世人，指数有很大幅度的提高，而尼人的变异范围的上部与欧洲中更新世人变异范围下部重叠。值得注意的是，中更新世的中国的直立人与非洲和东南亚的早更新世人的变异范围大幅度重叠，而所处的时间差距很大，长达百万年，但是这个指数似乎没有显著变化。中国直立人最大值与 Kabwe 非常接近。与欧洲中更新世人相比，地区之间差异极为显著，中国直立人的最大值小于欧洲中更新世人的最小值。

还值得指出的是，大荔和金牛山颅骨虽然在时代上与北京以及和县的直立人相距不大，但这个指数却与之相去颇远，金牛山和大荔颅骨的这项指数分别相当于欧洲中更新世人变异范围的上端和下端。另外，一般同意将欧洲 Ceprano 颅骨归于直立人，实际上它在这项指数上处于欧洲中更新世人变异范围的最下端，而比中国直立人的最高值稍大，即处于欧洲中更新世人与中国直立人之间。这种情况似乎有利于中国和欧洲在中更新世或之前有基因交流的观点。Ngandong 颅骨的这个指数的变异范围与欧洲尼人的变异范围大幅度重叠，比北京直立人高得多，两者的变异范围没有重叠，似乎不利于将其归于直立人的观点。Ngandong 颅骨的这一状态与它们的与直立人接近或一致的特征结合在一起，又是直立人与智人形态镶嵌的另一例证。港川三个颅骨中有两个（I 号和 IV 号）的这个指数均为 60 上下，在中国直立人变异范围内。Narmada 颅骨的这个指数接近北京直立人变异范围的上端，这三件化石的较低数值自然会使人想到这个性状是否在某些地方长期保留着比较原始的状态，也表明不同的形态特征在人类进化过程中发展的不平衡性。

总而言之，在人类进化中此指数似有由小变大的趋势，反映大脑前部逐渐增宽。但是具体情况复杂，人体各个部分在不同地区不是等速齐头并进，而是有一些结构或性状在某一地区某一段时期中变化较快，另一些则变化较慢。大荔和金牛山颅骨的横额顶指数比中国的直立人高得多，分别接近欧洲中更新世人变异范围的低端和高端，分别达到中国和欧洲早期现代人变异范围的下部和上部，这既可能是由于它们受到较强的来自欧洲的基因流的影响，也可能由于其在这项特征的进化比较超前。

下面将考察颅骨穹隆弯曲的程度。大荔颅骨由于矢状缝后段及枕鳞上部缺失，故其全矢状弧必须在将这部分复原后才能量得。

表 8　基于最大颅长的颅正中矢状曲度

Table 8　Median sagittal cranial curvature based on maximum cranial length

	颅正中矢状弧长 arc n-o　M25	最大颅长 g-op　M1	颅曲度 Curvature M1/M25
大荔 Dali	(379)	206.5	54.5
北京直立人 ZKD III（W）	321	188	58.6
北京直立人 ZKD XI（W）	332	192	57.8
北京直立人 ZKD XII（W）	337	195.5	58.0
和县直立人 Hexian	340?	190	55.9
金牛山 Jinniushan	362	206	56.9
山顶洞 Upper Cave 101	388.5	204	52.5

	颅正中矢状弧长 arc n-o M25	最大颅长 g-op M1	颅曲度 Curvature M1/M25
山顶洞 Upper Cave 102	384.5	196	51.0
山顶洞 Upper Cave 103	363	184	50.7
柳江 Liujiang	374	189.3	50.6
资阳 Ziyang	354	170	48.0
丽江 Lijiang	335	167	49.9
穿洞 Chuandong 2	360?	170	47.2
港川 Minatogawa I	358	182	50.8
港川 Minatogawa IV	349	176	50.4
Dmanisi D 2280（Rw1）	301?	177	58.8?
Dmanisi D 2280（Wo）	308	176.5	57.3
Dmanisi D 2700（Rw1）	273?	155	56.8?
Dmanisi D 3444（Rw2）	301	163	54.2
Dmanisi D 4500（Rw2）	277.5	169	60.9
爪哇直立人 Pithecanthropus II（W）	302?	176.5	58.4
Ngandong I（W）	356	197	55.3
Ngandong V（W）	381?	219.5	57.6
Ngandong VI（W）	338	193	57.1
Ngandong IX（W）	345?	202	58.6
Ngandong X（W）	354	204.5	57.8
Ngandong XI（W）	346	202	58.4
Skhul 5（W）	373	192	51.5
Tabun 1（W）	333	183	55.0
KNM-ER 1470（Rw1）	299?	168	56.2
KNM-ER 1813（Rw1）	263?	145	55.1
KNM-ER 3733（Rw1）	322	182	56.5
KNM-ER 3883（Rw1 ）	314?	182	58.0
Kabwe（W）	372.5	210	56.4
Atapuerca SH 4（Aw）	(369)	(201)	54.5
Atapuerca SH 5（Aw）	340	185	54.4
Petralona	373.5	209	56.0
Ehringsdorf（W）	380	196	51.6
La Chapelle（W）	357	208	58.3
现代人 Modern man（W）	372.2（343–398）	185.6（158–203）	—

资料来源:

和县直立人据吴汝康、董兴仁（1982）；金牛山据吴汝康（1988）；山顶洞据吴新智（1961）；柳江据吴汝康（1959）；资阳据吴汝康（1957）；丽江据云南省博物馆（1977）；穿洞 2 据吴茂霖（1989）；港川据 Suzuki（1982）；Petralona 颅正中矢状弧长据 Stringer 等（1979），系额骨、顶骨和枕骨矢状弧相加所得，颅长据同文。

注明（Aw）的标本的颅正中矢状弧长数据是笔者根据 Arsuaga 等（1997）的额骨、顶骨和枕骨的正中矢状弧长相加所得。

注明（Rw1）的标本的颅正中矢状弧长数据是笔者根据 Rightmire 等（2006）的额骨、顶骨和枕骨的正中矢状弧长相加所得，颅最大长据 Rightmire 等（2006）。

注明（Rw2）的标本的颅正中矢状弧长数据是笔者根据 Rightmire 等（2017）的额骨、顶骨和枕骨的正中矢状弧长相加所得，颅最大长据 Rightmire 等（2017）。

注明（W）者据 Weidenreich（1943, pp.106, 107, 119, 120）。

注明（Wo）者据 Wolpoff 通信惠赐（2011）。

非洲早更新世人的颅正中矢状弧长的变异范围相当大，Dmanisi 化石没有超出这个范围，基本上在其中部。中国直立人最小值比非洲早更新世人最大值仅短 1 毫米。欧洲中更新世人的最小值与中国直立人的最大值相等。大荔颅骨的颅正中矢状弧很长，比中国直立人最大值大很多，比欧洲中更新世人的最大值仅小 1 毫米，比中国早期现代人和 Ngandong 的上限稍小，相当于现代人变异范围的上部。

表 8 所显示的指数反映颅骨穹隆的膨隆程度。Dmanisi 这项指数变异范围与非洲早更新世人的大部重叠，与中国的直立人也大部重叠。而欧洲中更新世人比这几组化石的指数都小，与后者的变异范围没有重叠。中国早期现代人此指数比中国的直立人小，即颅骨穹隆较为膨隆，两者的变异范围之间没有重叠，还有一小段距离。大荔的介于两者之间，比金牛山的更接近现代人。金牛山的这项指数甚至比和县直立人的更大，也就是似乎更远离现代人。欧洲中更新世人的这个指数比中国中更新世人小，比较接近现代人。大荔的这项指数相当于旧大陆西部中更新世人变异范围的中部，与 Atapuerca SH 很接近，比中国其他中更新世人的小。Ngandong 的变异范围与中国的直立人几乎完全重叠。

表 9　基于鼻枕长的颅正中矢状曲度

Table 9　Median sagittal cranial curvature based on n-op chord

	颅正中矢状弧长	鼻枕长	颅曲度 Curvature
	arc n-o　M25	n-op　M1d	M1d/M25
大荔 Dali	(379)	196.5	51.8
北京直立人 ZKD III(W)	321	184	57.3
北京直立人 ZKD X(W)	—	194	—
北京直立人 ZKD XI(W)	332	185	55.7
北京直立人 ZKD XII(W)	337	192	57.0
南京 1 Nanjing 1	(293)	(179.5)	(61.3)
和县 Hexian	340?	181	53.2
山顶洞 Upper Cave 101	388.5	198	51.0
山顶洞 Upper Cave 102	384.5	191	49.7
山顶洞 Upper Cave 103	363.0	181	49.9
柳江 Liujiang	374	184	49.2
资阳 Ziyang	354	167	47.2
Dmanisi D 2280(Wo)	308	176.8	57.4
Dmanisi D 2700(Wo)	—	153	—
Dmanisi D 3444(Wo)	—	157	—
爪哇 Trinil 直立人 I(W)	—	(179)	—
Ngandong I(W)	356	190	53.4
Ngandong V(W)	381?	212	55.6
Ngandong VI(W)	338	192.5	57.0
Ngandong IX(W)	345?	—	—
Ngandong X(W)	354	202	57.1
Ngandong XI(W)	346	199	57.5
Skhul 5(W)	373	182	48.8
Tabun 1(W)	333	180	54.1
Kabwe(W)	372.5	202	54.2
Atapuerca SH 4	(369)	199	53.9
Atapuerca SH 5	340	185	54.4

	颅正中矢状弧长 arc n-o　M25	鼻枕长 n-op　M1d	颅曲度 Curvature M1d/M25
Atapuerca SH 6	—	181	—
Petralona	373.5	200	53.5
Ehringsdorf（W）	380	188	49.5
La Chapelle（W）	357	207	58.0
Neanderthal（W）	—	192	—
Spy 1（W）	—	199	—
La Quina（W）	—	201?	—

资料来源：

所测的标本中，山顶洞的颅正中矢状弧长据吴新智（1961）；柳江的颅正中矢状弧长据吴汝康（1959）；资阳的颅正中矢状弧长据吴汝康（1957）；和县、山顶洞、柳江、资阳的 n-op 长和南京 1 号的两测量数据均据笔者；Atapuerca 据 Arsuaga 等（1997，颅正中矢状弧长由笔者将额骨弧、顶骨弧和枕骨弧长相加而得）；Petralona 据 Stringer 等（1979）。

注明（W）者据 Weidenreich（1943）。

注明（Wo）者据 Wolpoff 通信惠赐（2011）。

从表 9 的数据可以看出鼻枕长在早更新世颅骨最短，中更新世变大。欧洲和非洲中更新世人与中国直立人变异范围大部重叠，但总体上似乎稍长，尼人可能比欧洲中更新世人略长，Ngandong 可能总体上是最长的群体。

鼻枕长与颅正中矢状弧长的比值也反映颅骨穹隆的膨隆程度，比值较小意味着膨隆的程度较大。表 9 显示，中国直立人的这个比值比中国早期现代人的大，两者的变异范围之间有一小段距离，和县的标本只稍大于中国早期现代人。欧洲中更新世人的这项比值变异范围的上部与中国的直立人的下部重叠，比北京直立人的小，大多数比和县直立人的大。而 Ehringsdorf 的特别小，比和县的还小，并进入中国早期现代人的变异范围。La Chapelle 的情况有些特殊，它的这个比值不但大于欧洲中更新世人，还稍大于中国的大多数直立人。大荔颅骨的这个比值比中国早期现代人的稍大，比北京直立人的小得多，比和县直立人的稍小，没有超出欧洲中更新世人的变异范围，接近其下限。

表 10　基于鼻根点-枕大孔后缘点弦的颅正中矢状曲度

Table 10　Median sagittal cranial curvature based on n-o chord

	颅正中矢状弧长 Arc n-o M25	n-o 弦长 Chord M5(1)	颅正中矢状曲度 Sagittal cranial curvature M5(1)/M25
大荔 Dali	(379)	143	37.7
北京直立人 ZKD III（W）	321	144?	44.9?
北京直立人 ZKD XI（W）	332	145	43.7
北京直立人 ZKD XII（W）	337	147	43.6
南京直立人 Nanjing	293	143	48.8
和县直立人 Hexian	340?	131?	38.5
金牛山 Jinniushan	362	—	—
山顶洞 Upper Cave101	388.5	149	38.4
山顶洞 Upper Cave102	384.5	155	40.3
山顶洞 Upper Cave103	363.0	143	39.4

	颅正中矢状弧长 Arc n-o M25	n-o 弦长 Chord M5(1)	颅正中矢状曲度 Sagittal cranial curvature M5(1)/M25
柳江 Liujiang	374	138	36.9
资阳 Ziyang	354	129	36.4
Dmanisi D 2280（Wo）	308	142.6	46.3
爪哇直立人 Pithecanthropus II（W）	302?	134?	44.4
Ngandong I（W）	356	142	39.9
Ngandong V（W）	381?	162?	42.5
Ngandong VI（W）	338	152	45.0
Ngandong X（W）	354	154	43.5
Ngandong XI（W）	346	157	45.4
Tabun I（W）	333	142	42.6
Skhul V（W）	373	136	36.5
Kabwe（W）	372.5	149	40.0
Ehringsdorf（W）	380	141	37.1
La Chapelle（W）	357	171	47.9
现代人 Modern man（W）	372.2（343–398）	135（122–146）	36.6（35.2–39.9）

资料来源：

和县直立人据吴汝康、董兴仁(1982)；金牛山据吴汝康(1988)；山顶洞的颅正中矢状弧长据吴新智(1961)；柳江的颅正中矢状弧长据吴
汝康(1959)；资阳的颅正中矢状弧长据吴汝康(1957)；柳江、资阳和山顶洞的 n-o 弦长和南京直立人的两项测量的数据均据笔者。

注明（W）者据 Weidenreich（1943, pp. 106–120, 122）。

注明（Wo）者据 Wolpoff 通信惠赐（2011）。

　　大荔颅骨的 n-o 弦长比北京直立人的最低值稍短，但比和县直立人的长得多，比 Ngandong 大多数
颅骨的短得多，仅比其最低值稍大，相当于中国早期现代人变异范围的中段。大荔颅正中矢状弧（n-o
弧）长则大大超过中国的直立人，接近中国早期现代人变异范围的上限，比 Ngandong 大多数颅骨的长
得多，仅比其最高值稍小。n-o 弦长和弧长都落在现代人变异范围的中上部。大荔 n-o 上的颅矢状曲度
指数比北京直立人低得多，比和县直立人稍低，在中国早期现代人化石变异范围中段，也在现代人变
异范围的中段。从直立人到现代人，颅底变短，颅穹弧加长，n-o 上的颅矢状曲度由大变小，大荔颅
骨已经进入早期现代人和近代人的变异范围，虽然只是在这些范围的中段，但是比中国直立人最低值
的和县直立人低，比非洲 Kabwe 也更接近现代人，与 Skhul V 接近，却比 Tabun 和 La Chapelle 都低得
多。不过大荔与欧洲中更新世的 Ehringsdorf 也十分接近。特别值得指出的是，和县直立人的这个曲度
相当于中国早期现代人化石的变异范围的中段，与现代人变异范围上限接近。

表 11　鼻根点-枕外隆凸点弧、弦和指数
Table 11　Nasion-inion arc, chord and index

	n-i 弧长 Arc M25a	n-i 弦长 Chord M2a	指数 Index M25a/M2a
大荔 Dali	340	179	189.9
Saccopastore 1（S）	251	173	145.1
La Chapelle（S）	316	196[*]	161.2

	n-i 弧长 Arc	n-i 弦长 Chord	指数 Index
	M25a	M2a	M25a/M2a
Le Moustier (S)	305	185	164.9
Amud 1 (S)	342	192	178.1
Shanidar 1 (S)	323*	189*	170.9
Oberkassel ♂ (S)	328	181	181.2
Oberkassel ♀ (S)	330	162	203.7
日本中世纪人骨（平均 average）(S) Mid-century human skulls of Japan	333.8	166.9	200.0

资料来源：

注明（S）者据 Suzuki（1970, p. 135, 带*者为据模型测量）。

虽然一般计算弦弧指数大多以弦长为分子，但是本书为这个特征所引用的比较资料在计算时将弧长作为分子，为了方便比较，笔者在计算大荔颅骨的指数时也照此办理。这也是个反映脑颅膨隆程度的指数，指数越大脑颅越膨隆。从表11可以看出，早期现代人的这项指数比尼人的大，虽然尼人可能只对早期现代人的形成做过较少的贡献，但是也许可以推测在晚更新世人类中此指数似乎有着由小到大的发展趋势。大荔的这项指数比表11列举的尼人都大得多，已经进入早期现代人的变异范围，似乎是比较超前发展的。但是目前对比资料不多，还需要更多标本来验证。

表 12　颅骨的周长、横弧和全矢状弧长
Table 12　Horizontal circumference, transverse arc and median sagittal arc of the skull

	颅周长 Max. horiz. circumference M23 (g-op-g)	颅横弧长 Transverse. arc po-b-po M24	颅正中矢状弧长 Medio-sagittal arc n-o M25
大荔 Dali	580	299	(379)
北京直立人 ZKD (W)	564 (557?–582?)	286.7 (277–310)	330 (321–337)
南京直立人 Nanjing 1	(553)	(263)	(293)
和县直立人 Hexian	571	291	346
山顶洞 Upper Cave 101	574	327	392
山顶洞 Upper Cave 103	528	311	369
柳江 Liujiang	535	319	375
资阳 Ziyang	472?	—	350
丽江 Lijiang	490	308	335
Ngandong (W)	—	287.2 (275–305)	355 (338–381)
Amud 1 (S)	608	333	(385)
Shanidar 1 (S)	591	(309)	(374)
Teshik Tash (S)	533	310	357
Tabun 1 (S)	500*	292	(333)
Skhul 4 (S)	580*	315	(403)
Skhul 5 (S)	523*	305	373
Skhul 9 (S)	(560)*	(320)	379
Qafzeh 6 (S)	568	—	—

	颅周长 Max. horiz. circumference M23 (g-op-g)	颅横弧长 Transverse. arc po-b-po M24	颅正中矢状弧长 Medio-sagittal arc n-o M25
Kabwe (S)	—	294	372.5
Petralona (S)	597	308	372
Steinheim (S)	546	300	341, 2
Saccopastore 1 (S)	(520)	282	(338)
Monte Circeo (S)	(590)	310	(361)
La Chapelle (S)	600	315	357
La Ferrassie (S)	—	—	368
Le Moustier (S)	570	314	346
尼人 Neanderthals (W)	—	303.4 (294–314.5)	363.1 (333–380)
Předmostí 3 (S)	550	310	394
Předmostí 9 (S)	548	302	384
Oberkassel ♂ (S)	552	312	383
Cro Magnon (S)	563	340	403
Afalou (平均 average) (S)	546.6	—	391.9
Taforalt (平均 average) (S)	548.6	324.4	391.5
现代人 Modern man (W)	507 (440–599)	311 (286–344)	372.2 (343–398)

资料来源：

和县直立人据吴汝康、董兴仁 (1982)；南京直立人据吴汝康等 (2002)；山顶洞 (模型)、柳江、资阳均据笔者；丽江据云南省博物馆 (1977)。

注明 (S) 者据 Suzuki (1970, p. 134；带*者为在眉脊上方水平测量所得)。

注明 (W) 者据 Weidenreich (1943, p. 120)。

大荔颅骨的颅周长远大于和县和南京直立人，可能只比一件北京直立人化石稍短，没有超出欧洲中更新世人和尼人的变异范围，与西亚的早期现代人最高值相等，比中国和欧洲的早期现代人长，在现代人变异范围的上部。

大荔颅正中矢状弧远大于中国直立人，在中国早期现代人、现代人和尼人变异范围的上部，比表12所列的欧洲早期现代人稍短，与 Skhul 9 相等，接近 Ngandong 的最高值，比欧洲中更新世人的长。

大荔颅骨的颅横弧没有超出中国的直立人变异范围，偏在其上部，大于和县和南京直立人，比欧洲中更新世人最低值稍短，而比 Kabwe 稍长，在尼人变异范围内，比中国和欧洲早期现代人最低值稍短，在现代人变异范围的下部。

表12的数据显示颅横弧和颅正中矢状弧从中更新世到近代，总体上有加长的趋势；颅周长则似乎没有这样的趋势。这些资料似乎反映从中更新世到近代，脑颅尺寸的发展主要体现在高度，而不在周长。

表 13　颅横曲度

Table 13　Transverse cranial curvature

	耳点间宽 Biauricular breadth au-au M11	颅横弧长 Transverse arc po-b-po M24	颅横曲度 Trans. cranial curvature M11/M24
大荔 Dali	141	299	47.2
郧县 Yunxian EV 9002	159	(294)	54.1

	耳点间宽 Biauricular breadth au-au M11	颅横弧长 Transverse arc po-b-po M24	颅横曲度 Trans. cranial curvature M11/M24
北京直立人 ZKD Ⅲ（W）	141	277	50.9
北京直立人 ZKD Ⅹ（W）	147	310	47.4
北京直立人 ZKD Ⅺ（W）	143	280	51.1
北京直立人 ZKD Ⅻ（W）	151	280	53.9
南京直立人 Nanjing 1	(139.8)	(263)	53.2
和县直立人 Hexian	144	291	49.5
山顶洞 Upper Cave 101	138	327	42.2
山顶洞 Upper Cave 102	127	317	40.1
山顶洞 Upper Cave 103	122.5	311	39.4
柳江 Liujiang	124	319	38.9
爪哇 Trinil 直立人 I（W）	(135)	(258)	52.3
爪哇直立人 Pithecanthropus II（W）	(129)	(262)	49.2
Ngandong 6 例（W）	148（133–163）	287.2（275–305）	51.6（47.5–57.2）
Amud 1（S）	139	333	41.7
Shanidar 1（S）（模型 cast）	133	309	43.0
Kabwe（W）	142	294	48.3
Petralona（S）	138	308	44.8
Monte Circeo（S）	146	310	47.1
La Chapelle（S）	142	315	45.1
La Chapelle（W）	132	314.5	42.0
Spy 1（W）	124	300	41.3
La Quina（W）	126	305	41.3
Le Moustier（W）	142	314	45.2
Oberkassel ♂（S）	136	312	43.6
Oberkassel ♀（S）	117	292	40.1
Cro Magnon 1（S）	124	340	36.5
现代人 Modern man（W）	121（115–132）	311（286–344）	38.6（36.2–41.2）

资料来源：

郧县据李天元等（1984）；和县直立人据吴汝康、董兴仁（1982）；南京直立人据吴汝康等（2002）；山顶洞和柳江据笔者。

注明（S）者均转引自 Suzuki（1970, pp. 134, 136）。

注明（W）者均据 Weidenreich（1943, pp. 106–118）。

耳点间宽又称颅底宽，表13的数据显示，两侧耳点间的距离所反映的颅骨底部宽度从中更新世到晚更新世，再到现代，有变短的趋势。大荔的这项测量值在北京直立人变异范围的下部，比和县直立人标本稍短，与 Kabwe 的相近，在 Ngandong 变异范围的下部，在尼人变异范围的上部，比中国和欧洲的早期现代人都长，比现代人的长得多。

颅横弧由中更新世到晚更新世似乎有稍变长的趋势，但是变化不大。大荔标本虽未超出北京直立人与 Ngandong 的变异范围，但大于各该组人类的中值，而居于他们变异范围的上部。大荔标本大于 Kabwe，比 Petralona 稍短，而与尼人的下限接近，远小于中国早期现代人化石，不过没有超出欧洲早期现代人和现代人的变异范围。

在从直立人到现代人的进化过程中颅横曲度指数由大变小，即颅穹隆横向弯曲的程度有着变大的趋势。大荔的这个指数比中国的直立人都小，十分接近其变异范围的下限，比爪哇直立人的小，接近尼人变异范围的最高值，比中国和欧洲早期现代人以及现代人大得多。Ngandong 化石的时代比大荔化石为晚，此指数却与中国直立人的变异范围有大幅度重叠，较大荔的为大。

额骨、顶骨与枕骨在颅骨正中矢状轮廓线上的长度本可以分别在各该骨就能测量，但是为了便于比较颅骨穹隆各个区段之间的关系，笔者在此将此三骨在颅骨正中矢状轮廓线上各段的长度集中放在表 14 中。

表 14 额骨、顶骨、枕骨的弦长和弧长

Table 14 Chord and arc of frontal, parietal and occipital bones

	额骨弦 Frontal chord n-b M29	顶骨弦 Parietal chord b-l M30	枕骨弦 Occipital chord l-o M31	额骨弧 Frontal arc n-b M26	顶骨弧 Parietal arc b-l M 27	枕骨弧 Occipital arc l-o M28
大荔 Dali	114	97[‡], 107[#]	97.5[‡], 91[#]	135	102[‡], 115[#]	140[‡], 127[#]
郧县 Yunxian EV 9001（L）	—	—	—	—	120	—
郧县 Yunxian EV 9002（L）	114	117	—	130	126	—
郧县 Yunxian（复原 reconst.）（L）	105	—	—	122	—	—
北京直立人 ZKD II（W）	113	104	—	123	112	—
北京直立人 ZKD III（W）	102	94	80?	115	100	106?
北京直立人 ZKD X（W）	115	106	—	129	113	—
北京直立人 ZKD XI（W）	106	86	86	122	92	118
北京直立人 ZKD XII（W）	113	91	86	124	102.5	118
南京直立人 Nanjing	92	(87.5)	(75.8)	101	(92)	(100)
和县直立人 Hexian	99?	103	83	120?	110	110
马坝 Maba	115.6	107	—	134	114	—
许家窑 Xujiayao 10	—	114.2	—	—	121	—
山顶洞 Upper Cave 101	115.5	120.8	97.6	132	132	124.5
山顶洞 Upper Cave 102	116.2	120.4	106	126	135.5	123
山顶洞 Upper Cave 103	107	120	93	121	132.5	110
柳江 Liujiang	117.2	119.2	91.5	136.5	132	105.5
资阳 Ziyang	109	110	—	126	121	107
隆林 Longlin（C）	112	—	—	134	—	—
蒙自马鹿洞 Maludong（C）	116	107	—	133	123	—
丽江 Lijiang	99	113	96	115	123	119
穿洞 Chuandong 1	111.7	107	71	128	120	95
穿洞 Chuandong 2	—	—	—	120?	—	—
Dmanisi D 2280（L）	100	—	—	108	—	—
Dmanisi D 2280（R2）	101	91	76?	108	96	97?
Dmanisi D 2282（L）	90	—	—	(100)	—	—
Dmanisi D 2282（R2）	—	82	—	>95	85	—
Dmanisi D 2700（L）	88	—	—	98	—	—

	额骨弦 Frontal chord n-b M29	顶骨弦 Parietal chord b-l M30	枕骨弦 Occipital chord l-o M31	额骨弧 Frontal arc n-b M26	顶骨弧 Parietal arc b-l M 27	枕骨弧 Occipital arc l-o M28
Dmanisi D 2700 (R2)	89	87	70?	95	91	87?
Dmanisi D 3444 (R4)	93	98	79	101	105	95
Dmanisi D 4500 (R4)	94	82	64.5	107	84	86.5
Sangiran 2 (L)	—	92.0	—	—	95.0	—
Sangiran 2 (R1)	—	98?	>71	—	103?	—
Sangiran 4 (R1)	—	—	82	—	—	108
Sangiran 12 (R1)	—	97?	84	—	101?	110
Sangiran 17 (K)	116	—	78	125	—	117
Sangiran17 (L)	116	103.0	—	125	106.5	—
Sangiran 17 (R2)	118?	108?	81?	—	—	—
Sangiran 17 (R3)	—	—	—	—	109	121
Sangiran IX (R3)	—	—	—	—	102	110
Bukuran (R3)	—	—	—	—	104	114
Ngawi (R3)	—	—	—	—	97	110
Sambung 1 (R3)	—	—	—	—	102	111
Sambung 3 (R3)	—	—	—	—	105	104
Sambung 4 (R3)	—	—	—	—	104	110
Ngandong I (W)	120.5	101	81.5	139	106	111
Ngandong V (W)	120	111	94	136	117	128?
Ngandong VI (W)	112	102	82	122	107	109
Ngandong 6 (L)	120	—	—	134	—	—
Ngandong 6 (R3)	—	—	—	110	125	—
Ngandong 7 (L)	114	98	—	124	103	—
Ngandong 7 (R3)	—	—	—	103	110	—
Ngandong 10 (R3)	—	—	—	108	118	—
Ngandong 11 (K)	114	111	83.1	124	115.2	112
Ngandong 11 (L)	115	—	—	130	—	—
Ngandong 11 (R3)	—	—	—	110	111	—
Ngandong 12 (L)	112	97	—	128	102	—
Ngandong 12 (R3)	—	—	—	109	119	—
Ngandong IX (W)	—	99?	88	—	103?	115?
Ngandong X (W)	120	102	78	135	105	114
Ngandong XI (W)	112	97	106	122	102	122
Narmada (K)	118	112	85	132	125	90
Narmada (L)	118	113	—	132	122	—
Shanidar (K)	119	113.3	118.8	131	101.3	133
Amud 1 (S)	120	—	105	135	—	130
Tabun 1 (W)	96	105	90?	107	117	109?
Skhul 4 (S)	—	—	(86)	—	—	(122)

续表

	额骨弦 Frontal chord n-b M29	顶骨弦 Parietal chord b-l M30	枕骨弦 Occipital chord l-o M31	额骨弧 Frontal arc n-b M26	顶骨弧 Parietal arc b-l M 27	枕骨弧 Occipital arc l-o M28
Skhul 5 (S)	106	—	—	118	—	—
Skhul 5 (K)	106	120	98	118	131	124
Skhul 9 (S)	114	—	(95)	130	—	(129)
KNM-ER 1470 (R2)	93	84	86?	104	89	105?
KNM-ER 1813 (R2)	80	74?	78?	90	77?	96?
KNM-ER 3733 (L)	100	—	—	117	—	—
KNM-ER 3733 (R2)	104	82	88	119	85	118
KNM-ER 3883 (L)	96	—	—	113	—	—
KNM-ER 3883 (R2)	101	90	75?	118	95	101?
KNM-ER 42700 (R3)	—	—	—	—	94	92
KNM-WT 15000 (R2)	—	93	69	—	107	93
OH 9 (L)	(105)	—	—	122	—	—
OH 9 (R1)	—	—	80?	—	110	—
Daka (R3)	—	—	—	—	99	120
Bodo (L)	120	—	—	140	—	—
Ndutu (R1)	—	—	87	—	—	111
Kabwe (W)	121	112	89	137.5	117	118
Kabwe (L)	120	—	—	138	—	—
Omo 2 (R3)	—	—	—	—	125	136
Elansfontein (R3)	—	—	—	—	122	—
Eliye Springs (B)	—	—	83.0	—	—	120.0
Ceprano (As)	106	95	—	118	(98)	—
Ceprano (L)	(105)	—	—	(125)	—	—
Arago (K)	105	98	—	117	102	—
Arago (L)	105	96	—	117	103.0	—
Atapuerca SH 4 (A)	115	111	94.3	(126)	118	125
Atapuerca SH 5 (A)	106	104.6	92.4	114	112	114
Atapuerca SH 5 (L)	101	—	—	110	—	—
Atapuerca SH 6 (A)	98	119	91.5	109	—	109
Atapuerca SH OccIV (A)	—	—	—	—	—	(115)
Petralona (K)	110	87	91	130	98	129
Petralona (L)	110	106	—	130	114	—
Petralona (S)	—	—	94	130	—	128
Petralona (St)	111	105	91	130	114.5	129
Steinheim (K)	99	(97.5)	88.5	120	(108)	113.5
Ehringsdorf (W)	115	119	87	135	128	117
La Chapelle (K)	107	112	91	121	119	116
La Quina (W)	109?	107	—	120	112	—
Neanderthal (W)	116	104	—	133	110	—

	额骨弦 Frontal chord n-b M29	顶骨弦 Parietal chord b-l M30	枕骨弦 Occipital chord l-o M31	额骨弧 Frontal arc n-b M26	顶骨弧 Parietal arc b-l M 27	枕骨弧 Occipital arc l-o M28
Spy 1（W）	103?	115?	—	110?	126?	—
La Ferrassie 1（K）	116	—	97	135	122	118
Saccopastore 1（K）	105.5	112	87	(110)	(121)	(107)
Gibraltar（S）	—	—	—	—	—	(106)
Le Moustier（S）	—	—	(87)	—	—	(103)
Oberkassel ♂（S）	—	—	104	—	—	123
Oberkassel ♀（S）	—	—	94	—	—	112
Cro Magnon（S）	—	—	99.5	—	—	126
现代人 Modern man（W）	99–117	100–127	85–97	111–139	116–142	103–123
现代人 Modern man（R1）	113	117.3	94.0	129.3	129.8	112.3

资料来源：

南京直立人据吴汝康等(2002)；和县直立人据吴汝康、董兴仁(1982)；马坝据吴汝康、彭如策(1959)；许家窑据吴茂霖(1980)；山顶洞据吴新智(1961)；柳江据吴汝康(1959)；资阳据吴汝康(1957)；丽江据云南省博物馆(1977)；穿洞 1 据黄象洪(1989)；穿洞 2 据吴茂霖(1989)。

注明(A)者据 Arsuaga 等(1997)。

注明(As)者据 Ascenzi 等(2000)。

注明(B)者据 Bräuer 和 Leakey(1986)。

注明(C)者据 Curnoe 等(2012)。

注明(K)者据 Kennedy 等(1991)。

注明(L)者据 de Lumley 等(2008)。

注明(R1)者据 Rightmire(1990，其现代人数据是 15 具黑人男性颅骨的平均值)。

注明(R2)者据 Rightmire 等(2006)。

注明(R3)者据 Rightmire(2013)。

注明(R4)者据 Rightmire(2017)。

注明(S)者据 Suzuki(1970)。

注明(St)者据 Stringer 等(1979)。

注明(W)者据 Weidenreich(1943)。

‡ 大荔颅骨的枕骨鳞的上部有一块残破的缝间骨，可能是一块印加骨的残余。笔者将这块小骨的上缘向内侧方向延伸，将其与头顶的正中矢状线的交点称为上位的人字点，将以此作为标志点测量出的数据在本表中缀以这个符号。

笔者按照左侧人字缝的总体走向确定人字点，称之为下位的人字点，将以此作为标志点测量出的数据在本表中缀以这个符号。

在表 14 所列资料的基础上就额骨、顶骨和枕骨三骨的长度关系似可初步归纳出以下几点：

（1）所有早更新世人和中更新世人的额骨弦都大于顶骨弦，只有 Dmanisi D 3444、郧县、和县、Atapuerca SH 6 和 Ehringsdorf 标本例外。亚洲尼人两例和欧洲尼人三例额骨弦小于顶骨弦，欧洲尼人两例额骨弦大于顶骨弦。中国所有早期现代人额骨弦都小于顶骨弦，唯马鹿洞和穿洞 1 号标本例外。在表 14 所列的早更新世和中更新世标本以及所有 Ngandong 颅骨都是额骨弧大于顶骨弧，但 Dmanisi D 3444 例外。在晚更新世标本中，中东尼人顶骨弧大于额骨弧；欧洲尼人仅两例如此，大多数相反。中国早期现代人额骨弧大于顶骨弧与顶骨弧大于额骨弧者各三例，一例两者相等。这些资料反映了在人类进化过程中可能有眉间部变弱、顶区增大的趋势。

大荔的额骨弦大于顶骨弦，与中国和欧洲的绝大多数中更新世人一致；额骨弧远大于顶骨弧，也与所有中更新世化石一致。

（2）就额骨与枕骨的关系而言，绝大多数颅骨都是额骨弦大于枕骨弦。枕骨弦与额骨弦之比在中国的中更新世颅骨是在 0.84 以下；晚更新世标本大多在 0.84 以上，唯柳江标本例外，只有 0.78，在中国中更新世人变异范围内。当以上位人字点为测量标志时大荔的比例为 0.86，当以下位人字点为测量标志时大荔的比例为 0.80。这再次指示，下位人字点定位可能比上位人字点较为合理。在 Ngandong 诸颅骨中除了 Weidenreich 1943 年发表的 XI 号颅骨的数据以外全在 0.80 以下，这是很特别的。柳江颅骨这个比例为 0.78，这是否意味着它与 Ngandong 有某种联系，值得探讨。中国的化石颅骨无论中更新世或晚更新世，额骨弧均长于枕骨弧，唯丽江标本例外。欧洲和非洲的中更新世颅骨大都是额骨弧长于枕骨弧，在 Atapuerca 全部 3 个颅骨和 Petralona 则两者差距很小甚至相等。在晚更新世，Ngandong 标本和西欧尼人也都是额骨弧长于枕骨弧，唯 Ngandong XI 两者相等。而在中东尼人的颅骨，则有所变异，一例如此，两例相反。

（3）Dmanisi 四例顶骨弦长于枕骨弦，非洲早更新世人两例如此，三例相反。中国、欧洲、非洲中更新世人、亚洲和欧洲尼人以及 Ngandong 颅骨都是顶骨弦长于枕骨弦，只有极少数例外。北京与南京直立人、Ngandong、非洲和欧洲中更新世人都是顶骨弧小于枕骨弧，Ehringsdorf 例外，而和县直立人两者相等。非洲早更新世人多数顶骨弧小于枕骨弧，KNM-ER 42700 和 KNM-WT 15000 例外。Dmanisi 两例如此，两例相反。欧洲尼人三例有数据的都是顶骨弧长于枕骨弧，Tabun 1 与之相同，Shanidar 与之相反。中国早期现代人与 Skhul 5 顶骨弧长于枕骨弧，Narmada 也这样。大荔标本无论以上位的还是下位的人字点为测量标志点，枕骨弧都长于顶骨弧，与其他中更新世人一致，而与早期现代人相反。

由于表 14 包含的标本有限，以上的初步归纳能否，或能在多大程度上代表实际的进化趋势和格局，还有待更多材料的验证。

根据表 14 的数据可以计算出额骨、顶骨和枕骨的曲度指数，列于下表，以显示颅骨穹隆各个区段弯曲的情况。

表 15　额骨、顶骨和枕骨的曲度
Table 15　Curvatures of frontal, parietal and occipital bones

	额骨弦弧指数	顶骨弦弧指数	枕骨弦弧指数		额骨弦弧指数	顶骨弦弧指数	枕骨弦弧指数
	M29/M26	M30/M27	M31/M28		M29/M26	M30/M27	M31/M28
大荔 Dali	84.4	95.1‡, 93.0#	69.6‡, 71.7#	山顶洞 Upper Cave 102	92.2	88.9	86.2
郧县 Yunxian EV 9002	87.7	92.9	—	山顶洞 Upper Cave 103	88.4	90.6	84.5
郧县 Yunxian（复原 reconst.）	86.1	—	—	蒙自马鹿洞 Maludong	87.2	87.0	
北京直立人 ZKD II	91.9	92.9	—	Dmanisi D 2280（L）	92.6	—	—
北京直立人 ZKD III	88.7	94.0	75.5?	DmanisiD 2280（R2）	93.5	94.8	78.4
北京直立人 ZKD X	89.1	93.8	—	Dmanisi D 2282（L）	90.0	—	—
北京直立人 ZKD XI	86.9	93.5	72.9	Dmanisi D 2282（R2）	—	96.5	—
北京直立人 ZKD XII	91.1	88.8	72.9	Dmanisi D 2700（L）	89.8	—	—
南京直立人 Nanjing	91.1	95.1	75.8	Dmanisi D 2700（R2）	93.7	95.6	80.5
和县直立人 Hexian	82.5	93.6	75.5	Dmanisi D 3444（R4）	92.1	93.3	83.2
马坝 Maba	86.3	93.9	—	Dmanisi D 4500（R4）	87.9	97.6	74.6
许家窑 Xujiayao 10	—	94.4		Sangiran 2（L）	—	96.8	
柳江 Liujiang	85.9	90.3	86.7	Sangiran 2（R1）	—	95.1	
资阳 Ziyang	86.5	90.9		Sangiran 4（R1）			75.9
山顶洞 Upper Cave 101	87.5	91.5	78.4	Sangiran 12（R1）	—	93.1?	76.4

	额骨弦弧指数	顶骨弦弧指数	枕骨弦弧指数		额骨弦弧指数	顶骨弦弧指数	枕骨弦弧指数
	M29/M26	M30/M27	M31/M28		M29/M26	M30/M27	M31/M28
Sangiran 17 (R2, R3)	—	99.1	66.0	Bodo (L)	85.7	—	—
Sangiran 17 (K)	92.8	—	66.7	Ndutu (R1)	—	—	78.4
Sangiran 17 (L)	92.8	96.7	—	Kabwe (L)	86.9	—	—
Ngandong I (W)	86.7	95.3	73.4	Kabwe (W)	88	95.7	75.4
Ngandong V (W)	88.2	94.9	73.4	Eliye Springs (B)	—	—	69.2
Ngandong VI (W)	91.8	95.3	75.2	Ceprano (As)	89.8	(96.9)	—
Ngandong 6 (L)	89.6	—	—	Ceprano (L)	84.0	—	—
Ngandong 7 (L)	91.9	95.1	—	Atapuerca SH 4 (A)	91.3?	94.1	75.4
Ngandong IX (W)	—	96.1	76.5	Atapuerca SH 5 (A)	93.0	93.4	81.1
Ngandong X (W)	88.9	97.1	68.4	Atapuerca SH 5 (L)	91.8	—	—
Ngandong XI (W)	91.8	95.1	86.9	Atapuerca SH 6 (A)	89.9	—	83.9
Ngandong 11 (K)	91.9	96.4	74.2	Petralona (K)	84.6	88.8	70.5
Ngandong 11 (L)	88.5	—	—	Petralona (L)	84.6	93.0	—
Ngandong 12 (L)	87.5	95.1	—	Petralona (St)	85.3	91.7	70.5
Narmada (K)	89.4	89.6	94.4	Petralona (S)	—	—	73.4
Narmada (L)	89.4	92.6	—	Arago (L)	89.7	93.2	—
Shanidar (K)	93.5	90.7	76.2	Arago (K)	89.7	96.1	—
Amud 1 (S)	88.9	—	80.80	Steinheim (K)	82.5	90.3?	78.0
Skhul 4 (S)	—	—	(70.5)	Ehringsdorf (W)	85.2	93.0	74.4
Skhul 5 (K)	89.8	91.6	79.0	La Chapelle (K)	88.4	94.1	78.4
Skhul 9 (S)	87.7	—	(73.6)	La Quina (W)	90.8?	95.5	—
Tabun 1 (W)	89.7	89.7	82.6	Neanderthal (W)	87.2	94.5	—
KNM-ER 1470 (R2)	89.4	94.4	81.9?	Spy I (W)	93.6?	91.3?	—
KNM-ER 1813 (R2)	88.9	96.1?	81.3?	La Ferrassie 1 (K)	85.9	—	82.2
KNM-ER 3733 (R2)	87.4	96.5	74.6	Saccopastore 1 (K)	95.9?	92.6?	81.3?
KNM-ER 3733 (L)	85.5	—	—	Oberkassel ♂ (S)	—	—	84.6
KNM-ER 3883 (R2)	85.6	94.7	74.3?	Oberkassel ♀ (S)	—	—	83.9
KNM-WT 15000 (R2)	—	86.9	74.2	Cro Magnon (S)	—	—	79.0
OH 9 (K)	86.1	—	—	现代人平均 Modern man (W)	85.7	89.4	80.8(75.8–84.7)
OH 9 (R1)	—	—	72.7?				

资料来源:

笔者根据表 14 中的原始数据(额骨、顶骨、枕骨的矢状弦长和弧长的数据)计算出本表中的指数。北京直立人各骨的曲度是据 Weidenreich (1943, p. 107)的数据计算所得,与同书 110 页的数据略有差异。为了表明数据的出处,个别数据特别注明(A)、(As)、(B)、(C)、(K)、(L)、(R1)、(R2)、(R3)、(R4)、(S)、(St)和(W),其寓意与上表的资料来源栏相同,除此之外,其余各个数据的文献出处均与上表相同。

表 15 显示,非洲早更新世标本的额骨弦弧指数与包括 Dmanisi 和 Sangiran 的亚洲标本相比,是比较偏小的。两大洲人变异范围之间很接近,有重叠。非洲早更新世古人类的变异范围与非洲中更新世人的变异范围大部重叠,相当于欧洲中更新世人类变异范围的中部,看来从前者到后者这个指数似乎仅有微弱升高。欧洲中更新世人与中国直立人的变异范围大部重叠。欧洲尼人变异范围的下部与欧洲

中更新世人变异范围的上部重叠，可能意味着这个指数有小幅升高。Ngandong 相当于中国直立人变异范围的上部。中国早期现代人变异范围下部与中国直立人变异范围上部有大幅度的重叠，前者与尼人的变异范围大部重叠。大荔的额骨弦弧指数除了比和县直立人、Steinheim 和 de Lumley 等（2008）报道的 Ceprano 的稍大外，比中国和欧洲其他地点、非洲所有中更新世人和晚更新世人都小。

在人类进化过程中前额由扁塌变膨隆，眉间部突出程度有由强变弱，直至消失的趋势。以 n-b 弦与 n-b 弧的比例计算出来的曲度指数既受眉间部向前突出的程度所制约，也受额骨鳞部膨隆程度的影响，这两种因素对这项指数起着相反的作用，使得这项指数长期徘徊于一定范围内，对于标本在进化过程中的位置似乎没有多大指示作用。

Dmanisi 顶骨弦弧指数变异范围相当于非洲早更新世人范围的上部，Sangiran 2 比两者的上限稍高。欧洲中更新世人与非洲早更新世人变异范围大幅度重叠，与中国中更新世人也大部重叠。尼人与欧洲中更新世人变异范围中上部重叠。中国早期现代人与中国直立人变异范围中下部大幅度重叠。Sangiran 2 相当于 Ngandong 的变异范围的上部。后者的下部与中国直立人的上部重叠。大荔顶骨弦弧指数没有超出周口店直立人和欧洲中更新世人变异范围。

Dmanisi 枕骨弦弧指数与非洲早更新世人变异范围的上部重叠。后者相当于欧洲中更新世人变异范围的中部。尼人相当于欧洲中更新世人变异范围的上中部。Ngandong 标本变异范围很大，Sangiran 的数据相当于其下部。中国直立人变异范围相当于欧洲中更新世人范围的中下部。Sangiran 17 小于所有其他古人类。中国早期现代人的最小值比直立人最大值大，两组人的变异范围不重叠。中国直立人与欧洲中更新世人变异范围中下部重叠。中国早期现代人的变异范围与欧洲中更新世人的上部重叠。尼人与欧洲中更新世人的变异范围的上部有大幅度重叠。枕骨弦弧指数高，意味着枕骨较为张开，脑子的后部比较扩张。似乎欧洲中更新世人比中国中更新世人枕骨更加张开。无论以上位的还是下位的人字点为测量标志点，大荔的枕骨弦弧指数都特别小，显示出较多的原始的和东亚的性质。无论以上位人字点还是以下位人字点为基础的指数比本表列举的绝大多数更新世人标本都低。

顶骨弦弧指数一般大于额骨弦弧指数，但在中国直立人、尼人和中国早期现代人都有个别或少数例外。枕骨的弦弧指数比额骨弦弧指数和顶骨弦弧指数都小，柳江和 Narmada 是例外。

枕骨宽与最大颅宽的比例为横顶枕指数（transverse parieto-occipital index, ast-ast/eu-eu）。这个指数在大荔颅骨为 76.7；在北京直立人 III 为 85.3，X 为 77.6，XI 为 80.8，XII 为 81.6 [北京直立人数据是笔者根据 Weidenreich（1943）的原始数据计算的，以北京直立人颅骨的平均最大宽作为分母]；山顶洞 101 为 84.6，山顶洞 103 为 81.7；柳江颅骨为 76.0；Dmanisi D 2280 为 77.3 或 76.5，Dmanisi D 2700 为 82.8 或 83.3，Dmanisi D 3444 为 78.5 或 78.8（Dmanisi 的数据分别是笔者根据 Wolpoff 惠赐的数据计算所得和引自 Rightmire et al.，2017），Dmanisi D 4500 为 68.69（据 Rightmire et al.，2017）；Kabwe 为 90.7；Atapuerca SH 4 为 80.5，Atapuerca SH 5 为 79.8，Atapuerca SH 6 为 86.7 [Atapuerca SH 的数据是笔者根据 Arsuaga 等（1997）的数据计算的]；Petralona 估计为 76.6，74.5 [据 Stringer 等（1979），这两个数值分别据 Stringer 和 Clark Howell 所测数据计算所得] 或 80.5（这个和 Kabwe 的数据以及以下数据均据 Suzuki，1970）；Steinheim 为 80.4–81.8；Ehringsdorf 为 72.5；La Chapelle 为 84.0；Gibraltar 为 73.9?；Spy 1 为 84.1，Spy 2 为 87.4；Amud 1 为 87.0；Shanidar 1（模型）为 78.9；Teshik-Tash 为 89.7；Tabun 1 为 85.4；Skhul 4 为 89.3，Skhul 5 为 85.5，Skhul 9 估计为 82.8；Qafzeh 6 为 83.7；Předmostí 3 估计为 75.9，Předmostí 9 估计为 72.4；Oberkassel ♂ 为 81.9，Oberkassel ♀ 为 86.8；Cro Magnon 1 为 74.9；Taforalt（平均）为 76.9；现代人为 76.6–85.6。

总之，欧洲早期现代人化石的变异范围为 72.4–86.8，现代人、中国早期现代人、大荔甚至北京直立人和 Dmanisi 大都没有超出这个范围。本段列举的更新世各个时期的其他化石除 Kabwe、Spy 2、Teshik Tash、Amud 1、Skhul 4 数据稍大外都没有超出这个范围。因此这个指数似乎缺乏进化意义。

表 16　耳点间宽和枕骨宽及比值
Table 16　Biauricular and occipital breadths as well as the ratio

	耳点间宽 Biauricular br. au-au　M11	枕骨宽 Occipital br. ast-ast　M12	比值 Ratio M12/M11
大荔 Dali	141	115	81.6
北京直立人 ZKD III（W）	141	117	83.0
北京直立人 ZKD X（W）	147	111?	75.5?
北京直立人 ZKD XI（W）	143	113	79.0
北京直立人 ZKD XII（W）	151	115	76.2
南京直立人 Nanjing 1	(139.8)	111.0	(79.4)
和县直立人 Hexian	144	141.8	98.5
山顶洞 Upper Cave 101	138	121?	87.7?
山顶洞 Upper Cave 103	125	107?	85.6?
柳江 Liujiang	125	108?	86.4
Dmanisi D 2280（R2）	(132)	104	78.8
Dmanisi D 2280（Wo）	128	104.4	81.6
Dmanisi D 2282（Wo）	122	105	86.1
Dmanisi D 2282（R2）	—	103	—
Dmanisi D 2700（R2）	119	105	88.2
Dmanisi D 2700（Wo）	119.5	104.8	87.7
Dmanisi D 3444（Wo）	121.8	103.5	85.0
Dmanisi D 3444（R4）	120	104	86.7
Dmanisi D 4500（R4）	129	93	72.1
Sangiran 2（R1）	126	122	96.8
Sangiran 4（R1）	132	126?	95.5
Sangiran 10（R3）	126	120	95.2
Sangiran 10（An）	—	120	—
Sangiran 12（An）	—	123	—
Sangiran 17（R3）	140	134	95.7
Sangiran 17（An）	—	131	—
Sangiran 17（K）	—	133	—
Sangiran IX（An）	—	116	—
爪哇 Trinil 直立人 I（W）	(135)	(92?)	68.1
爪哇直立人 Pithecanthropus II（W）	129?	120?	93.0
Ngawi（R2）	133	121	91.0
Sambung 1（R2）	137	127	92.7
Sambung 3（R2）	138	120	87.0
Sambung 4（R2）	145	133	91.7
Ngandong 1（R2）	130	128	98.5
Ngandong 6（R2）	148	126	85.1
Ngandong 7（R2）	132	124	93.9
Ngandong 10（R2）	138	127	92.0
Ngandong 11（R2）	134	130	97.0
Ngandong 12（R2）	135	126	93.3
Tabun 1（W）	138	120	87.0

	耳点间宽 Biauricular br. au-au M11	枕骨宽 Occipital br. ast-ast M12	比值 Ratio M12/M11
Skhul 5（W）	140?	122	87.1
KNM-ER 1470（R1）	135?	108?	80.0
KNM-ER 1813（R1）	112	93?	83.0
KNM-ER 3733（R1）	132	119	90.2
KNM-ER 3733（K）	—	118	—
KNM-ER 3883（R1）	129	115	89.1
OH 9（R2）	135	123	91.1
OH 9（K）	—	121	—
Kabwe（W）	142	131	92.3
Kabwe（K）	—	(136)	—
Atapuerca SH 4（A）	155.5	132	84.9
Atapuerca SH 5（A）	139	116.5	83.8
Atapuerca SH 6（A）	122	117.6	96.4
Petralona（K）	—	122	—
Petralona（S）	(154.5)	(119.5, 116.2)	77.3, 75.2
Swanscombe（K）	—	123	—
Steinheim（K）	—	107	—
Ehringsdorf（K）	—	110	—
Spy 1（W）	124?	121?	97.6
La Chapelle（W）	132	130.5	98.9
La Chapelle（K）	—	119	—
La Quina（W）	126	112?	88.9
Neanderthal（W）	142	131	92.3
La Ferrassie（A）	—	125	—
La Ferrassie（K）	—	122	—
Fontechevade（K）	—	126	—
Monte Circeo（A）（K）	—	124	—
Saccopastore（A）（K）	—	117	—
Le Moustier（A）	—	120?	—
Gibraltar（A）	—	110?	—
现代人 Modern man average（R1）	117.4	107.8	—
现代人 Modern man（W）	121（115–132）	108.6（102–115）	—

资料来源：

南京直立人据吴汝康等（2002）；和县直立人据吴汝康、董兴仁（1982）；山顶洞和柳江据笔者；Atapuerca SH 据 Arsuaga 等（1997）。

注明（A）者据 Arsuaga 等（1989）。

注明（An）者据 Antón（2003）。

注明（K）者据 Kennedy 等（1991）。

注明（R1）者据 Rightmire（1990），其现代人数据是 15 具黑人男性颅骨的平均值。

注明（R2）者据 Rightmire 等（2006）。

注明（R3）者据 Rightmire（2013）。

注明（R4）者据 Rightmire 等（2017）。

注明（S）者据 Suzuki（1970）。

注明（W）者据 Weidenreich（1943），指数为笔者所计算。

注明（Wo）者是 Wolpoff 通信惠赐（2011）。

表 16 显示，Dmanisi 耳点间宽变异范围与非洲早更新世人的上部重叠。这两组人变异范围的上部与欧洲中更新世人的下部重叠，比中国直立人最低值要小。大荔颅骨耳点间宽比前两组人的最高值大得多，相当于中国直立人的下部，比中国早期现代人最高值大，比 Kabwe 的稍短，在欧洲中更新世人变异范围的中上部。中国早期现代人与欧洲尼人的变异范围大幅度重叠，总体上比中更新世人要短。

Dmanisi 枕骨宽变异范围很小，相当于非洲早更新世人变异范围中部。后者变异范围上部与欧洲中更新世人变异范围的下部重叠。大荔的枕骨宽相当于欧洲中更新世人变异范围的下部，在爪哇的直立人标本之间，比 Sangiran 所有标本都短，在中国早期现代人变异范围的中上部，接近北京直立人最高值，比和县直立人的短得多。和县颅骨的枕骨宽十分特殊，不但比中国的其他直立人标本长得多，也比表 16 所列举的其他化石人的都长得多。大荔与北京直立人颅骨星点区的局部形态差异很明显，大荔颅骨此处骨面比较平整，北京直立人有的标本在此处显著地收缩，以至可能被误认为尼安德特人所具有的那种发髻状隆起。尼人星点区不收缩，发髻状隆起的形成与星点区是否收缩没有关系。而北京直立人星点区收缩才使得在枕区相对地隆起，而且呈横卧的椭圆形。柳江和山顶洞标本由于有缝间骨使得确定星点有些困难。所有这些标本的星点区都不像北京直立人那样显著收缩。

大荔颅骨的耳点间宽与枕骨宽的比值在北京直立人变异范围内，比和县直立人的低得多。中国早期现代人耳点间宽与枕骨宽的比值的变异范围很小，比值比北京直立人高，比和县直立人低得多。Dmanisi 和 Sangiran 的变异范围分别相当于中国直立人的下部和上部。Atapuerca SH 的变异范围特别大，非洲早更新世人的变异范围相当于其下部。从表 16 资料似乎看不出有规律性的变化。但是和县直立人与中国的其他中更新世人以及早期智人相差都很大，却与欧洲的中更新世人和尼人十分接近。

大荔颅骨的最小颅宽(minimum cranial breadth, M14)为 79 毫米，比 Petralona 的最小颅宽(90 毫米，据 Stringer et al., 1979)为短。

Arsuaga 等 1989 年表列了根据欧洲中更新世人类、欧洲尼人、旧石器时代晚期人、中石器时代人、新石器时代人和西班牙 Sepúlveda 中世纪人等各组男性组和女性组颅骨的"最大颅宽""最大额宽""枕骨宽"的数据计算出的一系列比值。笔者将中国的和外国的一些标本的最大颅宽、最大额宽和枕骨宽的数据也按照 Arsuaga 等 1989 年论文的办法计算出三种比值，一并列于表 17，北京直立人情况特殊，不能与其他颅骨按照同样的定义取得相应的数据，笔者只得用 Weidenreich (1943)所提供的"平均最大宽"来代替最大颅宽。

表 17　最大额宽与最大颅宽及枕骨宽形成的三项比值

Table 17　Ratios formed with several breadths of cranium

	最大额宽/最大颅宽 co-co/eu-eu M10/M8	最大额宽/枕骨宽 co-co/ast-ast M10/M12	枕骨宽/最大颅宽 ast-ast/eu-eu M12/M8
大荔 Dali	79.3	103.5	76.7
北京直立人 ZKD II	—	—	104.9?
北京直立人 ZKD III	74.0	86.8	85.3
北京直立人 ZKD V	—	90.3	—
北京直立人 ZKD X	76.9?	99.1?	69.3
北京直立人 ZKD XI	75.8	93.8	80.8
北京直立人 ZKD XII	76.6	93.9	81.6
南京直立人 Nanjing 1	68.5	88.3	77.6
和县直立人 Hexian	74.0	83.5	88.6

	最大额宽/最大颅宽	最大额宽/枕骨宽	枕骨宽/最大颅宽
	co-co/eu-eu	co-co/ast-ast	ast-ast/eu-eu
	M10/M8	M10/M12	M12/M8
山顶洞 Upper Cave 101	84.6	100	84.6
山顶洞 Upper Cave 102	84.6	—	—
山顶洞 Upper Cave 103	93.1	114.0?	81.7
柳江 Liujiang	83.0	109.3?	76.0
资阳 Ziyang	79.7	103.5	77.0
Dmanisi D 2700（R1）	67.5	81.0	83.3
Dmanisi D 2280（R1）	77.2	101.0	76.5
Dmanisi D 2282（R1）	—	84.5	—
Dmanisi D 3444（R2）	68.9	87.5	78.8
Dmanisi D 4500（R3）	67.0	98.9	68.6
Sangiran 2（R1）	72.3	83.6	86.5
Sangiran 4（R1）	—	—	85.7
Sangiran 10（R2）	72.4	87.5	82.8
Sangiran 12（R2）	—	—	82.0
Sangiran IX（R2）	72.5	88.0	75.4
Sangiran 17（R1）	73.9	96.0	77.0
Ngawi（R2）	79.2	94.2	84.0
Sambung 1（R2）	81.5	96.9	84.1
Sambung 3（R2）	80.8	98.3	82.2
Sambung 4（R2）	78.8	92.5	85.3
Ngandong 1（R2）	78.4	93.8	83.7
Ngandong 6（R2）	78.7	96.8	81.3
Ngandong 7（R2）	81.0	96.0	84.4
Ngandong 10（R2）	77.4	96.9	79.9
Ngandong 11（R2）	77.8	94.6	82.3
Ngandong 12（R2）	79.5	95.2	83.4
KNM-ER 1470（R1）	<66.7	85.2?	78.3?
KNM-ER1813（R1）	—	—	82.3?
KNM-ER 3773（R1）	77.5	92.4	83.8
KNM-ER 3883（R1）	75.0	91.3	82.1
KNM-ER 42700（R2）	—	—	82.3
KNM-WT 15000（R1）	—	—	80.3
OH 9（R2）	—	—	82.0
Daka（R2）	75.5	90.5	83.5
Bodo（R2）	80.4	—	—
Kabwe（R2）	81.4	91.5	89.0
Kabwe（W）	74.7	90.5	83.7
Omo 2（R2）	81.6	93.0	87.8
Ndutu（R2）	77.8	95.7	81.3
Ndutu	77.8	—	—

	最大额宽/最大颅宽 co-co/eu-eu M10/M8	最大额宽/枕骨宽 co-co/ast-ast M10/M12	枕骨宽/最大颅宽 ast-ast/eu-eu M12/M8
Petralona（S）	76.9	100.4[*]，103.3[#]	76.6[*]，74.5[#]
Petralona（R2）	72.7	100.0	72.7
Atapuerca SH 4（R2）	76.8	95.5	80.5
Atapuerca SH 5（R2）	80.8	101,7	79.5
Steinheim（R2）	—	—	81.0
欧洲中更新世人 Middle Pleistocene humans in Europe			
平均值（例数）	79.7(6)	99.8(6)	81.1(5)
范围 Range	75.0–87.9	93.6–108.8	78.4–84.0
欧洲尼人 European Neanderthals			
平均值±标准差（例数）	80.6±2.6(11)	98.2±2.7(9)	80.7±2.8(9)
范围 Range	75.5–83.4	93.8–102.4	76.4–85.6
旧石器时代晚期人平均值 Upper Paleolithic ♂ (average)	87.9	109.2	80.7
旧石器时代晚期人平均值 Upper Paleolithic ♀ (average)	85.2	108.5	78.5
中石器时代人平均值 Mesolithic ♂ (average)	83.5	102.9	81.1
中石器时代人平均值 Mesolithic ♀ (average)	82.8	103.3	80.1
新石器时代人平均值 Neolithic ♂ (average)	84.9	107.4	79.1
新石器时代人平均值 Neolithic ♀ (average)	85.1	109.0	78.1
Sepúlveda 人 ♂ 平均值±标准差（例数）	82.2±4.0(41)	103.0±6.7(39)	79.6±3.3(40)
范围 Range	72.9–90.1	89.7–121.6	70.3–86.9
Sepúlveda 人 ♀ 平均值±标准差（例数）	82.1±4.0(57)	105.6±6.8(55)	77.8±3.0(60)
范围 Range	77.7–90.8	90.7–120.8	70.6–83.9

资料来源：

北京直立人和 Kabwe（W）据 Weidenreich（1943）；南京直立人、和县直立人、山顶洞、柳江和资阳标本均据笔者；欧洲中更新世人据 Arsuaga 等（1997，包括 Atapuerca SH 4 和 5）和 Arsuaga 等（1989，包括 Petralona、Steinheim、Swanscombe、Arago 和 Atapuerca SH 的其他比较资料）；欧洲尼人、旧石器时代晚期人、新石器时代人、Sepúlveda 人均据 Arsuaga 等（1989，pp. 66, 67，其旧石器时代晚期人、中石器时代人、新石器时代人转引自 Frayer，1980，其指数是用 Frayer 的平均值计算比例值得出的）；Ndutu 据 Rightmire（1990）。

注明（R1）者据 Rightmire 等（2006）。

注明（R2）者据 Rightmire（2013）。

注明（R3）者据 Rightmire 等（2017）。

注明（S）者据 Stringer 等（1979）的数值计算所得，其中带*者据 Stringer 的测量值，带#者据 Clark Howell 的测量值计算。

"最大额宽/最大颅宽"比值反映颅骨前部与颅骨最宽部或中后部宽度的关系；"最大额宽/枕骨宽"比值反映颅骨前部与颅骨后部宽度的关系。中国直立人的此二比值均比早期现代人小。"最大额宽/最大颅宽"比值的变异范围在这两组之间没有重叠而且距离颇大。"最大额宽/枕骨宽"比值也没有重叠，但是距离很小。

大荔的"最大额宽/最大颅宽"比值介于中国的直立人与中国的早期现代人之间，不在两者各自的变异范围之内，却在欧洲中更新世人以及尼人的变异范围中部，很接近前者的平均值，而比旧石器时代晚期和新石器时代人的平均值都小得多。

中国的直立人和 Sangiran 的"最大额宽/最大颅宽"比值都没有超出 Dmanisi 的变异范围，Sangiran 不超出非洲早更新世人的变异范围，后者变异范围的上部与欧洲中更新世人的下部有些重叠，加之早期现代人总体上比中更新世人为高，意味着该值有持续上升的趋势。

大荔的"最大额宽/枕骨宽"比值比中国的直立人的大，在中国早期现代人变异范围的下部，欧洲中更新世人变异范围的上部，比尼人的最大值稍大，与中石器时代人的平均值很接近。欧洲中更新世人"最大额宽/枕骨宽"比值的变异范围上限却达到 108.8，接近早期现代人化石的平均值。非洲早更新世人的变异范围不超出 Dmanisi 的范围，从早更新世经过中更新世再到晚更新世，该值似乎有变高的趋势，而到近代似乎稍有变小。

欧洲中更新世人的这两个指数总体上都比中国的直立人的大，但是两者之间也都有些重叠。大荔颅骨与欧洲中更新世人可能比与中国的直立人更接近。而到早期现代人，中国和欧洲人群的这种指数差异便消失了。从欧洲中更新世人到尼人这两项指数似乎都没有大的变化。欧洲早期现代人化石与尼人相比，此二指数都较高。

"枕骨宽/最大颅宽"比值反映颅骨后部与颅骨最宽部或中后部宽度的关系。北京直立人"枕骨宽/最大颅宽"比值的变异范围很大，和县与南京的直立人都没有超出这个范围。大荔和中国早期现代人也没有超出其变异范围。从表 17 的数据似乎看不出在进化过程中这个指数有多大的变化，也看不出显著的地区间差异。

Arsuaga 等（1989）还发表了"顶骨矢状缘弦长/最大颅宽"比值：欧洲中更新世人平均为 72.1（5 例），尼人平均为 72.2（10 例），Sepúlveda 中世纪人男性和女性平均值分别为 83.4（41 例）和 83.0（60 例），尼人之后有增大的趋势。笔者计算北京直立人 III、X、XI、XII 以及南京与和县直立人的该值分别为 68.5、74.1、61.5、64.5 以及 61.2 和 64.4，平均 65.7。在论及顶骨矢状缘时曾经说到大荔颅骨的人字点有上、下两个可能的位置，其顶骨矢状缘弦长相应地可能是 97 毫米或 107 毫米，因此其"顶骨矢状缘弦长/颅最大长"比值可能是 64.9 或 71.6。下位人字点产生的数据与欧洲中更新世人的平均值很接近，而从上位人字点产生的数据比从下位人字点产生的数据更接近中国的直立人。

除了对大荔颅骨整体的上述径线测量进行研究以外，笔者还就各种角度进行了研究。由于许多人类化石颅骨特别是较早时期的标本保存很不完整，无法定出颅后点，从而不能确定颅骨的最大长轴，也无法定出法兰克福平面并以此为基准测出许多反映颅骨某些部分倾斜程度的角度，在这些情况下，一般常用眉间点到枕外隆凸点连线来代表颅骨长轴，以此线作为替代 g-op 或法兰克福平面的基准线来测量一些角度。但是如何确定枕外隆凸点也不是一件容易的工作，有过不同的主张。上文已经提及，本书采用 Martin 的《人类学教科书》规定的定义，将枕外隆凸点定位在两侧上项线在正中矢状面上相交的点。在笔者看来大多数北京直立人标本是可以，似乎也应该按照 Martin 的经典定义来为枕外隆凸点定位，以提高其与其他智人标本测量数据的可比性。但是考虑到 Weidenreich 的数据已经被广泛应用，所以在本研究中没有对北京直立人涉及枕外隆凸点的有关测量项目按此在模型上进行校正。虽然如此，我们在比较各件化石的涉及枕外隆凸点的角度数据时不应该忽略上述这些情况可能产生的影响。

大荔颅骨有枕骨圆枕，在枕骨圆枕的最内侧段下方也有一个以上项线最内侧段为两条侧边，以枕骨圆枕为底边所组成的三角，因此适宜用 Martin 的经典定义来为枕外隆凸点定位，即这个三角朝下的顶端。笔者据此确定大荔颅骨的枕外隆凸点。

在 Weidenreich（1943）研究中国猿人的专著第 109 页表 XX 中，第一项为 Frontal profile，m-g∠g-(op)i，Symbol and Key Number 为 32, a；第三项为 Inclination of frontal squama，b-g∠g-(op)i，Symbol and Key Number 为 32, 2；Suzuki（1970）在研究 Amud 颅骨的专著第 142 页有'Bregma angle (Schwalbe)'，Martin 编号为 32(2)，还有 Frontal angle (Schwalbe)，Martin 编号为 32(a)。笔者查，在 1988 年 Knussmann 主持修订的 Martin《人类学教科书》中有 32a 和 32(2)，前者是 Frontalwinkel 依 Schwalbe，从眉间点向正中矢状面上额骨最突出处的切线与 g-i 线构成的角；后者是 Glabello-Bregma-Winkel (angle bregmatique de Schwalbe)，是眉间点与前囟点连线和眉间点与枕外隆凸点连线构成的角。笔者考虑，Weidenreich 的 32, a 和 Martin 教科书的 32a 以及 Suzuki 的 32(a)很可能指的是同

一个测量项目，Weidenreich 的 32, 2 与 Martin 教科书和 Suzuki 的 32(2)也很可能指的是同一个测量项目，他们所列举的不同化石得到的数据应该是可以进行比较的。笔者还注意到，在 Suzuki（1970）的专著第 142 页的"额骨的角度"的比较表中，他为 Broken Hill 引用的 32(2)和 32(a)的数据分别是 45°和 60°，而且注明是根据 Weidenreich，在 Weidenreich（1943）117 页数据比较表中为 Rhodesian 的'32, 2'和'32, a'所列举的数据分别是 45°和 60°，看来 Weidenreich（1943）和 Suzuki（1970）两位作者所指测量项目应该是相同的。Suzuki（1970）引自 Boule 的 La Chapelle 的这两个项目的数据与 Weidenreich（1943）所列举的完全一致，Ehringsdorf 也是如此。这些例子更加表明笔者上述的想法很可能是与实际相符的，因此将他们提供的数据一并列于表 18 进行比较。为了避免与 M32(5)或 FRA 混淆，笔者随 Weidenreich（1943）和 Ascenzi 等（2000）使用 Frontal profile，而不随 Suzuki（1970）用 Frontal angle (Schwalbe)作为这个项目的英文表达。

不过 Weidenreich（1943）和 Ascenzi 等（2000）的 Frontal profile 的基线是 g-op(i)，另一边是 m-g，按照 m 点的定义，严格说来与额骨在正中矢状面上最突出处不一定在同一位置(尽管两者实际上可能距离很近)，Weidenreich 的 Frontal profile, 32, a 在一些颅骨上也可能与 Martin 教科书定义的 32a 有些许差异。因为笔者在表 18 中兼容从 Weidenreich（1943）、Suzuki（1970）和 Ascenzi 等（2000）引用的数据，所以既标出 32a，也标出 m-g-i。

Weidenreich（1943）测量北京直立人的头盖骨时，是将 i 点和 op 点定在同一位置。Martin《人类学教科书》上的测量项目 32a 和 32(2)都是以 g-i 为基线，笔者在测量 Bregma angle（32(2)）［在 Weidenreich（1943）的专著中称 Inclination of frontal squama, 32, 2，以 g-op(i)为基线］时是以 g-i，而不是以 g-op 为基线。按照同样的原则，笔者在测量大荔颅骨 Frontal profile 时也是以 g-i，而不是以 g-op 为基线。

表 18　前囟角和额骨侧面角

Table 18　Bregma angle and frontal profile

	前囟角 Bregma angle b-g-i　M32(2)	额骨侧面角 Frontal profile (Schwalbe) m-g-i　M32a		前囟角 Bregma angle b-g-i　M32(2)	额骨侧面角 Frontal profile (Schwalbe) m-g-i　M32a
大荔 Dali	50	74	Ngandong I（W）	43	63
郧县 Yunxian EV 9002	43	55	Ngandong V（W）	41	54
郧县 Yunxian（三维复原 3D reconst.）	39	—	Ngandong VI（W）	47	66
北京直立人 ZKD II（W）	45?	—	Ngandong IX（W）	54	61
北京直立人 ZKD III（W）	42	62	Ngandong X（W）	44	66
北京直立人 ZKD X（W）	45	63	Ngandong XI（W）	46	62
北京直立人 ZKD XI（W）	38	61	Amud 1（S）	51	71
北京直立人 ZKD XII（W）	42.5	56	Shanidar 1（模型 cast）（S）	54	72
南京直立人 Nanjing	(39)	(54)	Teshik-Tash（S）	53	85
和县直立人 Hexian	41	58	Tabun 1（W）	44	68?
山顶洞 Upper Cave 102	59	—	Skhul 4（S）	(51)	(77)
山顶洞 Upper Cave 103	57	—	Skhul 5（W）	51	68
资阳 Ziyang	58	—	Skhul 5（S）	(66)	(77)
Sangiran 2（A）	—	55	Qafzeh 6（S）	(57)	(78)
爪哇 Trinil 直立人 I（W）	(38)	47.5	Kabwe（W）	45	60
爪哇直立人 Pithecanthropus II（W）	42.5	55	Jebel Irhoud 1（S）	50	67

	前囟角	额骨侧面角		前囟角	额骨侧面角
	Bregma angle	Frontal profile (Schwalbe)		Bregma angle	Frontal profile (Schwalbe)
	b-g-i M32(2)	m-g-i M32a		b-g-i M32(2)	m-g-i M32a
Saldanha（S）	47	61	La Quina（W）	38	50?
Ceprano（A）	—	60	La Quina（S）	45	57
Petralona（S）	54	—	La Ferrassie（S）	44	—
Ehringsdorf（W）	49	73.5	Le Moustier（S）	49.5	—
Krapina D（S）	50	66	Gibraltar（S）	50	64
Saccopastore 1（S）	(50)	(71)	Předmostí 3（S）	56	80
Monte Circeo（S）	—	62	Combe Capelle（S）	58	—
La Chapelle（W）	43	63	Oberkassel ♂（S）	55	84
La Chapelle（S）	45.5	65	Oberkassel ♀（S）	62.5	95
Spy 1（W）	47	59	Cro Magnon 3（S）	57	—
Spy 1（S）	45	57.5	现代人 Modern man（S）	56.5–61	91.4–100.3
Spy 2（S）	50.5	67	现代人 Modern man（W）	—	83.2(70–96)
Neanderthal（W）（S）	44	62			

资料来源：

郧县 EV 9002 据李天元（2001）；郧县三维复原据 de Lumley 等（2008）；南京直立人的数据是笔者据吴汝康等（2002）插图测量；和县直立人据吴汝康、董兴仁（1982）；山顶洞据吴新智（1961）；资阳是笔者据吴汝康（1957）的图 3 测量。

注明（A）者均据 Ascenzi 等（2000），为 Frontal profile, g-m∠g-i/op）。

注明（S）者均据 Suzuki（1970），为 Frontal angle, M32(a)。

注明（W）者均据 Weidenreich（1943），为 Frontal profile, M32(a)。

前囟角又称额鳞对 g-i 的倾斜角（inclination of frontal squama）。从表 18 的数据可以看出，北京直立人的前囟角变异于 38°和 45°之间，中国其他地点的和爪哇的直立人都没有超出这个范围。这个范围的上部与 Ngandong 变异范围的下部重叠。尽管 Indriati 等（2011）用 $^{40}Ar/^{39}Ar$ 法测定 Ngandong 的年代可能在 546±12 千年前，用 ESR/铀系法测定的年代是 143+20/−17 千年前，使得 Ngandong 化石可能属于中更新世，但是其背景有很多不确定性，尚待时间的检验，本书将 Ngandong 的标本暂时仍不包括在中更新世标本内。

中国直立人的额骨侧面角变异范围不大，在 54°和 63°之间，而爪哇直立人的最高值与中国的直立人最低值相当接近。中国直立人与 Ngandong 标本大部重叠。

欧洲中更新世人的数据不多，前囟角变异范围为 49°–54°，额骨侧面角的变异范围为 60°–73.5°。欧洲尼人标本的前囟角和额骨侧面角的变异范围分别为 38°–50.5 和 50°?–71，可能总体上都比亚洲直立人的大。亚洲尼人的前囟角（44°–54°）与欧洲尼人变异范围重叠，额骨侧面角（68°?–85°）则总体上可能比欧洲尼人大，两者的变异范围重叠不多。欧洲早期现代人的这两个角的变异范围分别是 55°–62.5°和 80°–95°，都比尼人的大得多，比欧洲中更新世人的大，更远远地比直立人大。欧洲早期现代人与时代在其前的这三组人的变异范围除与亚洲尼人外，都没有重叠，而且大部分距离相当大，与现代人则变异范围大幅度重叠。

中国的直立人的前囟角比欧洲中更新世人的小得多，额骨侧面角总体上较小。中国早期现代人的前囟角的最小值比中国的直立人和欧洲中更新世人以及尼人的最大值都大得多，没有超出欧洲早期现代人的变异范围。值得注意的是，Ngandong 颅骨前囟角变异于 41°与 54°之间，显然总体上可能比亚洲中更新世直立人为大，却与尼人的变异范围大幅度重叠。Ngandong 颅骨的额骨侧面角的变异范围

（54°–66°）的下部与亚洲直立人变异范围几乎完全重叠，与尼人的变异范围中段重叠。

但是目前数据太少，以上的分析有待于日后更多新化石的检验。

大荔颅骨的前囟角比中国的和爪哇的直立人都大得多，在 Ngandong 变异范围的中部，欧洲中更新世人变异范围下部，接近尼人范围的上端，与 Jebel Irhoud 1 相等，比 Kabwe 和 Saldanha 大。大荔颅骨的额骨侧面角比中国的和爪哇的直立人以及 Ngandong 都大很多，比欧洲中更新世人变异范围的最高值大半度，比欧洲和西亚尼人的最高值稍大，但是比 Teshik Tash 尼人儿童小得多。大荔颅骨的这两个角都比早期现代人小得多，但是都与尼人的最高值接近，大荔的额骨侧面角在现有的数据中是中更新世人中最接近现代人的。

不过值得注意的是，表 18 显示，Suzuki（1970, p. 142）提供的 Skhul V、La Chapelle、Spy I 和 La Quina 的数据与 Weidenreich（1943, p. 117）提供的数据相差颇大，需要在化石上进行核查。

表 18 中的角度是以 g-i 为基线测量的，如按 m-g-op 测量大荔颅骨，结果会小 5°，测量资阳颅骨，结果会小 12°。笔者在前文已经述及，在北京直立人部分头骨的枕骨圆枕下面实际上是可以看到以两侧的上项线的内侧末梢小段为两边组成的三角形，此两边汇合成一个向下的尖端。如果将北京直立人的枕外隆凸点的位置改定到这个三角形的尖端，其各个标本的 m-g-i 大约会加大 5°，在这种情况下，大荔颅骨的这个角（m-g-op）仍旧比直立人大。总之，从中更新世人到早期现代人，这个角度肯定有变大的趋势，这一方面由于额骨由扁塌变陡直，另一方面由于项肌变弱导致枕外隆凸点向下移动。

Weidenreich（1943）还提供另一项反映额骨倾斜程度的数据，额骨倾斜角 I（Frontal inclination I, M32, 1, b-n-op(i)）：大荔颅骨的这个角度为 54°。北京直立人平均值为 44.3°，变异范围 42°–46.5°；爪哇 Trinil 直立人 I 为 41°；Ngandong 的变异范围为 46°–55°，平均值为 48.7°；现代人平均值为 50.8°，变异范围为 45°–59°。他还提供了"尼人"的平均值和变异范围，但是他按照当时的认识，尼人包括 Rhodesian（本书作 Kabwe）（48°）、Skhul 5（56°）和 Ehringsdorf（52°），而本书按照现在人类学界对这三具颅骨分类位置认识的变化，在计算尼人的平均值和呈现其变异范围时排除了这三具颅骨，得出其余 5 具尼人标本的平均值为 45.6°，变异范围为 39°–50°。直立人和尼人之间此角似乎没有明显的差距。与现代人之间则平均值差距十分明显，但是变异范围还是有少量重叠。大荔颅骨的这个角度比北京直立人的和尼人的最高值都大得多，达到现代人变异范围的上部，比其平均值大许多。

额骨角、顶骨角和枕骨角分别表现颅骨正中矢状轮廓线上各段的弯曲程度，表 19 显示此三角的数据。

表 19　额骨角、顶骨角和枕骨角

Table 19　Frontal, parietal and occipital angles

	额骨角 Frontal angle (FRA) M32(5)	顶骨角 Parietal angle (PAA) M33e	枕骨角 Occipital angle (OCA) M33d
大荔 Dali	128	147	96
北京直立人 ZKD III	140	147	107
北京直立人 ZKD X	146	147	105
北京直立人 ZKD XI	135	156	101
北京直立人 ZKD XII	146	153	95
南京直立人 1 Nanjing 1	125	149	108
资阳 Ziyang	130	—	—

	额骨角 Frontal angle (FRA) M32(5)	顶骨角 Parietal angle (PAA) M33e	枕骨角 Occipital angle (OCA) M33d
Dmanisi D 2280（R1）	149	—	108?
Dmanisi D 2700（R1）	150	—	115.6
Dmanisi D 3444（R2）	148	—	117
Dmanisi D 4500（R2）	141	—	107
Sangiran 4（R2）	—	—	105
Sangiran 12（R3）	—	—	102
Sangiran 17（R3）	—	—	100
Bukuran（R3）	—	—	101
Ngawi（R3）	148	—	99
Sambung 1（R3）	—	—	106
Sambung 3（R3）	—	—	107
Sambung 4（R3）	—	—	95
Ngandong 1（R3）	141	—	98
Ngandong 6（R3）	144	—	99
Ngandong 7（R3）	140	—	103
Ngandong 10（R3）	—	—	105
Ngandong 11（R3）	138	—	95
Ngandong 12（R3）	146	—	100
Zuttiyeh（R3）	141	—	—
KNM-ER 1470（R1）	140	—	—
KNM-ER 1813（R1）	139	—	114?
KNM-ER 3733（R1）	139	—	103
KNM-ER 3883（R1）	140	—	101
KNM-ER 42700（R3）	134	—	114
KNM-WT 15000（R3）	—	—	118
Daka（R3）	141	—	107
Bodo（R3）	139	—	—
Kabwe（R3）	140	—	—
Eliye Springs（B）	133.2	136.9	105.9
欧洲、非洲和西亚中更新世人 Middle Pleistocene humans of European, African and West Asian（S）			
平均值±标准差（例数）	138.9±5.1（10）	—	—
Ceprano	(138)	—	—
Atapuerca SH 2	—	(147)	—
Atapuerca SH 3	—	150.5	—
Atapuerca SH 4	139.8	145.7	106.5
Atapuerca SH 5	144.7	143	113.9
Atapuerca SH 5（R3）	145	—	114
Atapuerca SH 6	145.8	144	126.1
Atapuerca SH 8	—	145.7	—
Atapuerca SH OccIV	—	—	(113.9)

	额骨角 Frontal angle (FRA) M32(5)	顶骨角 Parietal angle (PAA) M33e	枕骨角 Occipital angle (OCA) M33d
Petralona（R3）	140	—	—
欧洲、近东尼人 European and Near Eastern Neanderthals（S）			
平均值±标准差（例数）	141.7±4.0（10）	—	—
Šal'a（S）	138	—	—
晚旧石器时代早期人 Early Upper Paleolithic humans（S）			
平均值±标准差（例数）	128.1±4.1（21）	—	—

资料来源：

北京和南京的直立人均由笔者按照 Howells（1973）的方法分别在 Weidenreich（1943）、Black（1930）和吴汝康等（2002）的正中矢状图上测量；Atapuerca SH 据 Arsuaga 等（1997）；Ceprano 据 Ascenzi 等（2000）。

注明（B）者据 Bräuer 和 Leakey（1986）。

注明（R1）者据 Rightmire 等（2006）。

注明（R2）者据 Rightmire 等（2017）。

注明（R3）者据 Rightmire（2013）。

注明（S）者据 Sládek 等（2002），在该文内中更新世人（Middle Pleistocene humans, MPH）的标本包括 Atapuerca SH 4, 5，Broken Hill 1，Ehringsdorf 9，Florisbad 1，Irhoud 1, 2，Petrolona 1，Zuttiyeh 1，笔者在本表翻译为欧洲、非洲和西亚中更新世人；欧洲、近东尼人（Neanderthals）的标本包括 Amud 1，La Chapelle-aux-Saint 1，Feldhofer 1，La Ferrassie 1，Forbes' Quarry 1，Guattari 1，Krapina 3, 4, 5，La Quina 5，Saccopastore 1，Shanidar 1, 5，Spy 1, 2，Tabun 1；晚旧石器时代早期人（Early Upper Paleolithic humans, EUPH）的标本包括 Cro Magnon 1, 2, 3，Dolni Věstonice 3.13, 14, 15, 16，Mladeč 1, 2, 5，Nahal Ein Gev 1，Pataid 1，Pavlov 1，Předmosti 1, 3, 4, 5, 7, 9, 10，Zlaty Kun-Koneprusy 1。

从表 19 各种化石的数据看，非洲早更新世化石额骨角比 Dmanisi 的小。北京直立人与欧洲中更新世人 Atapuerca SH 额骨角的变异范围大部重叠，而南京直立人的则角度小得多，或者说欧洲中更新世人变异范围与中国直立人的上部重叠。额骨角从欧洲中更新世人到尼人可能没有大的变化，到晚旧石器时代早期人，有显著变小的趋势。

顶骨角在中国的和欧洲中更新世标本间似乎没有显著差异。

Dmanisi 和 Sangiran 的枕骨角的变异范围分别相当于非洲早更新世人变异范围的上部和下部。中国的直立人枕骨角变异范围上部与欧洲中更新世人变异范围下部有少许重叠，中国的总体上比欧洲的小。爪哇早、中、晚更新世人都没有超出此范围。Dmanisi 比所有这些东部亚洲的标本的枕骨角都大，相当于非洲早更新世人变异范围的上部。而非洲早更新世人变异范围的上部与 Atapuerca SH 的下部重叠。枕骨角由早更新世人到欧洲的中更新世人可能有由小变大的趋势，在东南亚由早更新世经过中更新世到晚更新世早期似乎变化不大。

大荔额骨角（128°）比南京直立人的（125°）稍大，在中国直立人的变异范围内，接近其下端，比北京直立人和欧洲中更新世的都小得多，与晚旧石器时代早期人的平均值十分接近，比资阳（130°）还稍小。此角在直立人中的变异范围颇大。

大荔顶骨角与中国直立人变异范围的下限持平，在欧洲中更新世标本变异范围的中部。枕骨角顶位于正中矢状轮廓线上，是距离枕骨矢状弦最远的点，或最向后突出点。大荔颅骨枕骨角顶的位置在颅后点稍下方处。这与全世界绝大多数中更新世颅骨一致。大荔的枕骨角接近中国的直立人的变异范围的最下端，比北京直立人 XII 只大 1°，而比欧洲中更新世人的最低值小得多，可以说具有比较浓厚的当时东部亚洲人的特色。大荔颅骨是所有已知化石中枕骨角最低的极少数化石之一。

表 20　枕部曲度角
表 20　枕部曲度角

Table 20　Angles of the occipital curvature

	枕骨上鳞与 g-i 夹角 angle g-i-l M33(1b)	枕骨下鳞与 g-i 夹角 angle g-i-o M33(2b)	颅后角 angle l-i-o M33(4)
大荔 Dali	82	21	105
北京直立人 ZKD III	65	(40)	106
北京直立人 ZKD X	68	(38)	104?
北京直立人 ZKD XI	57	(44)	105
北京直立人 ZKD XII	61	37	98
南京直立人 Nanjing 1	(57)	(49)	(106)
爪哇 Trinil 直立人 I	(62)	—	(108)
爪哇直立人 Pithecanthropus II	(62.5)	—	103
Amud 1(S)	80	(47)	(127)
Shanidar(模型 cast)(S)	81	39	120
Tabun 1(S)	74	—	120
Skhul 5(S)	71	—	115
Kabwe(S)	68	—	99
Atapuerca SH 4	—	—	110.5*, 112.9#
Atapuerca SH 5	—	—	116.3*, 116.5#
Atapuerca SH 6	—	—	129.1*
Steinheim(S)	—	—	108–109
Ehringsdorf(S)	63	—	107
Gibraltar(S)	66	31	97
La Chapelle(S)	68.5	44.5	113
Spy I(S)	68	54	122
Spy II(S)	69	53	122
Neanderthal(S)	66.5	51.5	118
La Quina(S)	59	—	—
Le Moustier(S)	—	—	124
现代人 Modern man(S)	80.2–88.6	31–40	117–127.3

资料来源：

北京直立人和爪哇 Trinil 直立人的枕骨上鳞与 g-i 夹角[M33(1b)]和颅后角[M33(4)]据 Weidenreich (1943)；北京直立人枕骨下鳞与 g-i 夹角[M33(2b)]据笔者分别在 Black (1930) 和 Weidenreich(1943) 正中矢状轮廓图上测量；南京直立人为笔者在吴汝康等(2002)正中矢状轮廓图上测得；在 Atapuerca SH 的数据中，带*者引自 Arsuaga 等(1997)，带#者引自 Arsuaga 等(1993)。

注明(S)的数据引自 Suzuki (1970)。

从表 20 数据可以看出，从中更新世经过晚更新世到现代，枕骨上鳞与 g-i 夹角(∠g-i-l)似乎有增大的趋势。中东的 3 件尼人标本此角都比欧洲尼人的大得多，两者的变异范围之间有相当大的距离，可能表明有比较明显的地区差异。Ehringsdorf 和爪哇直立人的这个角恰在北京直立人 III 和 XII 之间，南京直立人此角与北京直立人 XI 此角相等，都很小。大荔颅骨此角比中国的直立人和 Kabwe、Ehringsdorf 以及欧洲尼人的都大很多，比中东尼人稍大，在现代人变异范围的下部。这种情况可能意味着大荔的这个角表现得比较进步。

中国直立人的枕骨下鳞与 g-i 夹角(∠g-i-o)的数据与尼人变异范围的中部重叠，现代人变异范围相当于尼人范围的下部，中国直立人变异范围的下部与现代人范围的上部重叠，可能意味着此角在进化中没有特别的意义，而大荔的数据比表20列举的任何标本都小很多，有无特别意义尚待探讨。

颅后角（∠l-i-o）虽然测量点只涉及枕骨，但是为便于与枕部其他角度比较还是放在此处。中东尼人颅后角（∠l-i-o）变异范围与欧洲尼人的上部重叠，而大荔颅骨在中国直立人变异范围的上部，比欧洲中更新世人的最低值稍小，比 Kabwe 大，在尼人变异范围的下部，比现代人的最低值小得多。

直立人的颅后点（op）与枕外隆凸点（i）往往被认为同一位置，从而其颅后角（∠l-i-o）与枕骨曲角（∠l-op-o）同值，而在大荔颅骨则两者显然不在同一位置，所以还可以测量枕骨曲角（∠l-op-o）在大荔为 98°；郧县 Yunxian EV 9002 为 88°（L，据 de Lumley et al., 2008，下同），郧县（三维复原）Yunxian (3-D reconst.)为 90°（L）；北京 ZKD III（W，据 Weidenreich, 1943，下同）为 106，北京 ZKD III（L）为 108°，北京 ZKD X（W）为 104°?，北京 ZKD X（L）为 108，北京 ZKD XI（W）为 105°，北京 ZKD XI（L）为 108°，北京 ZKD XII（W）为 98°，北京 ZKD XII（L）为 103°；南京直立人为 108°［笔者在吴汝康等（2002）的正中矢状轮廓图上测得］；Sangiran 4 为 102°（L），Sangiran 2 为 103°（L），Sangiran 17 为 99°（L）；Ngandong 1 为 101°（L），Ngandong 6 为 100°（L），Ngandong 7 为 103°（L），Ngandong 10 为 101°（L），Ngandong 11 为 98°（L），Ngandong 12 为 102°（L）；Petralona 为 106°（L）；现代人 20 例为 133°（128°–138°）（L）。

Sangiran、Ngandong 和 Petralona 的枕骨曲角都没有超出北京直立人的变异范围。大荔的枕骨曲角与北京直立人最低值相等，而现代人的枕骨曲角比所有这些古人类的都大出很多。

表 21　面骨深度、颅底长和两项比值

Table 21　Basion-prosthion chord, basion-nasion chord and two ratios

	面骨深度	颅底长	比值 Ratios	
	ba-pr　M40	ba-n　M5	M5/M40	M40/M1
大荔 Dali	(105)	107.7	102.6	50.8
郧县 Yunxian（复原 reconst.）(L)	127	126	99.2	61.0
山顶洞 Upper Cave 101	106.2	111	104.5	52.1
山顶洞 Upper Cave 102	113.6	116	102.1	58.0
山顶洞 Upper Cave 103	109.3	108.5	99.3	59.9
柳江 Liujiang	100.0	103.5	103.5	52.8
Dmanisi D 2700 (R2)	100?	92	92?	64.5
Dmanisi D 2700 (Wo)	106.5	92	86.4	64.5
Dmanisi D 4500 (R4)	126.7	97	76.6	75.0
Sangiran 17 (R1)	129?	115	89.1	62.3 (R1), 63.2 (K)
Sangiran 17 (L)	136	112.4	82.6	67.3 (L)
Ngawi (R3)	—	98	—	—
Sambung 4 (R3)	—	111	—	—
Ngandong 7 (R3)	—	111	—	—
Ngandong 12 (R3)	—	113	—	—
KNM-ER 1813 (R2)	94?	82?	—	64.8?
KNM-ER 3733 (R2)	118	107	90.7	65.5 (K), 66.2 (L)
KNM-ER 3883 (R2)	—	102	—	—
OH 9 (R3)	—	119	—	—
Daka (R3)	—	95.5	—	—
Bodo (R1)	121?	107?	88.4	—

	面骨深度 ba-pr M40	颅底长 ba-n M5	比值 Ratios	
			M5/M40	M40/M1
Bodo（L）	118	—	—	—
Kabwe（R1）	116	108	93.1	56.3（K），55.2（S）
Kabwe（L）	117.5	—	—	57.0
Ndutu（R1）	—	105?	—	—
Arago 21（复原 reconst.）（L）	（133）	110.5	83.1	66.8（L）
Atapuerca SH 4（A）	—	108.6	—	—
Atapuerca SH 5（A）	121.2	109	89.9	65.5
Atapuerca SH 5（L）	115	101	87.8	63.9（L）
Atapuerca SH 6（A）	—	104	—	—
Petralona（R1）	116	110	94.8	55.9（K）
Petralona（S）	121.0*，118.8#	（110.5）	91.3*，93.0#	57.9*，56.8#
Petralona（L）	119	106	89.1	57.2（K）
现代人（60 例平均）Modern man av.（L）	97.2	98.9	101.7	—

资料来源：

山顶洞据吴新智（1961）；柳江据吴汝康（1959）。

注明（A）者据 Arsuaga 等（1997）。

注明（L）者据 de Lumley 等（2008）。

注明（R1）者据 Rightmire（1996）。

注明（R2）者据 Rightmire 等（2006）。

注明（R3）者据 Rightmire（2013）。

注明（R4）者据 Rightmire 等（2017）。

注明（S）者据 Stringer 等（1979）；带*和#者分别是根据 Stringer 和 Clark Howell 测量的数据。

M40/M1 的分子（面骨深度）的数据来源注明于该标本的名称后面；当分母（颅长）的数据来源与分子不同时，将分母来源注明于该比值数字的后面，以（K）、（L）和（S）分别表示据 Kennedy 等（1991）、de Lumley 等（2008）和 Suzuki（1970）。

表 21 显示，Dmanisi 面骨深度（ba-pr）与非洲早更新世人变异范围重叠，两组人都比 Sangiran 的小得多。Arago 复原颅骨的面骨深度与欧洲中更新世其他颅骨相比异常地大，可能是复原工作中有问题，也可能因为它属于直立人。如果排除这个异常的数据，则欧洲与非洲中更新世人的变异范围几乎完全重叠。大荔面骨深度比欧洲和非洲中更新世人的最低值都短得多，较为接近现代人，大荔的数值在中国的早期现代人变异范围中部。

Dmanisi 颅底长（ba-n）在非洲早更新世人的变异范围中下部，前者的最大值比 Sangiran 的最小值小得多。非洲和欧洲中更新世人变异范围都不超出早更新世人范围，与中国早期现代人的范围大部重叠。大荔颅底长既相当于欧洲中更新世人变异范围的中部，也相当于中国早期现代人变异范围的下部。

Rightmire 提供的 KNM-ER 3733 的颅底长与面骨深度比值（M5/M40）与他提供的 Sangiran 17 的数值接近，落在非洲中更新世人变异范围和欧洲中更新世人变异范围的中部。中国早期现代人的最低值比非洲和欧洲中更新世人的最高值都大得多，而与现代人的平均值很接近。综合考虑，这项特征在旧大陆西部早更新世与中更新世人之间可能没有多大变化，而到现代人则显然有所变大。大荔颅骨的这个比值比表 21 列举的所有早更新世人和非洲、欧洲中更新世人都大得多，进入中国早期现代人变异范围，比其最低值稍高，接近现代人的平均值。大荔颅骨所代表的古人群与现代人这项特征的形成的关系比非洲和欧洲中更新世人更密切。

Dmanisi D 2700 和 Sangiran 17 的面骨深度与颅长比值（M40/M1）可能与非洲早更新世人不相上下。它们相当于欧洲中更新世人变异范围的上部。Kabwe 的数值比这些都小得多，落在欧洲中更新世人变异范围的下部。中国的早期现代人变异范围的上部与欧洲中更新世人范围的下部重叠。综合表 21 数据可以看出，这项比值由中更新世到现代可能有变小的趋势。大荔颅骨这项比值比包括中国早期现代人在内的表 21 列举的所有中国和外国的化石颅骨都小，可能反映其与现代人接近，对现代人这项特征的形成做出的贡献比非洲和欧洲中更新世人更大。

表 22　面颅的几项测量
Table 22　Several measurements of facial skeleton

	颅侧长 au-fmo	颧弓长 au-ju	比值 Ratio au-ju/au-fmo	颧上颌缝长 Z-M suture length
大荔 Dali	81	61	75.3	33
南京直立人 Nanjing	(90)	(73)	81.1	30
北京直立人复原头骨 ZKD reconst.	(81)	(62)	76.5	(30)
山顶洞 Upper Cave 101 左 lt	85	66	77.6	—
右 rt	83	63	75.9	—
山顶洞 Upper Cave 102 左 lt	75	58	77.3	—
右 rt	77	—	—	—
山顶洞 Upper Cave 103 左 lt	84	61	72.6	—
右 rt	87	68	78.2	—
柳江 Liujiang 左 lt	81	64	79.0	—
右 rt	81	58	71.6	—
Petralona	78.4	58.9	75.1	44.4
Steinheim	69.6	60.5	86.9	33.7
Gibraltar	79.8	63.9	80.1	27.2
Saccopastore 1	76.6	—	—	33.5
Tabun 1	84.3	—	—	—
Krapina C	78.9	61.0	77.3	30.1
La Quina 5	80.3	65.5	81.6	29.6

资料来源：

中国标本据笔者；外国标本据 Wolpoff（1980）。

表 22 的资料对比显示，就颧弓长和颅侧长比值（au-ju/au-fmo）而言，大荔颅骨的数值与 Tattersall 和 Sawyer 1996 年发表的北京直立人复原头骨和 Petralona 都很接近，而且在中国早期现代人颅骨的变异范围的中部。南京复原头骨的这个比值比北京直立人的大得多，也比中国早期现代人的大。中国直立人 au-ju/au-fmo 比值的变异范围介于 Petralona 与 Steinheim 之间，尼人也介于这两者之间。

大荔颅骨的颧上颌缝长与南京直立人、北京直立人、Steinheim 和尼人最大值都接近，比 Petralona 的小得多。考虑到大荔颅骨的总体尺寸与 Petralona 接近，而比 Steinheim 大得多，因此大荔的颧上颌缝长可能比欧洲中更新世人的短，相比之下可能与中国的直立人更接近，但是南京颅骨的总体尺寸比大荔颅骨小得多。

表 23　上面部扁平度的测量

Table 23　Measurements showing flatness of upper face

	两额宽 Bifrontal breadth (FMB) fm:a-fm:a　M43a	鼻额矢高 Nasio-frontal subtense (NAS) M43b	指数 Index M43b/M43a
大荔 Dali	114	18.8	16.5
北京直立人 ZKD XII	(104)	(19)	18.3
南京直立人 Nanjing	(96)	(13.3)	13.9
和县直立人 Hexian	(101)	(16)	15.8
山顶洞 Upper Cave 101	109	14	12.8
山顶洞 Upper Cave 102	105	25	23.8
山顶洞 Upper Cave 103	110	20	18.2
柳江 Liujiang	102	17	16.7
资阳 Ziyang	110	15	13.6
Atapuerca SH 4	115	22	19.1
Atapuerca SH 5	112	22	19.6
Atapuerca SH 6	103.5	20	19.3
Petralona（SH）	127.0	22.0	17.3
欧洲、非洲和西亚中更新世人 Middle Pleistocene humans of Europe, Africa and West Asia（S）			
平均值±标准差（例数）	114.7±8.5（6）	22.0±3.6（6）	—
欧洲、近东尼人 European and Near Eastern Neanderthals（S）			
平均值±标准差（例数）	113.8±4.3（6）	25.1±2.9（5）	—
Šal'a（S）	108	21	19.4
晚旧石器时代早期人 Early Upper Paleolithic humans（S）			
平均值±标准差（例数）	102.5±5.3（10）	17.9±3.9（8）	—
欧洲现代人 Moderns in Europe ♂	98.13—99.59	18.25—18.80	
♀	94.60—95.04	16.49—17.62	
黄种人 Mongoloids ♂	96.13—101.56	14.85—17.50	
♀	91.11—95.67	14.30—16.30	
非洲黑人 Black in Africa ♂	97.27—101.98	16.19—18.79	
♀	93.90—97.89	15.41—17.12	

资料来源：

中国标本均据笔者，其中南京直立人和山顶洞标本均据模型；Atapuerca SH 据 Arsuaga 等（1997）；Petralona 据 Stringer 等（1979）。

欧洲现代人、黄种人和非洲黑人均据 Howells（1973），其中欧洲现代人包括 Norse、Zalavar 和 Berg；黄种人包括 Buriat、Eskimo、Arakara 和 Peru；非洲黑人包括东非肯尼亚的 Teita、西非马里的 Dogon 和南非的 Zulu。

注明（S）者据 Sládek 等（2002），其各组人群所包括的标本名单参见本书表 19 的注释。

不同作者有时对同一测量项目使用不同的名称，中文直译名称必然不同。为避免引起不必要的困扰，笔者愿在此稍加说明。Martin《人类学教科书》（1988 年版）M43a，fm:a-fm:a 的德文名称是 Vordere Obergesichtsbreite（中文翻译应为前上面宽），英文为 bifrontal breadth 或 FMB；该书将 M43b 德文称为 Nasio-Frontal-Lot（鼻额矢高），英文称为 nasio-frontal subtense 或 NAS，与 M43a 配套计算指数；Arsuaga 等（1997）将 Martin 43a 或 FMB 称为 Internal biorbital breadth，很容易与 M43(1)(fmo-fmo)引起混淆，Martin《人类学教科书》（1988 年版）将 M43(1)用德文称为 Innere orbitale Gesichtsbreite（与 M43 的 fmt-fmt 即 ässere orbitale Gesichtsbreite 相对）或 innere Biorbitalbreite，英文称 inner biorbital breadth，或

IOW，将 M43c（德文称为 Nasio-Biorbital-Lot，英文称为 subtense IOW）与 M43(1)（即 IOW）配套计算指数。Sládek 等（2002）对这些项目的称谓与 Martin《人类学教科书》一致。附带说一下，Howells（1973）和 Martin《人类学教科书》（1988 年版）都将 fm:a-fm:a 称为 bifrontal breadth，FMB（两额宽），Rightmire 等（2006, pp. 115–141, 117）将 FMB 称为 biorbital chord（两眶弦），他们叙述的测量方法是"在颧额缝的最前点测量上面宽"，应该就是 fm:a-fm:a。

　　表 23 显示，中国直立人的两额宽比除柳江以外的中国早期现代人小。大荔颅骨的这个数值比中国的直立人大得多，比中国早期现代人稍大，比欧洲早期现代人和近代人都大，却很接近欧洲、非洲、西亚中更新世人和尼人的平均值。欧洲、非洲、西亚中更新世人类的两额宽与尼人差异不大，而比旧大陆西部早期现代人显然较宽，比中国早期现代人总体上可能较宽。这个测径在欧洲从中更新世经过晚更新世到近代似乎有变短的趋势，在中国从大荔颅骨所代表的古人群到晚更新世人的变化趋势与此相同，而中国早期现代人的这项测径似乎比直立人还要大些，这可能反映大荔古人群对中国早期现代人的这项特征的形成做出过比中国直立人更大的贡献。也许更多新发现的标本可能改变这样的猜想。中国早期现代人的这个测径似乎比欧洲早期现代人的略大。从中国早期现代人到黄种人这个测径显然变小，从欧洲晚旧石器时代早期人到欧洲现代人也略微变小。现在这个测径的地区间差异似乎比更新世时进一步变小。

　　Sládek 等没有给出欧洲、非洲、西亚中更新世人和尼人以及晚旧石器时代早期人的鼻额矢高与两额宽形成的指数的具体数值，但是笔者以他们给出的这三组化石的鼻额矢高平均值除以两额宽的平均值，分别得出三组的比值接近 19.2、22.1 和 17.5。这些数据与根据每个标本的原始测量数据计算出的各类人的指数的平均值虽然不会完全相同，但是一般说来会相当接近。似乎可以推测，尼人上面部向前突出的程度相当大，晚旧石器时代人则比尼人较欠突出，欧洲、非洲、西亚中更新世人居于其间。可以合理地推测，在更新世中期，中国标本的鼻额矢高与两额宽的比值比欧洲为小，即上面部更加扁塌。中国现有的早期现代人化石这个比值的平均值是 17.0，在现有的中国直立人的指数变异范围内，比欧洲、非洲、西亚中更新世人稍低。大荔颅骨的这个指数比欧洲、非洲、西亚中更新世人的小，而与中国的化石人类更加接近。旧大陆西部晚旧石器时代早期人接近大荔颅骨的程度比接近欧洲、非洲、西亚的中更新世人和尼人的程度更大。这似乎不能排除旧大陆西部早期现代人的这个特征可能包含类似大荔的古人群的贡献，或许大荔中更新世人比西方中更新世人的贡献更大。

　　虽然 Howells（1973）没有给出三大洲现代人 NAS 与 FMB 的比值，但是从这两项的平均数值可以显示在颜面的这个部分似乎以黄种人为最扁，现代欧洲人比较向前突出，黑人居于其间。纵观上述资料，是否意味着晚更新世欧洲早期现代人突出上面部的基因来源与本土的前辈关系更密切。

表 24　两眶宽和两颧后宽

Table 24　Biorbital breadth and bijugal breadth

	两眶宽 Biorbital breadth　EKB ek-ek　M44	两颧后宽 Bijugal breadth ju-ju　M45(1)		两眶宽 Biorbital breadth　EKB ek-ek　M44	两颧后宽 Bijugal breadth ju-ju　M45(1)
大荔 Dali	111	126.5?	山顶洞 Upper Cave 103	107	128
北京直立人 ZKD XII	(98)	(122)	柳江 Liujiang	100	120
南京直立人 Nanjing 1	94?	116?	Atapuerca SH 5	113	131.5
山顶洞 Upper Cave 101	108	127	Atapuerca SH 6	100	108
山顶洞 Upper Cave 102	103	—	Petralona	124	141.0

资料来源：

　　Atapuerca 据 Arsuaga 等（1997）；Petralona 据 Stringer 等（1979）；其余均据笔者。

表 24 显示，中国直立人的两眶宽比欧洲中更新世人的短。大荔的两眶宽和 Atapuerca SH 接近，远大于中国直立人，可能反映与欧洲的遗传联系，也可能是其进步性的体现。但是中国直立人、中国早期现代人和欧洲中更新世人这三组，特别是中更新世人的标本都很少。上述认识还有待于更多化石来检验。

Atapuerca SH 的两颧后宽变异范围相当大，中国的直立人、早期现代人和大荔标本都没有超出这个范围。这个指标可能没有演化上的意义。

表 25　上面高和面宽及指数

Table 25　Upper facial height, breadth and upper facial index

	上面高 Upper facial height n-pr M48	面宽 Bizygomatic breadth zy-zy M45	上面高指数 Upper facial index M48/M45
大荔 Dali（复原 reconst.）	(75)	(141)	(53.2)
郧县 Yunxian EV 9001（L）	77	—	—
郧县 Yunxian EV 9002（L）	(78.5)	(156.5)	(50.2)
郧县 Yunxian（复原 reconst.）（L）	88	(140)	(62.9)
北京直立人（复原）ZKD XII reconst.	(78)	(143)	(54.5)
南京直立人（复原）Nanjing 1 reconst.	(71.9)	(144)	(49.9)
金牛山 Jinniushan	74.2	148.0	50.1
山顶洞 Upper Cave 101	77	143	53.8
山顶洞 Upper Cave 102	69	131	52.7
山顶洞 Upper Cave 103	68.5	137	50.0
柳江 Liujiang	65.9	136	48.5
港川 Minatogawa I（S2）	63	144	43.8
港川 Minatogawa IV（S2）	(58)	(132)	(43.9)
Sangiran 17（L）	74.5	(151)	(49.3)
Amud 1（S1）	89	149	59.7
Shanidar（S1）	91	144	63.2
Tabun 1（S1）	79	(130)	(60.8)
Skhul 4（S1）	(79)	(160)	(49.4)
Skhul 5（S1）	73	145	50.3
Skhul 9（S1）	(74)	140	(52.9)
Qafzeh 6（S1）	70	145	48.3
Bodo（C）	88	158	55.7
Bodo（L）	88	—	—
Kabwe（L）	92.7	145	63.9
Kabwe（S1）	95.2	(147)	(64.8)
Jebel Irhoud 1（S1）	84	155	54.2
Gran Dolina	—	(115)	—
Atapuerca SH 5（A）	85	144	59.0
Atapuerca SH 5（L）	82	141	58.2
Arago（L）	81	(154)	(52.6)

	上面高 Upper facial height n-pr M48	面宽 Bizygomatic breadth zy-zy M45	上面高指数 Upper facial index M48/M45
Petralona (L)	95.5	(156)	(61.2)
Petralona (S1)	89	161	55.3
Petralona (SH)	94.0[*], 92.5[#]	(160.0)	58.8[*], 57.8[#]
Steinheim (S1)	74–75	132	56.1–56.8
Gibraltar (S1)	78.5	134	58.6
Saccopastore 1 (S1)	86	—	—
Saccopastore 2 (S1)	87	140	62.1
Monte Circeo (S1)	(87)	(147)	59.2
La Chapelle (S1)	86	153	56.2
La Quina (S1)	—	126	—
La Ferrassie (S1)	90	149	60.4
Le Moustier (S1)	80	145–150	55.2–53.3
Předmostí 3 (S1)	76	142	53.5
Předmostí 4 (S1)	64	(136)	47.1
Předmostí 9 (S1)	67	135	49.6
Combe-Capelle (S1)	70	130	53.8
Oberkassel ♂ (S1)	72	153	47.1
Oberkassel ♀ (S1)	67	124	54.0
Cro Magnon 1 (S1)	69	142	48.6
Afalou (平均 average) (S1)	67.5	141.6	47.7
Taforalt (平均 average) (S1)	68.6	147.4	46.5
现代人 Modern man (S)	60.2–77.0	121.3–145	—
现代人 (60 例) Modern man (L)	68.8	131.6	52.3

资料来源：

南京 1 据吴汝康等（2002）；金牛山据吴汝康（1988）；柳江据吴汝康（1959）；山顶洞据吴新智（1961）；Gran Dolina 据 Arsuaga 等（1999）。

注明（A）者据 Arsuaga 等（1997）。

注明（C）者据 Conroy 等（1978）。

注明（L）者引自 de Lumley 等（2008）。

注明（S1）者的上面高和面宽的数据引自 Suzuki（1970），上面高指数的数据是笔者根据 Suzuki（1970）的数据计算所得，其中 Le Moustier 的指数与 Suzuki 原作 157 页所印（55.2–60）不一致；Petralona 的指数也与 Suzuki 原作所印（52.27）不同。

注明（S2）者据 Suzuki（1982）。

注明（SH）者据 Stringer 等（1979），其中带*和#的数据分别根据 Stringer 和 Clark Howell 的测量数据。

　　虽然大荔颅骨颜面下部被压挤移位和变形，但是没有严重破损，可以进行比较可信的复原和测量。表 25 显示，中国早期现代人上面高比港川的长得多，总体上比郧县颅骨和中国直立人的短。大荔的上面高与金牛山很接近，比北京直立人复原颅骨稍短，比南京直立人复原颅骨稍长，而考虑到两者体量的差异，似乎可以认为上面高与中国直立人接近。大荔复原头骨的上面高比欧洲大多数中更新世人短得多，只与 Steinheim 接近，但是后者整体上比大荔颅骨小得多。非洲 Bodo 和 Kabwe 以及晚一些的 Jebel Irhoud 1 的上面高都比大荔的长得多。因此就上面高而言，大荔更接近中国中更新世人，而比一般被归为海德堡人的欧洲和非洲中更新世人短得多。

中国早期现代人的面宽变异范围上部与中国中更新世人范围和欧洲中更新世人范围都重叠，总体上可能较短，比 Bodo、Kabwe 和 Jebel Irhoud 1 短。大荔颅骨的面宽比北京和南京的直立人复原颅骨都稍短，比金牛山化石短得多。

欧洲尼人与非洲和欧洲中更新世人的上面高指数变异范围都有大幅度重叠。他们总体上比中国中更新世人的和中国与日本的早期现代人都高。大荔的上面高指数没有超出中国其他中更新世人和郧县的变异范围，比 Kabwe 和除 Arago 复原头骨以外的绝大多数欧洲中更新世人和 de Lumley 等（2008）复原的郧县头骨小得多，比 de Lumley 复原的 Arago 稍大，这两个由同一主要作者负责复原的头骨都与各自所在地区的人类化石很不合拍，不知有何含义。大荔的指数与郧县 EV 9002、北京直立人 XII 复原模型、中国早期现代人、Skhul 9、Jebel Irhoud 1 接近。中国中更新世人数据大多没有超出中国早期现代人的变异范围，而中国早期现代人的最高值比除 Arago 复原头骨以外的欧洲和非洲中更新世人的最低值小。欧洲早期现代人的上面高指数变异范围与中国早期现代人范围的中上部大幅度重叠，并且涵盖中国中更新世人的范围，却比 Kabwe 和 Bodo 的小，比欧洲中更新世人的小得多，如果排除 Arago 的复原头骨，则两者的变异范围之间没有重叠。这样的分布格局似乎提示，欧洲早期现代人的上面高指数都比中更新世人小，中国早期现代人的指数大多比大荔的小，可能意味着这个指数有变小的趋势。还值得关注的是，中国和欧洲早期现代人上面高指数非常接近，与大荔和 Jebel Irhoud 1 也接近。主流的解释是欧洲和东亚的早期现代人具有同一个近期来源(非洲早期现代人)，但是考虑到这两组早期现代人的上面高指数与中国中更新世人变异范围大幅度重叠，却比欧洲、非洲除 Jebel Irhoud 1 以外的中更新世人的数据小得多，似乎也不应该拒绝考虑东亚和欧洲早期现代人的这项特征的形成都可能与东亚中更新世人的贡献有关系。

表 26　上面宽和两眶之间的距离

Table 26　Upper facial breadth and distances between orbits

	上面宽 Upper facial br. fmt-fmt　M43	眶间宽 Interorbital br. d-d　M49a　DKB	眶间前宽 Ant. interorbital br. mf-mf　M50
大荔 Dali	121	26	21.5
北京直立人 ZKD XII	(114.5)	25	21
南京直立人 Nanjing 1	(107)	20	17
山顶洞 Upper Cave 101	122	19.1	19.1
山顶洞 Upper Cave 102	113	21	21.0
山顶洞 Upper Cave 103	100	20.5	20.5
柳江 Liujiang	107	21.2	21.2
欧洲、非洲和西亚中更新世人 Middle Pleistocene humans of Europe, Africa and West Asia			
平均值±标准差(例数)	123.0±10.4(4)	32.9±3.6(6)	29.5±2.2(5)
尼人 Neanderthals			
平均值±标准差(例数)	119.7±3.8(8)	28.5±8.0(4)	24.2±7.5(5)
Šal'a	115	31	30
晚旧石器时代早期人 Early Upper Paleolithic Humans			
平均值±标准差(例数)	109.7±4.6(10)	25.33±3.98(6)	23.4±2.9(7)

资料来源：

欧洲、非洲和西亚中更新世人，以及尼人和晚旧石器时代人据 Sládek 等(2002)，其中各组所包括的标本名单见本书的表 19；其余均据笔者。

表 26 显示，根据欧洲、非洲和西亚中更新世人与欧洲和西亚尼人以及晚旧石器时代早期现代人的比较，上面宽（两眶外宽）、眶间宽与眶间前宽由中更新世到晚更新世似乎都有变短的趋势。而在中国，可能由于标本太少，却看不出这样的趋势。大荔颅骨上面宽与欧洲、非洲和西亚的中更新世人类平均值的差距和与尼人平均值的差距都不大，介于两者之间，比北京与南京的直立人长得多，表现得更接近欧洲、非洲和西亚中更新世人，而与中国的直立人差距较大。大荔的上面宽虽然与山顶洞 101 号颅骨很接近，但是比欧洲和中国大多数早期现代人都大得多。

大荔颅骨的眶间宽比欧洲、非洲和西亚中更新世人短得多，而与晚旧石器时代早期人接近。大荔的眶间宽比尼人稍短，虽然比中国的直立人和早期现代人稍大，但可能仍然意味着大荔颅骨在这方面比较进步。东亚各个时代人的眶间宽都较西方同时代人的为短，大荔可能具有较强的东亚性质。

大荔颅骨的眶间前宽(mf-mf)比欧洲、非洲和西亚的中更新世人类短得多，与北京直立人和中国早期现代人比较接近，也显示较强的东亚性质。

Gran Dolina 估计为 10 到 11 岁半儿童的眶间宽为 25 毫米 (据 Arsuaga et al., 1999)，与中国中更新世人接近，但是其成年人的数据应该更大，可能与欧洲、西亚中更新世人更接近。

表 27　眶间宽和两额宽及比值
Table 27　Interorbital breadth, bifrontal breadth and ratio

	眶间宽 Interorbital breadth d-d　M49a　DKB	两额宽 Bifrontal breadth fm:a-fm:a　M43a　FMB	比值 Ratio DKB/FMB
大荔 Dali	26	114	22.8
北京直立人 ZKD XII	25	(104)	24.0
南京直立人 Nanjing 1	20	(96)	20.8
马坝 Maba	26	(100)	26
山顶洞 Upper Cave 101	19.1	109	17.5
山顶洞 Upper Cave 103	21	110	19.1
柳江 Liujiang	21.2	102	20.8
Kabwe	28	124	22.6
Arago	21	110	19.1
Petralona	36.4	127	28.7
Atapuerca SH 4	(38)	115	33.0
Atapuerca SH 5	33	112	29.5
欧洲、非洲和西亚中更新世人 Middle Pleistocene humans of Europe, Africa and West Asia（S）			
平均值±标准差（例数）	32.9±3.6(6)	114.7±8.5(6)	—
欧洲、近东尼人 European and Near Eastern Neanderthals（S）			
平均值±标准差（例数）	28.5±8.0(4)	113.8±4.3(6)	—
Šal'a（S）	31	108	28.7
晚旧石器时代早期人 Early Upper Paleolithic humans（S）			
平均值±标准差（例数）	26.33±3.98(6)	102.5±5.3(10)	—

资料来源：

Atapuerca 据 Arsuaga 等 (1997)；Petralona 据 Stringer 等 (1979)，在该文 237 页有 Interorbital breadth 为 36.4，还有 Bifrontal chord 的数据，127.0，笔者将其作为 Bifrontal breadth，笔者将之计算出比值 28.7 如本表所示。为了核对笔者如此理解是否正确，笔者在模型上测量 d-d 和 fm:a-fm:a 分别得 36 毫米和 124 毫米，计算比值得 29.0，与本表所列的 28.7 几乎相等。

柳江据笔者，北京直立人、南京直立人、马坝、山顶洞、Arago、Kabwe 均是笔者据模型测量。

注明（S）者据 Sládek 等 (2002)，其各组人群所包括的标本名单参见本书表 19。

表 27 显示，就眶间宽的绝对值而言，南京直立人与 Arago 和中国早期现代人相近，大荔与马坝、Kabwe 和晚旧石器时代早期人相近，而欧洲、非洲和西亚中更新世人则比这些大得多。

大荔颅骨的两额宽比中国直立人和马坝颅骨长，比晚旧石器时代早期组长得多，比中国早期现代人稍长，而与 Atapuerca SH 和欧洲、非洲、西亚组接近，却比 Petralona 和 Kabwe 短得多。

就眶间宽与两额宽比值而言，大荔颅骨与中国的直立人和 Kabwe 接近，这些都比马坝的低，比欧洲除 Arago 外的其他中更新世人低得多。也就是说，中国的化石除马坝外一般偏低；欧洲的化石除 Arago 外一般偏高，除去这两个例外之后，这两组人群的变异范围之间有着很大的差距，中国的较欧洲的为低。马坝的比值较高，比较接近欧洲中更新世人。

尽管以眶间宽平均值除以两额宽平均值不等于以各个标本的眶间宽除以两额宽求取的平均值，但是实际上是很接近的。笔者用前一办法计算出的欧洲、非洲、西亚组和晚旧石器时代早期组的这项比值的平均值分别是 28.7 和 25.7，分别比中国的中更新世组和早期现代人组高得多。

综观上述数据是否可以考虑，中更新世居住在欧亚大陆东西两端的人群的相对眶间宽有明显差异，马坝和 Arago 乃至 Kabwe 人群的这项特征与其所处地区其他标本有相当大的差异，可能体现地区间的基因交流。旧大陆东西两端眶间宽和眶间宽与两额宽比值除马坝和 Arago 以外的标本之间的巨大差异也可能是中国人类进化连续性的反映之一。

mf-mf 和 d-d 都是显示两侧眼眶之间距离的测量项目，但是在化石上往往不容易确定测量点，难免掺入主观成分。因此上述认识还需要更多保存更好的化石来验证。

表 28　中面部宽度

Table 28　Breadths of middle face

	两颧宽 Bimalar breadth zm-zm　M46	两上颌宽 Bimaxillary breadth M46b　ZMB zm:a-zm:a
大荔 Dali	103?	103?
郧县 Yunxian（复原 reconst.）(L)	116	—
北京直立人 ZKD XII（复原 reconst.）	103	—
南京直立人 Nanjing 1	100?	—
柳江 Liujiang	97.1（W）	—
山顶洞 Upper Cave 101	106.2（WX）	103
山顶洞 Upper Cave 102	106.4（WX）	102
山顶洞 Upper Cave 103	101（WX）	—
Dmanisi D 2700（R2）	—	97?
Dmanisi D 2282（R2）	—	91?
Dmanisi D 2282（R3）	—	93
Dmanisi D 2282（R3）	—	110
Sangiran 17	122（L）	116（R1）
Gran Dolina	—	90
KNM-ER 1813（R2）	—	86?
KNM-ER 1470（R2）	—	98?
KNM-ER 3733（R2）	—	101
KNM-WT 15000（R2）	—	100
Bodo（R2）	—	134?

| | 两颧宽 Bimalar breadth | 两上颌宽 Bimaxillary breadth |
	zm-zm M46	M46b ZMB zm:a-zm:a
Kabwe（R2）	—	107
Atapuerca SH 5（A）	—	118.4
Atapuerca SH 6（A）	—	93
Atapuerca SH AT-1100 et al.（A）	—	102
Atapuerca SH AT-767+AT-963（A）	—	110
Arago 21（L）	112	—
Petralona（S）	128.4	（109.0）
Petralona（L）	119	—
Petralona（R1）	—	120
现代人（60 例）Modern man（L）	94.5±5.4	—

资料来源：

注明（A）者据 Arsuaga 等（1997），AT-1100 et al.代表一个低龄成年个体；AT-767+AT-963 两标本代表一个 14 岁儿童。

注明（L）者据 de Lumley 等（2008）。

注明（R1）者据 Rightmire（1996）。

注明（R2）者据 Rightmire 等（2006）。

注明（R3）者据 Rightmire 等（2017）。

注明（S）者据 Stringer 等（1979）。

注明（W）者据吴汝康（1959）。

注明（WX）者据吴新智（1961）。

表 28 有限的信息似乎显示，从欧洲中更新世人到现代人，两颧宽有变短的趋势，大荔颅骨的两颧宽比欧洲中更新世人短，介于其与近代人之间，在中国早期现代人变异范围内，可能属于比较进步的特征。大荔标本与南京直立人和北京直立人 XII 复原头骨（103 毫米）都接近，也可能提示这是东亚与欧洲中更新世人差异显著的特征之一。

大荔的两上颌宽既在中国早期现代人的变异范围内，也没有超出 Atapuerca SH 的变异范围。目前的这点认识需要发现更多化石积累更多信息加以更新。

最小颊高 WMH 按照 Howells（1973, p. 180）的方法测量，为从眼眶下缘到上颌骨下缘不论什么方向的最短距离。在左侧咬肌附着处的内测测量。

表 29　最小颊高

Table 29　Cheek height

	最小颊高 Cheek height M48d WMH				最小颊高 Cheek height M48d WMH		
	左 lt	未注明侧别	右 rt		左 lt	未注明侧别	右 rt
大荔 Dali	—		23	山顶洞 Upper Cave 103	—		24.4
北京直立人 ZKD XII（模型 cast）	28		—	柳江 Liujiang	21.7		23.0
南京直立人 Nanjing 1	24.3		—	Dmanisi D 2280（R2）		30	
山顶洞 Upper Cave 101	27.2		26.6	Dmanisi D 2700（R2）		28	
山顶洞 Upper Cave 102	24.5		23.8	Dmanisi D 3444（R2）		25	

	最小颊高 Cheek height				最小颊高 Cheek height		
	M48d WMH				M48d WMH		
	左 lt	未注明侧别	右 rt		左 lt	未注明侧别	右 rt
Dmanisi D 4500（R2）		30		Atapuerca SH 6（A）	—		(26.7)
Sangiran 17		37（R1）		Atapuerca SH AT-404（A）	37.1		—
Zuttiyeh（A）		ca 24*		Atapuerca SH AT-623（A）	36.3		—
Shanidar 5（T）		32.5		Petralona（A）		36.5	
KNM-ER 3733		34（R1）		Petralona（S）		(34.5)	
SK 847（A）		32		Arago 21（A）		30–26.7*	
Bodo（A）		34		Steinheim（A）		26.6*	
Kabwe（A）		29		Saccopastore 1（A）		ca 26.5	
Gran Dolina	24		—	Saccopastore 2（A）		33	
Atapuerca SH 5（A）	33.5		34				

资料来源：

中国标本均据笔者；Gran Dolina 据 Arsuaga 等（1999）。

注明（A）者据 Arsuaga 等（1997）。

注明（R1）者据 Rightmire（1990）。

注明（R2）者据 Rightmire 等（2006）。

注明（S）者据 Stringer 等（1979）。

注明（T）者据 Trinkaus（1983）。

表 29 资料显示，东南亚早更新世人、非洲早更新世人和中更新世人甚至 Shanidar 的最小颊高似乎没有多大差异，大多数欧洲中更新世人与这些标本接近，都比中国中更新世人的数据大。欧洲中更新世人个别标本（Atapuerca SH 6 的右侧和 Steinheim）以及 Zuttiyeh 相当于中国中更新世人的变异范围的上部。大荔标本接近南京的直立人，与 Zuttiyeh 接近，比上述所有标本都小。中国早期现代人与直立人变异范围有重叠，仅其上部与非洲、西亚和欧洲的中更新世人最下部有少许重叠，中国的数据总体上比欧洲和非洲的短，显示中国古人类连续进化的迹象。大荔颅骨的这个特征表现出比较进步的性质，也表现出东亚古人类的特色，而与旧大陆西部中更新世人显然不同。

Zuttiyeh 的最小颊高比欧洲中更新世人和非洲上新世和早更新世人以及中更新世人都短得多，而与中国中更新世人接近，可能意味着其间有基因交流。欧洲 Gran Dolina 的标本属于早更新世，估计属于 10 岁到 11.5 岁的儿童（Bermúdez de Castro et al., 1997），其最小颊高在成年时应该更大。

表 30 眼眶测量和眶型
Table 30 Measurements of the orbit and orbital type

	眶高	眶宽	指数	眶型
	Orbital height	Orbital breadth	Index	Orbital type
	M52	mf-ek M51	M52/M51	
大荔 Dali 左 lt	(30.5)	(46)	(66.3)	低眶 chamaeconchy
右 rt	34	45	75.6	低眶 chamaeconchy
郧县 Yunxian EV 9001 左 lt	23	54	42.6	低眶 chamaeconchy
右 rt	26	53	49.1	低眶 chamaeconchy
郧县 Yunxian EV 9002 左 lt	29	50	58.0	低眶 chamaeconchy
右 rt	29	47	61.7	低眶 chamaeconchy
南京直立人 Nanjing 1 左 lt	32	41.1	77.9	中眶 mesoconchy

	眶高 Orbital height M52	眶宽 Orbital breadth mf-ek M51	指数 Index M52/M51	眶型 Orbital type
金牛山 Jinniushan 左 lt	35	52	67.3	低眶 chamaeconchy
马坝 Maba 右 rt	39	44.3	88	高眶 hypsiconchy
山顶洞 Upper Cave 101 左 lt	31.5	48.5	64.9	低眶 chamaeconchy
右 rt	33.2	48	69.2	低眶 chamaeconchy
山顶洞 Upper Cave 102 左 lt	29.3	40.5	72.3	低眶 chamaeconchy
右 rt	31.5	45	70	低眶 chamaeconchy
山顶洞 Upper Cave 103 左 lt	31	45	68.9	低眶 chamaeconchy
右 rt	32	45	71.1	低眶 chamaeconchy
柳江 Liujiang 左 lt	28.7	42	68.3	低眶 chamaeconchy
右 rt	29	43.1	67.3	低眶 chamaeconchy
Dmanisi D 2700（R1）	31	35	88.6	高眶 hypsiconchy
Dmanisi D 3444（R1）	32	38	84.2	中眶 mesoconchy
Dmanisi D 4500（R1）	32.6	38.5	84.7	中眶 mesoconchy
Sangiran 17（K）	38	48	79.2	中眶 mesoconchy
Sangiran 17（L） 右 rt	36	46	78.3	中眶 mesoconchy
Narmada（K）（L）	(38)	(43)	(88.4)	高眶 hypsiconchy
Skhul 4（S） 左 lt	(34)	(44)	(77.3)	中眶 mesoconchy
Skhul 5（K）	30	46	65.2	低眶 chamaeconchy
Skhul 5（S） 右 rt	(30)	46	65.2	低眶 chamaeconchy
Skhul 9（S） 右 rt	(37)	(44)	(84.1)	中眶 mesoconchy
Qafzeh 6（S） 右 rt	35	48	72.9	低眶 chamaeconchy
Tabun 1（W）（K）	36.5	37.1	98.4	高眶 hypsiconchy
Tabun 1（S） 右 rt	(33)	(42)	(78.6*), 87.6	中眶 mesoconchy， 高眶 hypsiconchy
Shanidar（S） 右 rt	34	44	77.3	中眶 mesoconchy
Shanidar（K）	36.1	47.9	75.4	低眶 chamaeconchy
Amud 1（S） 左 lt	38	45	84.4	中眶 mesoconchy
右 rt	38	49	77.6	中眶 mesoconchy
KNM-ER 3733（K）	36	44	81.8	中眶 mesoconchy
Bodo（R2）	39	47.5	82.1	中眶 mesoconchy
Kabwe（R2）	38	48	79.2	中眶 mesoconchy
Kabwe（K）	40	52	76.9	中眶 mesoconchy
Kabwe（S） 右 rt	39	51	76.5	中眶 mesoconchy
Jebel Irhoud（S） 右 rt	41	43	95.3	高眶 hypsiconchy
Arago（L）（K）	29.5	46	64.1	低眶 chamaeconchy
Atapuerca SH 5 左 lt	33	44.4	74.3	低眶 chamaeconchy
右 rt	—	44	—	—
Petralona（W）	36.3	46.5	78.1	中眶 mesoconchy
Petralona（K）	36	46	78.3	中眶 mesoconchy
Petralona（L） 右 rt	33	39	84.6	中眶 mesoconchy
Petralona（S） 右 rt	37	48	77.1	中眶 mesoconchy
Petralona（SH） 左 lt	34.5	44.5	77.5	中眶 mesoconchy
右 rt	34.5	41.0	84.1	中眶 mesoconchy
Steinheim（W）	32.1	38.8	82.7	中眶 mesoconchy

	眶高 Orbital height M52	眶宽 mf-ek M51	指数 Index M52/M51	眶型 Orbital type
Steinheim（K）（S）右 rt	30	41	73.2	低眶 chamaeconchy
La Quina 5（W）	36.7	—	—	—
La Quina（S）右 rt	36.5	—	—	—
Gibraltar（W）	39.3	42.8	91.8	高眶 hypsiconchy
Gibraltar（S）左 lt	40.5	45	90.0	高眶 hypsiconchy
右 rt	41.5	45	92.2	高眶 hypsiconchy
Saccopastore 1（W）	38	42.3	89.8	高眶 hypsiconchy
Saccopastore 1（S）左 lt	39	47	83.0	中眶 mesoconchy
右 rt	39	46	84.8	中眶 mesoconchy
Saccopastore 2（S）右 rt	38–39	49	77.6–79.6	中眶 mesoconchy
Saccopastore 1（K）	38	49	77.6	中眶 mesoconchy
Krapina C（W）（K）	39.7	40.9	97.1	高眶 hypsiconchy
Krapina（S）右 rt	38	42	90.5	高眶 hypsiconchy
Monte Circeo（K）	37	43	86.0	高眶 hypsiconchy
Monte Circeo（S）左 lt	37	49	75.5*, 80.43	中眶 mesoconchy
La Chapelle（S）左 lt	38	46.5	81.7*, 81.9	中眶 mesoconchy
右 rt	39	47.5	82.1	中眶 mesoconchy
La Chapelle（K）	38	46.5	81.7	中眶 mesoconchy
La Ferrassie（K）	36	43	83.7	中眶 mesoconchy
La Ferrassie#（S）	—	—	76.6	中眶 mesoconchy
Le Moustier（S）右 rt	42	42	100.0	高眶 hypsiconchy
Předmostí 3（S）右 rt	29	42	69.0	低眶 chamaeconchy
Předmostí 9（S）右 rt	26	39	66.7	低眶 chamaeconchy
Combe Capelle（S）右 rt	28	40	70.0	低眶 chamaeconchy
Oberkassel ♂（S）右 rt	30	45	66.7	低眶 chamaeconchy
Oberkassel ♀（S）右 rt	30	42	71.4*, 71	低眶 chamaeconchy
Cro Magnon（K）	27.3	46.5	58.7	低眶 chamaeconchy
Cro Magnon（S）左 lt	27	46.5	58.1	低眶 chamaeconchy
右 rt	27.5	46	59.8	低眶 chamaeconchy
Afalou（S）（平均 av.）左 lt	31.1	41.9	74.2*, 74.0	低眶 chamaeconchy
Taforalt（S）（平均 av.）左 lt	32.4	43.7	74.1*, 74.4	低眶 chamaeconchy
右 rt	31.6	44.2	71.5*, 71.1	低眶 chamaeconchy
早期现代日本人（S）右 rt	34.4	43.2	79.6	中眶 mesoconchy
现代人（60 例）Modern man	32.5	36.4	89.3	高眶 hypsiconchy

资料来源：

南京直立人据吴汝康等（2002）；金牛山据吴汝康（1988）；马坝据吴汝康、彭如策（1959）；山顶洞据吴新智（1961）；柳江据吴汝康（1959）；Atapuerca 据 Arsuaga 等（1997）。

注明（K）者引自 Kennedy 等（1991）。

注明（L）者引自 de Lumley 等（2008）。

注明（R1）者引自 Rightmire 等（2017）。

注明（R2）者引自 Rightmire 等（1996）。

注明（S）者转引自 Suzuki（1970），带*者系笔者根据 Suzuki（1970）提供的眶高和眶宽的数据计算所得；同一标本未加*的数据引自 Suzuki 原书；带#的 La Ferrassie 虽然 Suzuki 没有列出眶高和眶宽的数据，但是他转引 Vallois 的指数数据将其列出。

注明（SH）者据 Stringer 等（1979）。

注明（W）者引自 Wolpoff（1980）。

由表 30 可见，在这些早更新世人、中更新世人中以中眶为最多，低眶和高眶很少。尼人属于高眶或中眶内较近其上限者。笔者曾推测马坝近乎圆形的眼眶可能反映东亚早期智人与西欧尼人之间的基因交流（吴新智，1988）。Narmada 的眶指数与马坝的如此相近也许可以作为这一推想的一个新佐证，因为其地理位置居于旧大陆东、西部之间。大荔的左、右两眶都属于低眶，右眶接近中眶。中国迄今报道的早期现代人颅骨都是低眶类型，表 30 列举的欧洲旧石器时代晚期人也都属于低眶类型，可能低眶是这个时期全球人类的普遍性状。总体上看，在中更新世和晚更新世早期，旧大陆西部人类头骨的眼眶比东部为高，到晚更新世后期，旧大陆东部和西部的眼眶一般都变低了，到全新世，东部人的眼眶可能再变高。简言之，中国化石人类一般为低眶，目前只有南京的中眶和马坝的高眶两个例外，而欧洲中更新世人以中眶为主，尼人以高眶为多，大荔标本两侧眶指数相差大，平均值小于除金牛山和 Arago 以外的所有中更新世人化石，是眶指数比较接近现代人的中更新世人。

大荔标本右侧眼眶由视神经孔至眶下缘中点的眶深为 55 毫米，比 Kabwe 的眶深（53 毫米）和 Narmada 的眶深（48 毫米）（均据 Kennedy et al.，1991）都深。大荔的左侧眼眶虽然前下部有些破损，但是估计其眶深与右侧接近。

大荔颅骨右侧眶下孔与眼眶下缘的距离为 8.3 毫米。Atapuerca SH 5 颅骨左、右侧分别为 15.2 毫米和 14.1 毫米，Atapuerca SH AT-404 为 17.7 毫米，Petralona 为 16.4 毫米，Saccopastore 1 和 2 分别为 12.1 毫米和 15.1 毫米。Atapuerca 的这些数值都落在 Condemi（1992）和 Spitery（1982）发表的欧洲中更新世化石和尼人的范围内（据 Arsuaga et al.，1997）。一般说来现代人的眶下孔比化石标本更加接近眶下缘（或位置较高），笔者测量，中国现代人的这个距离的变异范围是 3.5–10.2 毫米，平均为 7.6 毫米。大荔颅骨的这个性状比较接近现代人和南京直立人（7.5 毫米），而与欧洲中更新世人相差较大。将这些比较资料结合起来考虑，笔者提出以下几点等待以后发现更多的化石来检验，即：①这段距离的长短是否可能是旧大陆东、西两部中更新世人群之间的地区差异之一；②是否中国中更新世人类在这个特征上比欧洲同时期人类较早发展到现代人的状态，即这项特征也是形态细节发展不平衡的例子之一；③这个距离是否与上面部的高度正相关。

大荔颅骨的泪前脊和泪后脊以及其间的泪沟都清楚，右侧泪后脊下段缺损。左、右侧泪沟分别宽 7 毫米和 8.5 毫米。

表 31　眶间区扁平度的测量

Table 31　Measurements showing flatness of interorbital region

	眶间前宽 Anterior interorbital breadth mf-mf　M50　IOW	鼻梁至前眶间宽的矢高 Subtense to mf-mf from nasal saddle	上颌额点指数 Index
大荔 Dali	21.5	7.1	33.0
马坝 Maba	20.8	5.8	27.9
山顶洞 Upper Cave 101	19.1	9.2	48.2
山顶洞 Upper Cave 102	21.0	7.7	36.7
山顶洞 Upper Cave 103	20.5	7.5	36.6
柳江 Liujiang	21.2	6.2	29.2
欧洲、非洲和西亚中更新世人 Middle Pleistocene humans of Europe, Africa and West Asia			
平均值±标准差	29.5±2.2	—	—
Atapuerca SH 4	（31.2）	—	—
Atapuerca SH 5	30	—	—
Šal'a	30	—	—

	眶间前宽 Anterior interorbital breadth mf-mf M50 IOW	鼻梁至前眶间宽的矢高 Subtense to mf-mf from nasal saddle	上颌额点指数 Index
尼安德特人 Neanderthals			
平均值±标准差（例数）	24.2±7.5（5）	—	—
晚旧石器时代早期人 Early Upper Paleolithic humans			
平均值±标准差（例数）	23.4±2.9（7）	—	—

资料来源：

马坝据吴汝康、彭如策（1959）；山顶洞据吴新智（1961）；柳江据吴汝康（1959）。

欧洲、非洲和西亚中更新世人，尼人以及欧洲晚旧石器时代早期人的数据和各组所包含的标本名称均根据 Sládek 等（2002），其中各组所包括的标本名单见本书的表 19。

虽然在欧洲、非洲和西亚中更新世组内包含 Atapuerca SH 4 号和 5 号，但是本表仍旧根据 Arsuaga 等（1997）将其单列出来。

表 31 显示，从中更新世到晚更新世，眶间前宽在旧大陆西部似乎有变短的趋势，但在中国似乎没有多大变化。大荔与马坝颅骨的眶间前宽比欧洲、非洲和西亚中更新世人的短得多，也就是更加接近现代人。不过由于可以比较的化石不多，这样的归纳是否具有普遍性，还需要更多的标本来验证。

鼻梁至眶间前宽的矢高在中国中更新世人和早期现代人中似乎差异不大，不过山顶洞 101 号表现异常。

上颌额点指数表示鼻梁上部的突出程度，山顶洞标本很突出，大荔标本其次，马坝和柳江标本最弱。

大荔颅骨的鼻背眶内缘点矢高（Naso-dacryal subtense, M49b, NDS）为 10 毫米，比 Petralona 的数据（14.0 毫米，据 Stringer et al., 1979）小。

大荔颅骨的眶内缘点矢高（Dacryon subtense, M44c, DKS）为 13.0 毫米，比 Petralona 的数据（10 毫米，据 Stringer et al., 1979）稍大。

大荔颅骨梨状孔下部受损变形和移位少许，但是可以进行复原，然后测量鼻高和鼻宽。

表 32　鼻宽和鼻高及指数
Table 32　Nasal breadth, height and index

	鼻宽 Nasal breadth M54	鼻高 Nasal height M55	鼻指数 Nasal index M54/M55
大荔 Dali	33.0	（53.0）	62.3
郧县 Yunxian EV 9002（L）	32	63	50.8
南京直立人 Nanjing 1	>30	（54）	>55.6
金牛山 Jinniushan	31	—	—
山顶洞 Upper Cave 101	32.0	58.0	55.2
山顶洞 Upper Cave 102	26.0	46.5	55.9
山顶洞 Upper Cave 103	25.5	51.0	50.0
柳江 Liujiang	26.8	45.8	58.5
港川 Minatogawa I	26	49	53.1
港川 Minatogawa IV	（24）	（46）	52.2

	鼻宽 Nasal breadth M54	鼻高 Nasal height M55	鼻指数 Nasal index M54/M55
Niah（B）	(28.2)	(42.5)	66.4
华东新石器时代(平均值) Neolithic of East China（average）	26.10–27.66	51.50–57.12	47.33–51.66
华北新石器时代(平均值) Neolithic of North China（average）	26.00–28.52	52.13–55.5	49.00–53.40
华南新石器时代(平均值) Neolithic of South China（average）	26.70–29.50	51.90–53.10	51.60–57.00
Dmanisi D 2282（An）	23.5	—	—
Dmanisi D 2282（R3）	28	—	—
Dmanisi D 2700（R3）	28	50	56.0
Dmanisi D 3444（R3）	28	50	56.0
Dmanisi D 4500（R3）	31	46	67.4
Sangiran17（R）	29	52?	55.8?
Sangiran 17（L）	32	57	56.1
Amud（S）	(34)	(65)	52.3
Tabun 1（W）	36.0	—	—
Tabun 1（S）	(34)	58	58.6
Shanidar（S）	31	60	51.7
Skhul 4（S）	30	(55)	54.5
Skhul 5（S）	(28)	(53)	52.8
Skhul 9（S）	(30)	(55)	54.5
Wadjak 1（B）	30	50	60.0
Keilor（B）	27	52	51.9
Talgai（B）	25	43	58.1
KNM-ER 1813（R2）	24	44	54.5
KNM-ER 1470（R2）	27	58?	46.6?
KNM-ER 3733（R2）	36?	53	68.0?
KNM-ER 3733（An）	34.3	—	—
KNM-ER 15000（R2）	36	57	63.2
KNM-WT 15000（An）	34.7	—	—
SK 847（An）	23.2	—	—
Bodo（R1）	43?	62	69.4?
Kabwe（R1）	30	57	52.6
Kabwe（S）	31.1	59	52.7
Jebel Irhoud（S）	33	54	61.1
Ndutu（R1）	27	—	—
Gran Dolina	28	—	—
Arago（L）	29	62.5	46.4
Atapuerca SH 5（A）	38.5	57.3	67.2
Atapuerca SH 6（A）	(26)	(49.2)	(52.8)
Atapuerca SH AT-767+AT-963（A）	37	—	—

	鼻宽 Nasal breadth M54	鼻高 Nasal height M55	鼻指数 Nasal index M54/M55
Atapuerca SH AT-1100 et al.（A）	32	—	59.3*
Petralona（W）	31.0	—	—
Petralona（L）	35	62	56.5
Petralona（R1）	37	68	54.4
Petralona（S）	32.5	64	50.8
Petralona（SH）	(30.9)	(65.0)	(47.5)
Steinheim（W）	31.6	—	—
Steinheim（S）	30	52	57.7
欧洲尼人 European Neanderthals（B）	34.7	60.5	57.4
Gibraltar（W）	34.1	—	—
Gibraltar（S）	34.5	58.5	59.0
Saccopastore 1（W）	32.9	—	—
Saccopastore 1（S）	31	59	52.5
Saccopastore 2（S）	34	59–60	57.6–56.7
Monte Circeo（S）	36	66	54.5
La Chapelle（S）	34	61	55.7
La Ferrassie（S）	—	—	54.6
Předmostí 3（S）	26	59	44.1
Předmostí 4（S）	27	48	56.3
Předmostí 9（S）	25	54	46.3
Combe Capelle（S）	26	(50)	52.0
Oberkassel ♂（S）	23	52	44.2
Oberkassel ♀（S）	24	44	54.5
Cro Magnon 1（S）	24	51	47.1
Afalou（平均 average）（S）	28.5	54	52.8
Taforalt（平均 average）（S）	28.5	52.7	54.1
现代人（60 例）Modern man（L）	24.4	49.3	49.5
现代人 Modern man（S）	23–27.4	45–56.3	38.9–58.5

资料来源:

南京直立人据吴汝康等（2002）；金牛山据吕遵谔（1989）；山顶洞据吴新智（1961）；柳江据吴汝康（1959）；新石器时代人骨数据引自张振标（1989，其中华东的标本包括山东大汶口、西夏侯、野店和浙江河姆渡；华北的标本包括陕西半坡、华县、宝鸡、横阵和河南庙底沟、下王岗、石固；华南的标本包括福建县石山、广东河宕和广西甑皮岩）；Gran Dolina 据 Arsuaga 等（1999）。

注明（A）者均据 Arsuaga 等（1997），AT-767+AT-963 两标本，属于左侧上颌骨，缺失颧突、额突、腭突、齿槽突前部和翼突，根据牙齿状况判断，代表一个 14 岁儿童；AT-1100 et al.包括 AT-1100+AT-1111+AT-1197+AT-1198 诸标本，代表一个 16–18 岁的个体，Arsuaga 等（1997）原文有鼻宽和鼻指数的数据而无鼻高的数据。

注明（An）者据 Antón（2003）。

注明（B）者据 Brothwell（1960）。

注明（L）者据 de Lumley 等（2008）。

注明（R1）者据 Rightmire（1996）。

注明（R2）者据 Rightmire 等（2006）。

注明（R3）者据 Rightmire 等（2017）。

注明（S）者均转引自 Suzuki（1970），原文有 La Ferrassie 的鼻指数的数据而无鼻高和鼻宽的数据。

注明（SH）者据 Stringer 等（1979）。

注明（W）者据 Wolpoff（1980, p. 345）。

表 32 显示化石人的梨状孔都很宽，鼻指数较高。东南亚和东非早更新世人颅骨的梨状孔宽阔，南非 SK 817 和格鲁吉亚 Dmanisi D 2282 颅骨比东非的比较狭些。欧洲中更新世人鼻指数的变异范围很大，Arago 与 Atapuerca SH 5 之间相差达 20.8，尼人的变异范围小，相当于欧洲中更新世人的中段，而欧洲旧石器时代晚期人的变异范围的上段与中更新世人范围的下段重叠，也与尼人的下段重叠。一般认为高的鼻指数及比较宽阔的鼻腔与暖湿的环境有关，还有人主张高耸的鼻梁乃由于环境的干冷。如果问题如此简单，则很难解释鼻指数为 52.8 的 Atapuerca SH 6 和鼻指数高达 67.2 的 Atapuerca SH 5 两具鼻指数相差如此之大的颅骨共存于一个地点，更难解释其 Atapuerca SH 5 颅骨的高达 67.2 的鼻指数与特别高耸的鼻梁并存于一具颅骨的这个现象。生活在冰期中的西欧尼人的变异范围 (52.5–59.0) 与环境温暖的华南新石器时代人的变异范围 (51.6–57.0) 如此相似也不宜只用环境温度高低来解释鼻子的形态。中东两个尼人颅骨的鼻指数变异范围不大，与西欧尼人的变异范围几乎完全重叠，而两个地区纬度和气候差异很大。因此不应该只考虑这些特征的形成与环境气候有关，而否认其可能也反映遗传上的信息。

南京直立人的鼻指数略小于柳江，相当于山顶洞和华南新石器时代人变异范围的上限。华东新石器时代人比华北新石器时代人稍低，两者均比华南新石器时代人低。华北、华南、华东三大区新石器时代人鼻指数的比较，似乎符合通常对鼻指数与气候关系的解释。按此解释则南京直立人所处环境的气候应该比新石器时代的华东温暖得多，而接近当时的华南和 3 万年前的山顶洞，是比较温暖的。大荔颅骨的鼻指数更高，除了按照一般理解可能反映当时当地比较温暖外，也许还有别的原因。

表 33 鼻骨最小宽和高及鼻根指数
Table 33 Simotic chord, subtense and index

	鼻骨最小宽 Simotic chord M57 WNB	鼻骨最小宽高度 Simotic subtense M57a SIS	鼻根指数 Simotic index M57a/M57
大荔 Dali	3.6	1.1	30.6
北京直立人 ZKD	13	3.6	27.7
南京直立人 Nanjing 1	8.1	2.8	34.6
山顶洞 Upper Cave 101	7.0	4.0	57.1
山顶洞 Upper Cave 102	9.1	4.5	49.5
山顶洞 Upper Cave 103	9.0	3.1	34.4
柳江 Liujiang	10.6	3.0	28.3

资料来源：

山顶洞据吴新智 (1961)；柳江据吴汝康 (1959)；其余据笔者。

表 33 显示，鼻根指数在山顶洞遗址的变异范围很大，柳江较其最低值小。中国中更新世标本的变异范围相当于中国早期现代人标本变异范围的下部。

Howells (1973) 报道了世界各地区现代人不同人群的鼻骨最小宽和鼻骨最小宽高度，根据其数据可以计算出各个人群的鼻根指数，除埃及以外的非洲 4 人群平均为 24.75，欧洲 3 人群为 48，亚洲和美洲土著 4 人群为 43.25。这样的分布格局与现代人近期出自非洲说似乎有矛盾。亚洲和美洲现代人较非洲土著人为高的鼻根指数，与其说源自非洲的现代人祖先，不如说源自中国的中更新世人类和早期现代人。

表 34　上颌齿槽突的测量

Table 34　Measurements of maxillo-alveolar process

	上颌齿槽突长 Maxillo-alveolar length M60	上颌齿槽突宽 Maxillo-alveolar breadth M61	上颌齿槽突指数 Maxillo-alveolar index M61/M60
大荔 Dali	(60)	(70)	116.7
山顶洞 Upper Cave 101	57	69.2	121.4
山顶洞 Upper Cave 102	57.5	72.6	126.3
山顶洞 Upper Cave 103	58.3	66	113.2
柳江 Liujiang	52	64	123.1
Amud 1	64	77	120.3
Shanidar（模型 cast）	(64)	(70)	(109.4)
Skhul 5	65.5	69.5	106.1
Qafzeh 6	64	73	114.1
Kabwe	67	(78)	116.4
Jebel Irhoud	65	75	115.4
Gran Dolina	—	(66)	—
Petralona	70	87	124.3
Saccopastore 1	(60)	70	116.7
Saccopastore 2	63	72	114.3
La Chapelle	70	71	101.4
Le Moustier	62	74	119.4
Předmostí 3	63	68	107.9
Předmostí 9	58	70	120.7
Oberkassel ♂	50	64	128
Oberkassel ♀	42	62	147.6
Cro Magnon 1	56	65	116.1
Taforalt（平均 average）	58.4	71.3	122.1

资料来源：

山顶洞据吴新智（1961）；Gran Dolina 据 Arsuaga 等（1999）；其余外国标本均引自 Suzuki（1970）。

就表 34 所列举的数据而言，目前似乎看不出上齿槽突指数有什么特别的意义。

角度

表 35　全面角和鼻面角

Table 35　Total facial angle and nasal angle

	全面角 Total facial angle n-pr∠FH　M72	鼻面角 Nasal angle n-ns∠FH　M73
大荔 Dali	(88)	(81)
郧县 Yunxian（复原 reconst.）(L)	89	95
南京直立人 Nanjing	78	77
山顶洞 Upper Cave 101	84	90

	全面角 Total facial angle n-pr∠FH M72	鼻面角 Nasal angle n-ns∠FH M73
山顶洞 Upper Cave 102	80	82
山顶洞 Upper Cave 103	79	80
柳江 Liujiang	86	89
Sangiran 17（L）	73.5	71
Atapuerca SH 5（L）	79.0	—
Arago（L）	70.5	67.5
Petralona（L）	90	89
现代人 Modern man（60 例平均 average）（L）	83.4	85.3

资料来源：

南京直立人据吴汝康等（2002）的图测量；山顶洞据吴新智（1961）；柳江据吴汝康（1959）；Atapuerca 据 Arsuaga 等（1997）。

注明（L）者据 de Lumley 等（2008）。

中国早期现代人的全面角变异范围不大，南京直立人比其最小值稍小，大荔和郧县标本比其最高值稍大，所有这些标本的范围只相当于欧洲中更新世人的变异范围的上部。

南京直立人的鼻面角比中国早期现代人最低值低，大荔颅骨与其最低值很接近，郧县复原颅骨比所有标本都大得多。总体看，似乎早期现代人比中更新世人的鼻面角更趋垂直。Sangiran 17 的全面角和鼻面角很低，可能意味着此二角在进化过程中有变大的趋势。但是郧县标本虽然时代较早但复原头骨的鼻面角却比其他所有头骨的都大得多，是别有深意？抑或有其他原因？

表 36　面三角的测量

Table 36　Measurements of facial triangle

	上齿槽点角 Prothion angle ba-pr-n M72(5)	鼻根点角 Nasion angle ba-n-pr M72b	枕骨大孔前缘点角 Basion angle n-ba-pr M72c
大荔 Dali	(69.5)	(68.5)	(42)
KNM-ER3733（模型 cast）	57	81	42
Kabwe	62.1	71.5	46.3
Bodo	59	76	45
Petralona	62.0	69.3	48.7
Atapuerca SH 5	60.9	76.2	42.9
尼人 Neanderthals	64.6±1.3	73.6±3.5	41.3±2.8
现代人 Modern *H. sapiens* ♂	71.4±3.1	69.6±3.5	39.1±2.5

资料来源：

Kabwe、Petralona、尼人、现代人、KNM-ER 3733 据 Stringer（1983）；Bodo 是笔者据 Rightmire（1996）的数据计算所得；Atapuerca 据 Arsuaga 等（1997）。

表 36 显示，上齿槽点角在非洲早更新世人、中更新世人和欧洲中更新世人以及尼人这几组人群之间似乎没有大的差异，到了现代人则变大许多。大荔的上齿槽点角比这些化石人群的大得多，而与现代人的平均值接近，相差不到一个标准差，因此相比非洲和欧洲中更新世人更可能是现代人这项特征的来源。

鼻根点角在非洲和欧洲中更新世人以及尼人的标本中似乎没有显著差异，但是 Petralona 与 Kabwe 角度较小，与现代人平均值接近。大荔的鼻根点角也与这两个标本和现代人平均值很接近，与后者相差不到半个标准差。

枕骨大孔前缘点角在非洲早更新世人、中更新世人和欧洲中更新世人以及尼人这些化石人群，乃至现代人之间似乎没有大的差异，大荔标本所代表的人群与他们之间也比较一致。

颜面部分横向的扁平度可以用鼻颧角、鼻额角和颧上颌角来测量，表 37 显示这三项的测量值。

表 37 鼻颧角、鼻额角和颧上颌角
Table 37 Angles showing flatness of upper and middle faces

	鼻颧角 Nasomalar angle fmo-n-fmo M77	鼻额角 Nasio-frontal angle fm:a-n-fm:a M77a NFA	颧上颌角 Zygomaxillary angle zm:a-ns-zm:a M76a SSA
大荔 Dali	143	143	115
蓝田直立人 Lantian	146.5	—	—
北京直立人 ZKD V	144.1	—	—
北京直立人 ZKD X	140.3	—	—
北京直立人 ZKD XII	143.9	—	—
南京直立人 Nanjing 1	147.2	146	—
山顶洞 Upper Cave 101	135	—	128
山顶洞 Upper Cave 102	130	—	125
山顶洞 Upper Cave 103	148	—	131
柳江 Liujiang	143.5	—	138
Zuttiyeh（A）	—	150	—
KNM-ER 1470（A）	—	—	161
KNM-ER 1813（A）	—	—	143
KNM-ER 3733（R）	—	155	—
KNM-ER 3733（模型 cast）	—	152（A），145（S）	146（A）
OH 9（R）	—	139	—
OH 24（A）	—	—	143
SK 847（A）	—	—	147
Bodo（A）	—	144.1	139
Bodo（R）	—	142	—
Kabwe（A）	—	134.9	117
Kabwe（R）	—	135	—
Gran Dolina	—	—	（114–117）
Atapuerca SH 4（A）	—	138.1	—
Atapuerca SH 5（A）	—	137.1	111.2
Atapuerca SH 6（A）	—	139.7	—
Petralona	—	140	—
Petralona	—	140（A）	117.7（A），119（S）
Arago 21（A）	—	146	—
Ehringsdorf 9（A）	—	151	—

	鼻颧角 Nasomalar angle fmo-n-fmo M77	鼻额角 Nasio-frontal angle fm:a-n-fm:a M77a　NFA	颧上颌角 Zygomaxillary angle zm:a-ns-zm:a M76a　SSA
欧洲、非洲和西亚中更新世人 Middle Pleistocene humans of Europe, Africa and West Asia(Sl)			
平均值±标准差(例数)	—	138.2±4.5(6)	—
Krapina C(A)	—	138	—
Krapina E(A)	—	142	—
Tabun C1(A)	—	142	—
"classic" Neanderthals(A)	—	<140	—
Saccopastore 1(A)	—	140	—
Saccopastore 2(A)	—	—	116.7
Šal'a(Sl)	—	137	—
欧洲、近东尼人 European and Near Eastern Neanderthals(Sl)			
平均值±标准差(例数)	—	132.4±4.4(5)	—
晚旧石器时代早期人 Early Upper Paleolithic humans(Sl)			
平均值±标准差(例数)	—	141.6±6.6(8)	—

资料来源:

蓝田和北京直立人均据张银运(1998);南京直立人据吴汝康等(2002);山顶洞据吴新智(1961);柳江据吴汝康(1959);Gran Dolina 据 Arsuaga 等(1999)。

注明(A)者据 Arsuaga 等(1997),典型尼人包含 9 例。

注明(R)者据 Rightmire (1996)。

注明(S)者据 Stringer (1983)。

注明(Sl)者据 Sládek 等(2002),其中各组所包括的标本名单见本书的表 19。

　　此外,Arsuaga 等(1997)还报道,Atapuerca 14 岁的 AT-767+AT-963 小孩和介于青年与成年之间的 AT-1100+AT-1111+AT-1197+AT-1198 个体的颧上颌角分别为大约 122°和 107°。他们认为中面部突颌的程度显然随着年龄的增长而增强。

　　表 37 显示,中国的直立人鼻颧角变异不大,柳江标本在这个范围中部。但是山顶洞 103 号颅骨的鼻颧角比中国直立人的最高值略大,而 101 和 102 号鼻颧角异常地小,表明山顶洞的人类有比较大的异质性,101 和 102 号可能接受了欧洲来的基因。102 号颅骨曾经缠头变形,颧骨额蝶突前外侧表面的朝向与中国其他所有化石人类不同,却与尼人等欧洲更新世标本接近,是否可能与尼人基因有着某些联系,需要进一步探讨。大荔颅骨的鼻颧角没有超出中国直立人和中国早期现代人的变异范围。

　　Atapuerca 鼻额角变异特别小,Petralona 与之很接近,Ehringsdorf 和 Arago 比其大得多。尼人的变异范围不超出欧洲中更新世人的变异范围。Bodo 和 Kabwe 也不超出欧洲中更新世人的变异范围,KNM-ER 3733 基本上也如此。大荔颅骨与南京直立人和 Bodo 颅骨都接近,在欧洲中更新世人变异范围的中部。

　　以颧上颌角度量的颜面中部在早更新世非洲人中最扁,在非洲的中更新世人类中有相当大的变异范围,总体上似乎角度变小。Petralona、Saccopastore 2 的颧上颌角与 Kabwe 很接近。Atapuerca SH 5 比所有这些标本的角度都小得多。大荔的颧上颌角与 Kabwe、Saccopastore 2 接近,在 Petralona 与 Atapuerca SH 5 之间。就目前有限的资料看来,似乎东亚和欧洲古人类的颧上颌角在中更新世难分大小,由此到东亚的早期现代人有角度变大的趋势。笔者期待发现更多化石进行更多研究来检验这样的推测。

脑量

　　大荔颅骨的脑量用小米填充的方法测得 1120 毫升。

Lee 和 Wolpoff（2003）将除了能人和晚于 5 万年前的智人化石的脑量列为一表，他们对这些资料进行了研究，结论认为从距今 180 万年前到距今 5 万年前，人属脑量的变化是单一的由小到大渐变过程的结果，与点断平衡论不相符合，这个研究结果不支持人属在更新世发生分支进化的假说。现在将被他们归属于距今 30–20 万年间标本的脑量列于表 38（脑量单位：毫升），该文作者将其中的 Vertesszöllös 2 到 Eyasi 的 10 件标本估计年代为距今 20 万年，Solo 1 到 Sambung 3 的 15 件标本估计年代为距今 25 万年，Reilingen 到 Arago 21 共 4 件标本的年代估计为距今 30 万年。

表 38　距今 30–20 万年间人类的脑量

Table 38　Cranial capacities of hominins between 300 ka and 200 ka

Vertesszöllös 2	1300	Solo 11	1090
金牛山 Jinniushan	1260	Ngawi	1000
Atapuerca SH 4	1390	Narmada	1260
Atapuerca 5	1125	大荔 Dali	1120
Atapuerca SH 6	1220	Kabwe	1280
Biache	1220	Ndutu	1095
Ganovce	1320	Saldanha	1225
Ehringsdorf	1450	Petralona	1210
Eyasi	1285	Sambung 1	1100
Guombe（KNM-ER 3884）	1400	Sambung 3	917
Solo 1（A, L）	1172	Reilingen	1430
Solo 5（L）	1251	Swanscombe	1250
Solo 6（L）	1013	Steinheim	950
Solo 9	1135	Arago 21	1166
Solo 10	1231		

表 38 显示，除大荔颅骨以外，这 28 件化石脑量的变异范围为 917–1450 毫升，平均脑量为 1205.18 毫升，标准差为 134.90 毫升。大荔颅骨的脑量比 20–30 万年前全世界人类平均脑量小，但没有超出一个标准差。金牛山颅骨较大，也没有超出一个标准差。

Rightmire 还列举了年代在 70 万年前的 OH 12 与 180 万年前的 KNM-ER 3733 颅骨之间的 16 个颅骨的脑量，除了 4 个在 1004–1067（平均 1046.75）毫升以外，其余 12 个在 1000 毫升以下（平均 843.75 毫升）。其中 70 万年前的 OH 12 的脑量（727 毫升）与 170 万年前的 Dmanisi D 2280（脑量 775 毫升）只有很小的差距（Rightmire, 2004）。

总而言之，大荔的脑量在中国的直立人的变异范围内，而比非洲、欧洲中更新世人的脑量（1189±107.2 毫升，转引自 Halloway et al., 2004）为小，但是仍旧在一个标准差之内。

Rightmire（2004）提出包括非洲标本在内的直立人最小脑量为 600 毫升到 700 毫升，几个标本高达 1200 毫升以上，平均值接近 950 毫升。欧洲和非洲中更新世人脑量为 1100 毫升或更大，平均值接近 1230 毫升。他还根据大荔颅骨的眼眶高和脑量估计其体重为 45.65 千克，EQ 为 5.30。他估计非洲和欧洲中更新世人的 EQ 为 5.3±1.29，北京直立人 XI 和 XII 的平均值估计为 4.6。金牛山古人估计体重 78.6 千克，EQ 为 4.15（Rosenberg et al., 2006）。按照这种估计，大荔颅骨的 EQ 与非洲、欧洲中更新世人十分接近，而比北京直立人较高，比金牛山古人高得多。

颅骨厚度

由表 39 可见，大荔颅骨的厚度与北京直立人难分上下，比大约同时的金牛山颅骨厚得多，考虑到两标本顶骨厚度差异大于北京直立人群内变异的幅度，这不大可能是性别差异，更可能是由于地区差异或其他原因。从现已发现的材料看，蓝田公王岭颅骨比郧县和北京的都厚，北京直立人颅骨厚度的变异幅度颇大，南京直立人的数据均没有超出北京直立人的变异范围，和县直立人也基本如此。他们与公王岭之间尽管跨越了相当长的时间，似乎颅骨厚度无大变化。这种平稳状态延续到大荔古人，甚至延续到更新世中期和晚期之交的许家窑古人。时代早达 20–30 万年的金牛山人颅骨除顶骨结节处稍厚外没有超出现代人的变异范围，其如此之薄可能是一个特殊的现象，也许是一种地区人类群体的独特变异，也可能在中国人类进化过程中，金牛山古人群对现代人这个特征做出过特别大的贡献。从许家窑颅骨厚度考虑，也可能在此之后中国的人类颅骨才开始有变薄的趋势。总之，颅骨厚度变化很难用简单的规律来概括。

表 39　颅骨厚度的比较(1)

Table 39　Thicknesses of cranial bones (1)

	额骨 Frontal		顶骨 Parietal			枕骨 Occipital			颞骨 Temporal
	额鳞中央 Center	颞面 Temp. facies	前囟点 Bregma	顶骨结节 Parietal tubercle	乳突角 Mastoid angle	枕面中央 Center of occipital	圆枕中央 Center of torus	小脑窝 Cerebellar fossa	颞鳞中央 Center of squama
大荔 Dali　左 lt	8.8	—	9.5	11.2	12.3	(13.0)	20.0	3.7	7.0
右 rt	—	6.0	9.0	—	—	—	—	3.2	6.9
蓝田直立人 Lantian	15	7	16	—	—	—	—	—	11.5
郧县 Yunxian II	—	6	10	—	—	—	—	—	—
北京直立人 ZKD I (W)	13.0	—	—	5.0?	14.0	—	—	—	—
北京直立人 ZKD II (W)	10.0	6.5	9.0	11.0	13.5	(10.7)	—	—	10.0
北京直立人 ZKD III (W)	10.0	4.8	9.6	11.0	17.2	10.0	20.4	6.8	9.3
北京直立人 ZKD V (W)	6.0*	—	—	—	14.0	(7.0)	15.0*	4.5	10.0
北京直立人 ZKD VI (W)	(9.5)	4.6	(9.9)	11.2	—	—	—	—	7.7
北京直立人 ZKD VII (W)	—	—	—	—	17.4	—	—	—	—
北京直立人 ZKD VIII (W)	—	—	—	—	—	(5.0)	7.1	3.8	—
北京直立人 ZKD IX (W)	(7.1)	(5.6)	—	—	—	—	—	—	—
北京直立人 ZKD X (W)	7.0	(5.8)	7.5	12.5	14.0	10.0	16.0	(5.0)	(5.2)
北京直立人 ZKD XI (W)	11.0	4.6	7.0	16.0	13.5	9.0	12.0	2.8	6.0
北京直立人 ZKD XII (W)	7.0	5.5	9.7	9.0	14.0	9.0	15.0	2.5	7.0
南京直立人 Nanjing	—	—	(8.2)	(9.8)	—	—	—	—	—
和县直立人 Hexian	7.0	—	—	13.5, 11.0	18.0	—	18.0	6.0	10.0
沂源 Yiyuan	—	—	9	—	—	—	—	—	—
金牛山 Jinniushan	5	—	5.5	6	—	—	—	3	4
马坝 Maba	—	—	7.0	9.0	—	—	—	—	—
许家窑 Xujiayao 3	—	—	12.4	—	—	—	—	—	—
许家窑 Xujiayao 4	—	—	10.8	—	—	—	—	—	—
许家窑 Xujiayao 5	—	—	9.0	—	—	—	—	—	—
许家窑 Xujiayao 6	—	—	6.5	7.0	7.2	—	—	—	—
许家窑 Xujiayao 10	—	—	8.5	12.6	13.0	—	—	—	—
蒙自马鹿洞 Maludong, Mengzi	—	—	7	7.6/6.4	—	—	—	—	—
隆林 Longlin	—	—	10	—	—	—	—	—	—
萨拉乌苏	—	—	6.5	6.0	—	—	—	—	—
现代人　平均 Modern man av.	6.05	1.5	5.5	3.5	4.85	7.0	15.0	1.4	1.9
变异范围 Range (W)	5.8–6.3	1.0–2.0	5.5	2.0–5.0	4.5–5.2	6.0–8.0	15.0	1.0–1.8	1.3–2.5

资料来源：

蓝田直立人据吴汝康(1966)；郧县据 de Lumley 等(2008)，他们还提供额骨鳞上部厚 11 毫米、前囟点前区厚 9 毫米、顶骨厚度 4.7–13.3 毫米、人字点厚 7 毫米、星点厚 12 毫米、颞鳞厚 11.1 毫米等数据；北京直立人数据带*者据邱中郎等(1973)，其余均据 Weidenreich (1943)；南京直立人据吴汝康等(2002)；沂源据吕遵谔等(1989)，他还提供左侧星点附近厚度为 13 毫米；金牛山据吕遵谔(1989)，他还提供人字点厚度为 5.5 毫米；马坝据吴汝康、彭如策(1959)；许家窑据贾兰坡等(1979)；蒙自马鹿洞和隆林据 Curnoe 等(2012)；萨拉乌苏据吴汝康(1958)，另据董光荣等(1981)报道，他们在萨拉乌苏发现的额骨的前囟区厚度为 5.5–7.0 毫米。

表 40 颅骨厚度的比较(2)

Table 40 Thicknesses of cranial bones (2)

人群 Catagory	前囟点 Bregma	顶骨结节 Parietal tubercle	人字点 Lambda	枕外隆凸点 Inion	颞鳞中央 Center of squama	下颌窝 Mandibilar fossa
大荔 Dali 左 lt	9.5	11.2	—	—	7.0	—
右 rt	9.0	—	—	—	6.9	—
北京直立人 ZKD 平均值(例数)	8.8(6)	10.4(9)	—	—	7.9(7)	4.0(2)
范围 Range	7.0–9.9	(5.0)–16.0	—	—	5.2–10.0	4.0–4.0
中国古老型智人 Archaic *H. sapiens* of China						
平均值(例数)	6.3(3)	8.0(4)	12.0(1)	—	6.0(2)	—
范围 Range	6.0–7.0	6.0–11.2	—	—	5.0–7.0	—
Sangiran/Trinil Sambung 平均值(例数)	9.1(6)	10.2(9)	11.6(5)	19.1(7)	7.8(6)	4.6(4)
范围 Range	7.5–10.0	7.0–14.0	9.5–14.0	13.0–26.0	5.0–12.0	3.0–6.0
Ngandong 平均值(例数)	8.8(7)	8.9(8)	8.5(4)	19.0(4)	6.0(1)	7.0(1)
范围 Range	7.5–10.0	8.0–10.5	6.5–10.5	16.0–26.0	—	—
南方古猿非洲种 *A. africanus* 平均值(例数)	6.5(2)	7.3(3)	8.8(3)	13.0(2)	7.0(2)	5.0(1)
范围 Range	6.0–7.0	7.0–8.0	6.5–11.0	12.0–14.0	7.0–7.0	—
非洲早期人属 African early *Homo* 平均值(例数)	6.1(5)	6.8(6)	8.3(2)	15.3(2)	5.4(4)	5.8(2)
范围 Range	4.0–7.5	4.0–10.0	6.5–10.0	10.5–20.0	4.5–6.0	4.5–7.0
非洲直立人 African *H. erectus* 平均值(例数)	8.3(6)	8.6(10)	8.3(5)	17.6(5)	7.0(2)	6.5(1)
范围 Range	6.0–11.0	7.0–11.0	6.5–11.0	13.0–21.0	6.5–7.5	—
非洲古老型智人 African archaic *H. sapiens*						
平均值(例数)	13.0(1)	8.7(3)	8.5(1)	13.0(1)	8.0(1)	2.0(1)
范围 Range	—	5.5–10.5	—	—	—	—
尼人 Neanderthals(C) 平均值±标准差(例数)	7±1(13)	8±2(30)	—	—	—	—
范围 Range	4–9	5–17	—	—	—	—
西亚早期现代人 West Asian early modern humans(C)						
平均值±标准差(例数)	7(2)	8±2(9)	—	—	—	—
范围 Range	6–8	5–11	—	—	—	—
欧洲早期现代人 European early modern humans(C)						
平均值±标准差(例数)	7±3(8)	6±1(16)	—	—	—	—
范围 Range	4–12	4–10	—	—	—	—

资料来源:

注明(C)者据 Curno 等(2012),文中所写各个组所包含的化石名单参见本书表 1。

其余所有对比数据均引自 Bräuer 和 Mbua(1992),按其原文注解,其中周口店的大多数记录据 Weidenreich(1943),大荔由吴新智提供,
  非洲古老型智人的前囟点厚度据 Conroy 等(1978)。

从表 40 的比较中似乎可以看出,大荔的前囟点区、顶骨结节和颞鳞中央的厚度与直立人难分上下,此外的古老型智人总体上比直立人为薄;在印度尼西亚,从早到晚,人字点、颞鳞中央和顶骨结节厚度可能有所变薄,枕外隆凸点厚度似乎少有变化,下颌窝厚度资料太少,情况不明。在非洲,前囟点、顶骨结节、颞鳞中央和下颌关节窝厚度在早期人属比直立人总体上较薄,人字点厚度可能变化不大。总之不同部位变化的进程在不同地区不同步。考虑到各组人群都有相当大的变异范围,迄今发现的化石数量很有限,以上的认识很可能会随着更多化石的发现而改变。

五、分骨观察和测量

1. 额　　骨

额骨保存基本完整。以下按各项结构和特征分别进行描述和讨论。

矢状脊

这组构造是中更新世人与现代人之间的主要差别之一，魏敦瑞对北京直立人的这组构造的描述是："它开始于额结节，到顶孔区逐渐消失。在其左右两侧的颅骨穹隆上各有一扁平的部分——旁矢状凹陷——使这个结构得到加强。此脊在前囟区扩大成十字形隆起，此隆起沿着冠状缝的前囟段向两侧延伸。"（Weidenreich, 1943）。

在大荔颅骨额鳞中部偏下处，表现为约呈梭形的隆起，长5厘米左右，中部较宽，约2厘米，矢高约为2毫米。上下两端尖缩，上端距冠状缝约4.5厘米，下端距眉间点约2厘米。

金牛山、华龙洞和马坝颅骨在额鳞下部也都有类似的隆起。马坝标本此脊也呈梭形，但较大荔的短小且弱。郧县颅骨未见这个结构。蓝田公王岭颅骨仅可看到它的痕迹，和县直立人额骨鳞部的中部和上部也有类似的隆起，起自额结节水平，向上延伸达到前囟区而渐趋消失，其矢高与大荔相仿，而宽度稍大。柳江早期现代人颅骨粗看似乎没有类似的隆起，但是用手指触摸，可以感觉到在额骨鳞部下部有很微弱的矢状脊。资阳颅骨的这个结构比柳江的明显得多。这些颅骨的矢状脊的发育程度表现出的规律似乎是，在中国从北京直立人开始随着时间而逐渐变弱。蓝田公王岭直立人可能是由于额骨表面受到较强的溶蚀或病理变化而模糊了这个结构的发育程度，也可能是一个例外。郧县的颅骨没有很明显的矢状脊。考虑到蓝田和郧县地理上相距不远，也有学者建议二者的时代相差不大(李天元，2001)，这不能不令人想到，矢状脊较弱甚至阙如可能是这个地区某一时段人类的一种地方性特征。或者也可能是，从更新世早期到更新世中期，中国古人类矢状脊由较弱变强，但这尚需更多的化石来验证。

过去对矢状脊的认识有一个过程。发现北京周口店的直立人标本后，人们以为矢状脊是原始的残留构造，因为大猩猩具有发达的矢状脊。大猩猩的颞肌强大，需要在脑颅表面有大的附着面积，而它的脑颅却不够大，满足不了这种需要，矢状脊的形成符合这样的需要。实际上直立人颞肌虽大，但是脑颅的表面已经为它提供足够的附着面积，并无不敷，矢状脊距离颞线有一段距离，与颞肌附着的面积没有关系。有些南非的南方古猿具有矢状脊，而且直立人比智人原始，因此这个结构也许还是可以被看作是原始性的特征。不过矢状脊还被认为具有增强颅骨抗打击的功能，似乎不一定是一个残留的原始构造。资料显示，最早期的直立人一般缺乏矢状脊，在人属的演化过程中矢状脊也可能由无或弱到强，再变弱，直到消失，如此看来，将它看成原始性构造似乎并不妥当。有些学者将局限于额骨而不延伸到顶骨的矢状脊称额中脊。因此就矢状脊沿正中矢状线的表现而言，中国现有的中更新世人有较多的共同性，而与北京直立人差异较显著。最近读到有学者写道，矢状脊仅存在于大荔颅骨额骨中部，没有抵达微弱发育的前囟隆起，吴新智甚至认为大荔头骨没有矢状脊结构（刘武等，2019）显然是对我的看法有误解。20世纪七八十年代，矢状脊还曾被当作直立人的所谓自近裔性状（Delson et al., 1977；Wood, 1984；Andrews, 1984），后来关于智人标本也具有矢状脊的报道越来越多，这种观点逐渐被纠正了。

额结节

两侧皆不甚明显，似有似无。

马坝的额结节显明程度与大荔的相仿，南京直立人不见额结节，相比之下，北京直立人却有明确的额结节。Arago、Petralona 和 Kabwe 颅骨都没有额结节。

小浅凹

大荔额骨鳞部左半内侧部的下部有两个接近平行，从内侧上方斜向下外的短小的狭窄浅凹，上凹在眉脊上缘后方约 2 厘米，距离额骨中线约 2.5 厘米。下凹在其下内侧。上、下两凹中央相距大约 14 毫米，长度分别约为 6 和 10 毫米(图 11)。

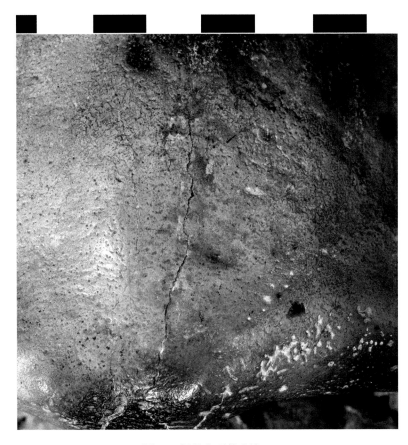

图 11　额骨表面的小浅凹

Figure 11　Small depressions on the frontal bone

眉脊上沟

大荔颅骨的眉脊上沟可以分为眉间段、内侧段与外侧段。眉间段和内侧段很深，外侧段较浅。眉间段包绕着矢状脊的下端，从而眉脊上沟在此处被减弱，它与两侧的内侧段相连续，构成 V 字形。

大荔颅骨眉脊上沟内侧段和外侧段之间有矢状短脊，其上端与额结节相连，下端抵达眼眶上缘的中段。此脊在左侧比右侧为狭和显著，它使得眉脊上沟在此处显得很浅。有意思的是，这样的情况在中国古人类中绝无仅有，却出现于 Petralona 颅骨的左右两侧和 Kabwe 颅骨的左侧，只是比大荔的宽阔，却不如大荔的显著。OH 9、La Ferrassie、La Quina、Gibraltar 颅骨都没有这样的短脊。Petralona 和 Kabwe 近年一般被归于海德堡人，大荔颅骨的这条短脊是否反映来自旧大陆西部的基因流，值得进一步探讨。

北京、南京 1 号与和县的直立人以及马坝的颅骨，都有眉脊上沟，但是深浅程度稍有不同。南京直立人 1 号与和县颅骨的眉脊上沟的近中段成 V 字形，眉间段与外侧段的深度基本上相等，但外侧段比眉间段宽得多。南京与和县的 V 形张开的角度都比大荔的大。北京直立人的眉脊上沟更深，张开的角度更大。总之，中国的直立人的眉脊上沟在眉间区比在外侧段狭。

能人没有眉脊上沟。距今 180–150 万年的非洲的直立人和格鲁吉亚 Dmanisi 的人类化石都有眉脊上沟。KNM-ER 3733 和 OH 9 有凹陷的眉脊上沟，KNM-ER 3883 和 Dmanisi D 2280 的眉脊上沟呈比较平的凹面状。非洲直立人的眉脊上沟比较接近直线，在头骨中线处与外侧部宽度均匀（Antón, 2003）。Petralona 和 Kabwe 颅骨的眉脊上沟比大荔的浅得多，或几乎没有眉脊上沟。

中国和非洲的直立人的眉脊上沟都是连续的，而且额骨鳞都在眉脊上沟的上方陡然升起。

按照 Antón 等（2002）的研究，爪哇 Sangiran、Trinil、Ngandong 和 Sambung 的人类颅骨化石，无论时代早晚、脑量大小，都没有凹陷分明的连续的眉脊上沟。眶上圆枕的最外侧端以三角形的凹陷与额骨鳞部分开，圆枕的眉间部与额骨鳞之间在爪哇直立人 Pithecanthropus II 和 Sangiran IX 有不明显的凹陷，在 Sangiran 17、Ngandong 6 完全没有凹陷。看来眉脊上沟的表现可能是东亚和东南亚直立人分异特别明显的特征之一。Antón（2003）认为造成不同沟形的原因并不相同。

眉间凹陷

从上面观察，大荔的眉间区的前缘呈向后凹缩状，和县颅骨眉间区比大荔凹缩稍深，北京和南京标本眉间区都不向后凹缩。Ngandong 颅骨没有大荔这样的眉间区较深地向后凹缩的眉间部。Ceprano 眉间区向后凹缩。Atapuerca SH 5 和 6 的眉间部都不向后凹缩。目前似乎看不出这个特征有什么地区性和时代性变异的规律。

眉脊（眶上圆枕）

大荔颅骨两侧眉脊在眉间区相连成为粗壮的眶上圆枕。圆枕的眉间段甚为粗壮。

从前面观察，大荔颅骨的两侧眉脊都是中部最厚，外侧部最薄，两侧眉脊内侧段的上缘形似一条由内侧下方行向上外侧的直线，眉脊外侧段的上缘则形似一条从内侧上方行向下外侧的直线，这两条线相交成大约 130°角。在左侧，这两条线大约等长，在右侧，外侧段比内侧段稍长，形成的角度比左侧的稍大。在左侧，两条线相交处呈弯度较深的弧线，在右侧则弯度较缓。左侧和右侧眉脊上缘的内侧段都是由下内侧向上外侧成大约 30°倾斜，两侧眉脊上缘的内侧段构成尖端向下的大约 120°角。眉脊内侧部主要朝向前方，而外侧部主要朝向前上方，因此从内侧部到外侧部，眉脊表现出有些扭曲。

北京、南京与和县的直立人以及马坝颅骨也都有眉脊，但是上缘都基本上匀称，没有像大荔颅骨这样每侧的上缘都分成两段形成明显夹角的情况。这些颅骨眉脊中段都比大荔的薄得多。

像大荔颅骨这样形状的眉脊上缘在国外也不多见。在早更新世的标本如 KNM-ER 3733、Buia 和 Daka，眉脊上缘和下缘从额鼻缝到额颧眶点，一般呈双拱形。Bouri 眉脊也厚，左侧眉脊上缘从前面看有一些与大荔相似，但是右侧则成均匀的弧形（Asfaw et al., 2002）。OH 9 和 Sangiran 17 颅骨的眉脊的中段与两侧部分的厚度比较均匀。Ceprano、Steinheim 和 Arago 的眉脊中段也比内外侧段厚，但是差距不是很显著，上缘不呈角状。La Ferrassie 也有类似的情况，Atapuerca 的眉脊一般是内侧段较厚，中部并不特别增厚，中段与两侧部厚度的差距不是很显著，而 Petralona、Kabwe 和 Bodo 的眉脊都是中段比两侧段厚，前二者上缘近角状，与大荔的相似。

北京和南京直立人以及尼人的眉脊上缘与前缘圆钝地过渡，大荔的眉脊上缘的外侧段亦如此；但是大荔眉脊上缘的内侧段则不是如此，而是在前缘与上缘之间有比较明显的分界，这与 Kabwe 以及 Petralona 比较相似，和县直立人至少右侧也是如此。Atapuerca 兼有这两种形态。

眉脊上缘呈角状或呈均匀的弧形，眉脊的哪一段最厚等，似乎很难以自然选择来解释，眉脊形状各种细节的异同是否反映这些化石之间的遗传学联系值得思考。

大荔颅骨眉脊下缘或眶缘呈浅弧形。左侧此缘的中段比右侧的更接近直线状。两侧都没有眶上突和眶上切迹。整体颅骨前面观部分已经论及此二结构在其他化石的表现，此处不再赘述。

从上面观察，大荔颅骨眉脊的眉间部比两侧的眉脊向前突出，即眉脊前缘的内侧端比外侧端的位置更靠前，使得两侧眉脊的前缘构成八字形，而眉间本身的中央部稍微向后凹缩，即其呈凹面向前的浅弧形。两侧眉脊的棱状上后缘在眉间部不相连续。北京和南京直立人的两侧眉脊相连上面观呈一字形，和县标本呈弱的八字形，马坝的呈八字形。

一般而论，中国的直立人的眶上圆枕比早期的非洲直立人或较早的人属更粗壮，比印度尼西亚的标本则欠粗壮。Antón（2002）研究了爪哇和中国的一般被归属于直立人的颅骨。她将爪哇的标本进行分类，将 Trinil、Sangiran 2、3、4、10 号标本归类为小脑量直立人；将 Sangiran 12 和 17 号标本归类为早期大脑量标本；将 Sambung 1、Ngandong 1、5、6、7、10、11 和 12 号归类为晚期大脑量标本。按照她的研究，1 例爪哇早期大脑量标本和 6 例爪哇晚期大脑量标本眶上圆枕的眉间部与外侧部是连续的，其眉间部比外侧部更加突出。爪哇晚期 6 例大脑量标本中有 4 例的眶上圆枕在眉间区向后退缩；早期大脑量标本有 1 例的眶上圆枕在眉间区不向后退缩。2 例爪哇小脑量直立人眶后缩狭都很显著；而 1 例早期大脑量的和 7 例晚期大脑量的标本的眶后缩狭都很浅。她与其他人研究 Sambung 3 时指出它的眶上圆枕的眉间部与外侧部是连续的，其眉间部比外侧部更加向前突出，底面观显示眉间部微微向后凹缩（Antón et al., 2002）。

过去根据北京直立人的眉脊从上面观察呈一字形，而比他晚的 Ngandong 颅骨的眉脊从上面观察呈八字形，曾经以为眉脊有从一字形向八字形进化的趋势。按照 Antón 等（2002）报道，在爪哇直立人中，从上面观察两侧眉脊，无论早期还是晚期的大脑量的颅骨都是连续的，眉间区比外侧部分更加向前突出，或者说前缘成八字形，不过 Sangiran 17 的眉脊呈八字形的程度比 Ngandong 稍弱，OH 9 颅骨的八字形比 Ngandong 的更强，即外侧部比中央部靠后的程度甚至更大。Atapuerca SH 的眉脊一般是内侧段较厚，中部并不特别增厚，Atapuerca SH 5 号颅骨两侧眉脊的内侧段合成一字形，外侧段呈八字形，其 6 号颅骨近八字形，4 号颅骨介于两者之间。看来眉脊上面观形状的意义可能比以往认识的更复杂，在中国可能反映从直立人到智人的时代上的差异，也可能反映其直立人与欧洲和东南亚的地区差异。一些学者主张 Ceprano 属于直立人，但是其眉脊从上面观察呈八字形，眉间区向后凹缩，与中国的直立人不同，却与欧洲其他中更新世人一致，Ceprano 可能兼具这两群人的基因。

马坝颅骨和尼人的眉脊比东亚直立人和爪哇的直立人的眉脊都薄，其后的人类的眉脊变薄以至消失，演变为现代人的眉弓。眉脊曾经被看作是一种原始性的标志。但是能人没有向前突出的眉脊（Antón, 1999）。距今 180–150 万年的东非和格鲁吉亚 Dmanisi 化石的发现促使人们认识到眉脊的演化不是简单地由粗厚发展到细弱，而是由弱到强，再变弱，直至消失。20 世纪 70 年代起，两侧连成一片的厚眉脊被当成是直立人的一种自近裔性状。自从大荔等具有这样眉脊的标本的智人化石一再出土，加之欧洲中更新世人也有眉脊，它再也不能被当做直立人的独有特征。

关于各种人类化石的眉脊厚度有相当多的资料，但是测量的方法不完全一致。1980 年 Smith 和 Ranyard 在研究中南欧晚更新世人类眶上区进化的论文中采用一种新的定义测量眉脊的厚度，后来该方法为其他一些研究者所采用。Smith 和 Ranyard 为眉脊厚度的测量规定了一些测量点的位置：内侧测量点的定义是眶上圆枕眼眶段的最厚处，此处往往与圆枕弓的最高点密切地对应，刚刚在眼眶内侧缘的外侧，不变地位于圆枕的最厚处。外侧测量点的定义是圆枕外侧段的最厚处，位置在想象中的通过额颞点的平面的外侧。眶中点的定义是在上述两点之间圆枕最薄处，位于圆枕的眼眶段的外侧部，大约在从外侧测量点到内侧测量点的距离的外侧三分之一段与中三分之一段交界处。他们认为，选择这样的三个点来测量眉脊厚度既容易确定位置，在逻辑上也能代表圆枕形状的重要侧面，而且更能反映出尼人的圆枕与早期现代人的眶上区的差异。他们还规定，从眉脊下缘测到其上面(Smith and Ranyard, 1980)。Arsuaga 等(1997)在采用上述定义(Smith and Ranyard, 1980, pp. 596–597)的同时，"在外侧点与内侧点之间圆枕不呈'夹紧状'处测量(眉脊中点的)厚度"(Arsuaga et al., 1997, p. 262)。现在笔者将一些采用 Smith 和 Ranyard 定义获得的资料列于表 41 中。由于大荔颅骨的眉脊形状与他们测量的标本有很大区别，笔者不能完全按 Smith 和 Ranyard(1980)或 Arsuaga 等(1997)的方法办，而是参考其可行者和(或)比较更能勾画眉脊形态者进行:在紧挨着眶内侧缘外侧处测量眉脊内侧段的厚度；在上缘外侧段，在额颞点的前方测量眉脊外侧段的厚度；笔者提供两处眉脊中段厚度，其一按照 Smith 和 Ranyard(1980)的规定在眉脊中三分之一和外侧三分之一交界处测量，另一在整个眉脊的最厚处测量，以*符号标注。每处都是从眉脊前下缘测到眉脊上面，与该段眉脊的主轴相垂直。由于不同作者测量各段的处所可能有或多或少的不同，表 41 列出的比较数据并不一定是完全可比的，只能作为大体上反映其间差别的参考。

表 41 按 Smith 和 Ranyard 定义测量的眉脊厚度

Table 41 Thicknesses of supraorbital torus following defintion of Smith and Ranyard

	内侧点 Medial point	眶中点 Midorbital point	外侧点 Lateral point
大荔 Dali 左 lt	19.0	18(22.0*)	15.0
右 rt	19.0	18(20.0*)	14.5
Zuttiyeh(S)	15.8	10.6	10.9
Shanidar 1(S)	22.0	13.5	12.0
Shanidar 5(S)	21.0	11.0	11.0
Amud(S)	17.7	10.9	12.4
Tabun C-1(S)	16.0	13.1	12.0
Qafzeh 1(S)	19.2	5.0	6.2
Qafzeh 2(S)	15.7	5.5	8.0
Qafzeh 6(S)	20.3	10.2	13.7
Qafzeh 9(S)	20.1	5.0	7.8
Skhul 4(S)	19.0	10.5	11.5
Skhul 5(S)	14.2	8.7	10.2
Skhul 9(S)	18.0	10.6	11.6
Bodo(A) 左 lt	18.4	14.2	13.3
Kabwe(A) 左 lt	21.9	16.7	16.1
Atapuerca SH 3(A) 左 lt	12.2	7.9	8.2
右 rt	—	(7.8)	—
Atapuerca SH 4(A) 左 lt	15.4	11.5	12.0
右 rt	—	11.3	12.6
Atapuerca SH 5(A) 左 lt	15.3	14.1	14.6
右 rt	15.0	—	—
Atapuerca SH 6(A) 左 lt	—	7.4	8.0
右 rt	—	7.5	8.0
Atapuerca SH AT-121+AT-1545(A) 左 lt	(16.0)	14.0	14.0
Atapuerca SH AT-200(A) 右 rt	—	16.5	—
Atapuerca SH AT-237+(A) 左 lt	15.6	10.9	13.9
Atapuerca SH AT-400+AT-1050(A) 左 lt	—	11.6	13.1
右 rt	14.2	11.1	12.7

	内侧点 Medial point	眶中点 Midorbital point	外侧点 Lateral point
Atapuerca SH AT-465+（A）右 rt	14	7.5	7.5
Atapuerca SH AT-626+AT-1150（A）左 lt	12.1	6.8	6.5
Atapuerca SH AT-630+（A）右 rt	15.0	10.9	11.3
Atapuerca SH AT-1550（A）左 lt	(15.2)	10.8	11.0
Petralona（A）左 lt	21	15.6	12
Petralona（St）	20.8	—	15.9
Steinheim（A）右 rt	17.1	10.1	9.8
Arago 21（A）左 lt	15.0	9.6	11.4
尼人 Neanderthals（A）平均值±标准差（例数）	15.0±1.6（19）	10.1±1.5（24）	11.0±1.5（23）
变异范围 Range	12.5–18.0	6.4–13.9	8.2–15.1
尼人 Neanderthals（SR）平均值±标准差（例数）	17.7±2.82（5）	9.93±1.90（19）	11.83±1.57（17）
变异范围 Range	15.0–22.0	8.0–14.3	10.0–16.0
Krapina（SR）平均值±标准差（例数）	17.59±2.96（4）	10.67±1.81（13）	12.45±1.63（11）
变异范围 Range	15.8–22.0	7.0–14.3	10.3–16.0
Krapina（Ah）平均值±标准差（例数）	16.6±4.2（4）	10.7±1.8（13）	12.5±1.6（11）
Vindija（Ah）平均值±标准差（例数）	18.9（1）	8.9±0.8（6）	10.6±0.5（5）
Vindija（SR）平均值±标准差（例数）	—	8.58±0.56（5）	10.64±0.51（5）
变异范围 Range	—	8.0–9.5	10.0–11.3
晚旧石器时代早期人 Early Upper Paleolithic（SR）			
平均值±标准差（例数）	16.56±3.33（11）	5.36±1.72（11）	8.06±1.39（11）
变异范围 Range	11.5–23.7	4.4–7.7	6.0–10.1
旧石器时代晚期人 Upper Paleolithic（Ah）			
平均值±标准差（例数）	19.4±3.7（9）	6.1±1.1（11）	8.6±1.5（11）
Altendorf 新石器时代人 Altendorf Neolithic（Ah）			
平均值±标准差（例数）	16.7±2.6（49）	6.5±1.3（50）	8.0±1.5（50）

资料来源：

注明（A）者引自 Arsuaga 等（1997），该文原注：眶中点处的厚度是在内侧点和外侧点之间圆枕不呈"夹紧状"的地方测量的。比较标本只要可能，都在左侧测量。

注明（Ah）者据 Ahern 等（2002）。

注明（S）者据 Simmons 等（1991）。

注明（SR）者据 Smith 和 Ranyard（1980），其尼人、晚旧石器时代早期人、Krapina 和 Vindija 等组所包含的具体化石名单参见各该作者的原文。

注明（St）者据 Stringer 等（1979）。

大荔颅骨带*的数据是在眉脊最厚处测得的。

表 41 显示，按照这样的量法，眉脊的内侧部最厚，有的标本眶中点厚度大于外侧点厚度，有的相反或者相等。

就内侧点的厚度而言，非洲中更新世人相当于欧洲中更新世人变异范围的上部，Atapuerca SH 和 Arago 比 Petralona 和 Steinheim 为小，欧洲尼人大约相当于欧洲中更新世人变异范围的中和上部，可能比中东尼人的为薄，欧洲旧石器时代晚期人与欧洲中更新世人的变异范围，和欧洲加中东尼人的变异范围大部重叠，大荔标本没有超出这个范围，在其上部，Zuttiyeh 则在其下部，Skhul 和 Qafzeh 则相当于其中上部。

就眶中点厚度而言，非洲中更新世人和欧洲其他中更新世人都相当于 Atapuerca SH 变异范围的上中部，尼人相当于其中下部。尼人的平均值比欧洲旧石器时代晚期人平均值大得多，Skhul 和 Qafzeh

共 7 件标本的平均值比欧洲旧石器时代晚期人的平均值大得多。大荔的眶中点厚度比表 41 列举的所有标本都大。

就眶外侧点厚度而言，Arsuaga 等（1997）的 Petralona 的数据相当于 Atapuerca SH 标本多侧数据变异范围的上部，但是 Stringer 等（1991）的 Petralona 的数据比 Atapuerca SH 的最大值大。尼人变异范围与欧洲中更新世人的上部重叠，欧洲旧石器时代晚期人变异范围的上部与中更新世人和尼人的下部重叠，Skhul 和 Qafzeh 共 7 件标本的平均值与 Vindija 的 5 件标本的平均值接近，大荔的数据与欧洲中更新世人最高值接近，比 Kabwe 稍薄，比 Bodo 稍厚。

有些作者在提供眉脊厚度时还没有 Smith 和 Ranyard 的定义，或者没有说明是根据这个定义测量的，现将这一类资料另列于表 42。

表 42　按其他方法测量的眉脊厚度
Table 42　Thicknesses of supraorbital torus following other methods

	内侧部 Medial portion	中部 Central portion	外侧部 Lateral portion		内侧部 Medial portion	中部 Central portion	外侧部 Lateral portion
大荔 Dali 左 lt	19	19（22*）	15	Dmanisi D 2700（R5）	—	8	6
右 rt	19	18（20*）	14.5	Dmanisi D 2280（R5）	—	11	9
蓝田直立人 Lantian	17	14	—	Dmanisi D 2282（R5）	—	10.5	5.5
郧县 Yunxian I 左 lt	12.4	11.7	13.1	Dmanisi D 3444（R5）	—	10	9
右 rt	14.7	10.7	—	Dmanisi D 4500（R5）	—	12	—
郧县 Yunxian II 右 rt	18.1	—	—	Sangiran 2（R3）	—	12	8
北京直立人 ZKD II（W1）	14.2	14.0	—	Sangiran 10（R4）	—	19	—
北京直立人 ZKD II（W2）左 lt	19.6	17.4	11.2	Sangiran 17（R2）	—	17	13
北京直立人 ZKD III（W1）	13.5	11.5	—	Sangiran IX（R4）	—	13.8	—
北京直立人 ZKD III（W2）左 lt	12.8	12.7	12.0	Bukuran（R4）	—	14	—
右 rt	12.0	11.5	10.8?	Ngawi（R4）	—	16	—
北京直立人 ZKD V	13	12	—	Sambung 1（R4）	—	15	—
北京直立人 ZKD X（W1）	12.6	13.0	—	Sambung 3（R4）	—	14	—
北京直立人 ZKD X（W2）左 lt	13.0	—	—	Sambung 4（R4）	—	15	—
右 rt	14.0	16.5	12.0	Ngandong 1（R4）	—	13	—
北京直立人 ZKD XI（W1）	14.0	14.0	—	Ngandong 6（R4）	—	16	—
北京直立人 ZKD XI（W2）左 lt	—	13.8	—	Ngandong 7（R4）	—	15	—
右 rt	13.0	13.2	—	Ngandong 10（R4）	—	12.5	—
北京直立人 ZKD XII（W1）	17.0	16.0	—	Ngandong 11（R4）	—	12	—
北京直立人 ZKD XII（W2）左 lt	16.2	15.6?	14.5?	Ngandong 12（R4）	—	14	—
右 rt	16.0	14.6	14.0	Tabun 1（Wo）	—	12.4	—
南京直立人 Nanjing 左 lt	10.9	8.1	10.5	KNM-ER 1470（R3）	—	8	6.5
右 rt	10.5	8.8	—	KNM-ER 1813（R3）	—	9	6.5
和县直立人 Hexian PA830 左 lt	19	16	12	KNM-ER 3733（R3）	—	8	9
右 rt	18	17	13	KNM-ER 3883（R3）	—	11	7
和县直立人 Hexian PA840 右 rt	13	16	12	KNM-ER 42700（R4）	—	7	—
沂源 Yiyuan Sh.y.002.1 左 lt	13	12	16.5	KNM-ER 15000（R4）	—	13	—
沂源 Yiyuan Sh.y.002.2 右 rt	—	12	14.7	OH 9（R1）	—	19	14
金牛山 Jinniushan 左 lt	14.3	10.4	13.8	Daka（R4）	—	16.5	—
马坝 Maba 右 rt	—	14	12	Bodo（C）	—	17–18	—

	内侧部 Medial portion	中部 Central portion	外侧部 Lateral portion		内侧部 Medial portion	中部 Central portion	外侧部 Lateral portion
Bodo（R2）	—	16	—	Steinheim（Wo）	—	16.2	—
Kabwe（R1）	—	23	—	Gibraltar（Wo）	—	14.0	—
Kabwe（C）	—	21	—	Saccopastore（Wo）	—	11.4	—
Ndutu（R1）	—	—	10.5	Krapina C（Wo）	—	12.3	—
Petralona（R2）	—	21	14	La Quina（Wo）	—	14.9	—
Petralona（Wo）	—	19.8	—				

资料来源：

蓝田直立人据吴汝康（1966）；郧县标本据李天元等（1994）；北京直立人 V 据邱中郎等（1973）；南京直立人据吴汝康等（2002）；和县直立人 PA830 标本据吴汝康、董兴仁（1982）；PA840 标本据吴茂霖（1983）；沂源标本据吕遵谔等（1989）。

注明（C）者据 Conroy 等（1978）。

注明（R1）者据 Rightmire（1983）。

注明（R2）者据 Rightmire（1996）。

注明（R3）者据 Rightmire 等（2006）。

注明（R4）者据 Rightmire（2013）。

注明（R5）者据 Rightmire 等（2017）。

注明（W1）者据 Weidenreich（1943, p. 162）。

注明（W2）者据 Weidenreich（1943, p. 30）（在近前缘处测量）。

注明（Wo）者据 Wolpoff（1980）。

大荔颅骨中部数据在眶上缘中点处测量，带*的数据是在最厚处测得的，位置在眶上缘中点稍内侧。

按照这些资料，大多数标本的眉脊都是内侧部最厚，有些标本如郧县 I 号和沂源 Sh.y.002.1 是外侧部最厚，沂源 Sh.y.002.2 和 KNM-ER 3733 外侧部比中部稍厚（没有内侧部的数据）。北京直立人 X 号右侧与和县颅骨 PA840 是中部最厚，外侧部最薄，内侧部居中，此二标本三部之间的厚薄顺序虽与大荔一致，但是它们的中部厚度与内侧部厚度之间相差的程度远逊于大荔。南京直立人颅骨左侧，沂源的 Sh.y.002.1 标本左侧及金牛山左侧眉脊都是中部最薄。这些异同有无特别的意义？厚度顺序是否反映时代先后的变化？有无地区间差异？都是待解之谜。从北京与和县直立人的标本来看，在同一地点的不同个体间三段的厚度差异顺序也有变异，所以应该考虑到在同一群体内可以有一定的变异范围。

就中部厚度而言，在三组早期人中，非洲早更新世人和 Dmanisi 变异范围重叠，其最高值稍小于 Sangiran 的最低值。欧洲与非洲中更新世人眉脊中段的变异范围可能大幅度重叠。两者的最低值大于欧洲和中东尼人的最高值。

就外侧部的厚度而言，在早更新世人中似乎以 Sangiran 为最厚，非洲早更新世人其次，Dmanisi 最薄。中国中更新世人总体上比这些为厚。

表 41、表 42 显示不同作者为同一标本提供的数据有的相差很大，可能是由于他们所采用的测量定义很不同，或者由于其他原因。这些差异提醒我们，在使用不同作者的数据进行比较时需要谨慎。

Groves 和 Lahr（1994）提出眶上圆枕均匀地增厚，或者外侧比内侧厚，是直立人 5 个独有的衍生性状之一。从表 42 可以看出在中国直立人的标本中能进行眉脊内外侧部厚度比较的多例标本中只有沂源 Sh.y.002.1 的左侧是外侧部厚于内侧部（即使将郧县曲远河口的标本也归入直立人，也只能增加一侧），其余均是外侧部比内侧部薄。可见他们所据以形成观点的原始资料与实际相去很远。

大荔颅骨左右侧眉脊前面的上部分别有长约 1.5 厘米和 2 厘米的区域，表面满布虫迹样构造，主要是短而细的沟纹。据 Arsuaga 等（1997）研究，Atapuerca SH 的所有成年标本都有这种构造，至少有一片虫迹样区域表现于眶上切迹的外侧，覆盖着眉脊的前面和上面。4 号颅骨眉脊眶段的内侧部和眉间部也有虫迹样花纹，AT-200 标本的眶段有一个个点状小坑，眉间段有一些小沟。也有标本两侧都有密密麻麻的点状区。此处的未成年颅骨，除了 6 号标本在三角区有小脊外，只有一片点坑状构造，与成年的点坑状构造不同，更加疏松多孔，可能代表另一类型的骨骼重塑过程。

关于眉脊发育的原因曾有过各种不同的研究和假说。Weidenreich（1943）提出眉脊是颅骨加固系统的一个组成部分。日本学者远藤万里（Endo, 1966）在进行头骨的力学分析后认为垂直的额部能有效地与作用于眶上区的弯曲应力相拮抗，而倾斜的额部则需要有如眶上圆枕那样的支持结构。他的结论是额越倾斜则眉脊越是粗壮，眶上区的发育首先与前部牙齿习惯性地用来紧咬食物和其他物品有关，宽阔的头骨和强大的咀嚼肌是增强眉脊的重要因素。Russel（1983, 1885）在研究了澳大利亚土著人的骨骼后也得出了与远藤大致相同的结论。这一派假说可以称之为咀嚼应力假说。吴汝康（1987）对此有过评论，他指出，尼人在具有发达眉脊的同时，还有宽大的额窦从眉间区扩展到眼眶上缘的内侧三分之一。而按照远藤的理论，由前部牙齿负荷而产生的应力倾向于集中于眉间区，那么，为什么尼人恰恰就在这个部分变空，常使窦壁像纸那样薄呢？吴接着指出，Vogel 曾提出在凸颌的灵长类中，前部牙齿咬合的应力更多地向上分散于面部外侧的支柱，即眼眶外侧缘。尼人的眼眶外侧缘比现代人远为粗壮，可能在凸颌类型的尼人中比在平颌类型的现代人中眉脊的外侧段在传递应力到颅穹隆的过程中比中部更为重要。吴还提出，有报道表明眉脊可在女性中出现，这些女性个体的男性亲属也往往具有眉脊，因此眉脊似与遗传有关。在因纽特人和阿留申人中有巨大的牙齿咬合应力，可是他们的眉脊并不像澳大利亚土著人那样发达，是否由于不同的遗传因素？蓝田公王岭的粗大眉脊与纤细面骨以及小的牙齿并存。中国中更新世人的眉脊总体上比亚洲和非洲早更新世人的厚。这些现象似乎也不利于咀嚼应力假说。

关于眉脊的成因还有另一组假说，可以叫做空间假说。最初是 Moss 等于 1960 年提出来的，后来 Ravosa（1986）又提出与之类似的假说。这组假说的主要主张是眉脊发育的程度主要取决于脑子相对于面部的某些方面（通常是眶区）的空间位置关系，例如大猩猩和直立人眼眶位置比脑的前部超前较多，必须有骨骼架于二者之间，导致产生发达的眉脊。反之如猩猩和现代人的眼眶就在脑子前部的正下方或二者很靠近，其间只有一个小的空间需用骨相连，于是眉脊便弱。Hylander 等（1991）研究了猕猴和狒狒咀嚼和用门牙切割时对眼眶上部骨骼的影响，其结果显示在突颌较甚的情况下，眶上区所受的力并不较大，并指示在狭鼻类中咀嚼和用门牙切割时眶上部受力是很小的。眶上部的骨质比对付咀嚼活动引起的负荷所必需的量要多得多。他们的研究不支持将眉脊粗厚归因于咀嚼力的任何假说。他们的结论是，没有理由相信现生的或化石的灵长类增大的眉脊是应付强大咀嚼力的结构性适应。他们支持空间派的观点，即灵长类眉脊形态进化的最佳解释应在脑与眼眶相对位置的因素上去找。但是究竟什么原因导致脑子与眼眶的位置差异，还是一个谜。在从直立人继续进化的过程中为什么脑子由较后的位置向前移动到眼眶的正上方，还有待探究。

眉脊的形态变异也可能由于年龄。头骨包括眉脊都是终生生长和可塑的，澳大利亚土著男人在达到成年以后，眶上区还继续生长，因此在同一个群体中，老人可以比年轻人的眉脊更粗壮（Russel, 1983）。

眶后缩狭

大荔额骨紧挨眉脊的部分有所缩狭，但较北京和南京的直立人为宽，缩狭程度较弱。直立人脑颅在眼眶后方比现代人的缩狭得多，在其间随着时间的推移，眶后缩狭总的趋势是越晚的标本程度越低，为了进行比较，需要设计一种指数以衡量缩狭的程度。笔者在 1981 年发表的研究大荔颅骨的论文中以"额骨鳞部两侧面间的最短径除以两侧眉脊外侧端之间的最大径，再乘以 100"来作为眶后缩狭指数。de Lumley 和 Sonakia（1985, p. 40）用额骨最小宽（ft-ft）除以额骨上两侧眉脊向外侧最突出点之间的距离表示眶后缩狭程度。de Lumley 等（2008, p. 428）以额骨实际最小宽度（Diamètre frontal min. réel）为分子，以"Largeur max. entre les apophyses orbitales externes M43"为分母计算眶后缩狭指数。但是按照 Martin《人类学教科书》所规定，第 43 号测量项目（M43）是 fmt-fmt 或 Outer biorbital breadth，与"眼眶外侧突起之间的最大径"并不一致，笔者不能确定 de Lumley 等具体使用何者作为分母。如果撇开

Martin 编号只按"Largeur max. entre les apophyses orbitaires externes"的字义来理解，他们的这个指数似乎与笔者 1981 年提出的计算参数一致。表 44 和表 45 分别列举按照 de Lumley 和 Sonakia(1985)、de Lumley 等(2008)各该论文提供的方法得出的数据。Rightmire(1990)以最小额宽(ft-ft)作为分子，两眶间弦(biorbital chord, fm:a-fm:a)作为分母来计算眶后缩狭指数。两眶间弦在 Howells(1973)的书中被称作两额宽(bifrontal breadth 和 FMB)。完全利用在 Martin《人类学教科书》上有所规定的测量标志是 Rightmire 方法的优点，但是 ft-ft 往往比额骨实际最狭径短，有时甚至短得多，fm:a-fm:a 并不是紧挨眶后缩狭部的面骨最宽径，因此不能恰当地表示眶后缩狭的程度。de Lumley 等(2008, p. 428)所用的分母也往往与紧挨眶后缩狭部的面骨最宽径有差距。

不同方法得出的各组人类化石眶后缩狭程度的格局相当不同。为了方便与不同作者的资料进行比较，笔者用几种不同的方法衡量大荔颅骨的眶后缩狭指数，列于表 43 至表 45。

另外还有以眶后宽 [M9(1)] 除以额颞点间距(M10b, st-st)或以眶后宽 [M9(1)] 除以 M43(1) (fmo-fmo)(Gilbert et al., 2003)来衡量眶后缩狭的程度的方法，本文就不一一叙述了。Gilbert 等(2003)展示，用这两种办法比较眶后缩狭指数得出的化石比较格局很不相同。

表 43　眶后缩狭指数(1)
Table 43　Postorbital constriction index (1)

	最小额宽 Min. frontal breadth ft-ft　M9	两眶间弦或两额宽 Biorbital chord fm:a-fm:a　M43a　FMB	眶后缩狭指数 Postorbital constriction index M9/M43a
大荔 Dali	104	114	91.2
南京直立人 Nanjing 1	80	96	83.3
和县直立人 Hexian	93	(104)	89.4
Dmanisi D 2700 (R2)	67	90	74.4
Dmanisi D 2280 (R2)	75	105?	71.4
Dmanisi D 2282 (R2)	66	96?	68.8
Dmanisi D 3444 (R3)	67.5	98	68.9
Dmanisi D 4500 (R3)	65	102	63.7
Sangiran 17 (R1)	95	115?	82.6?
Sambung 1 (R1)	102	114?	89.5?
Ngandong 12 (R1)	103	113?	91.2?
KNM-ER 1470 (R2)	71	109	65.1
KNM-ER 1813 (R2)	65	91	71.4
KNM-ER 3733 (R1)	83	109	76.1
KNM-ER 3883 (R1)	80	110	72.7
KNM-WT 15000 (R2)	73	96	76.0
OH 9 (R1)	88	123?	71.5?
Kabwe (R1)	98	125	78.4
Petralona (R1)	110	126	87.3
Petralona (S)	110.8	127.0	87.2
Šal'a	105	108	97.2
现代人 Modern man (R)	97.6	102	95.7

资料来源：

南京直立人的最小额宽据吴汝康等(2002)；中国标本的两眶间弦据笔者；Šal'a 据 Sládek 等(2002)。

注明(R1)者据 Rightmire (1990)，现代人为 Terry Collection 的 15 具黑人男性头骨平均数。

注明(R2)者据 Rightmire 等(2006)。

注明(R3)者据 Rightmire 等(2017)。

注明(S)者据 Stringer 等(1979)，以其 bifrontal chord 为本表的两额宽，所计算得的指数与 Rightmire 的十分接近。

表 43 显示，这个指数在人类进化过程中有着由小到大的发展趋势。Dmanisi 与非洲早更新世人的变异范围大幅重叠，Sangiran 17 比这两组人的最高值都高得多，达到 82.6，与南京直立人十分接近。Kabwe 与和县标本相差 11，Petralona 与和县接近。现代人为 95.7，总体上显示出增高的趋势。中国与欧洲中更新世人可能没有显著差异，大荔颅骨比表 43 列举的所有中更新世标本都更高，与现代人更接近。

表 44 眶后缩狭指数（2）
Table 44　Postorbital constriction index (2)

	最小额宽 Min.frontal br. ft-ft　M9	两侧眉脊最外侧点间距 Distance between lat. ends of both brow ridges	眶后缩狭指数 Postorbital constriction index
大荔 Dali	104	125	83.2
蓝田直立人 Lantian	93	137	67.9
北京直立人 ZKD V	91	117	77.8
北京直立人 ZKD X	89	(124)	71.8
北京直立人 ZKD XI	84	(108)	77.8
北京直立人 ZKD XII	91	119	76.5
南京直立人 Nanjing	80	107	74.8
和县直立人 Hexian	93	111	83.8
马坝 Maba	(95)	(125)	76.0
Sangiran 17（L）	99	122	81.1
Ngandong 12（L）	105	122	86.1
Narmada（L）	(106)	(120)	88.3
Kabwe（L）	99	139	71.2
Petralona（L）	109	132	82.6
Petralona（S）	110.8	133.5	83.0
Arago（L）	104.5	126.5	82.6
La Chapelle（L）	109	124	87.9
La Ferrassie（L）	109	121	90.1

资料来源：

和县直立人据吴汝康、董兴仁（1982）；中国其余标本据笔者（北京直立人据模型）。

注明（L）者据 de Lumley 和 Sonakia（1985），其中眉脊最外侧点间距的原文作 Largeur maximale du frontal entre les apophyses orbitaires externes。

注明（S）者据 Stringer 等（1979）。

表 44 数据也显示，眶后缩狭指数在人类进化中有由小到大的趋势，不过 Sangiran 17、Kabwe 表现得有些异样，可能各有其特别的含义。北京直立人的变异范围是 71.8-77.8，南京直立人不超出这个范围，和县直立人却比之高许多，而与欧洲中更新世标本比较接近。马坝颅骨从总的形态看无疑应该归于智人，而其眶后缩狭程度却很是显著，在北京直立人的变异范围内，因此将这个特征列为直立人的自近裔性状之一是成问题的。马坝与和县颅骨的眶后缩狭程度还指示，在这个性状上直立人与智人之间有着明显的镶嵌现象，其间没有显明界线。大荔的眶后缩狭指数与和县的很接近，比中国其他直立人的都大得多，而与欧洲中更新世人接近。值得指出的是，Narmada 的指数是表 44 列举的中更新世

头骨中最高的，Ngandong 12 比直立人高得多。

表 45　眶后缩狭指数（3）

Table 45　Postorbital constriction index (3)

	额骨真正最小宽 Real min. frontal br.	两侧眉脊最外侧点间距 Distance between lat. ends of both brow ridges	指数 Postorbital index
大荔 Dali	106.4	121	87.9
郧县复原颅骨 Yunxian (reconst.)（L）	106	130	81.5
北京直立人 ZKD III（L）	88.5	109	81.2
北京直立人 ZKD XI（L）	94	(111)	84.7
南京复原颅骨 Nanjing 1 (reconst.)	90	106	84.9
和县直立人 Hexian（L）	100	111	90.1
Dmanisi D 2280（L）	86	114	75.4
Dmanisi D 2282（L）	80	105	76.2
Dmanisi D 2700（L）	77	97	79.4
Sangiran 17（L）	96	119	80.7
Ngandong 12（L）	105	123	85.4
Narmada（L）	(106)	(120)	88.3
KNM-ER 3733（L）	92	116	79.3
KNM-ER 3883（L）	88	(116)	75.9
KNM-WT 15000（L）	86	107	80.4
OH 9（L）	98	130	75.4
Bodo（L）	108	136	79.4
Kabwe（L）	99	139	71.2
Ceprano（L）	110	130	84.6
Arago 21-47（L）	106	126	84.1
Atapuerca SH 5（L）	104	125	83.2
Petralona（L）	108	130	83.1

资料来源：

中国标本据笔者。

注明（L）者据 de Lumley 等（2008, p. 428），表 45 所用的两个测量项目的原文分别为：Diamètre frontal min. réel lfm 和 Largeur max. entre les apophyses orbitaires externes M43，但是按照 Martin《人类学教科书》，M43 的定义是两侧 fmt 之间的直线距离，不是两侧眉脊最外侧端间距。笔者从其列出的后一测量项目的数据来推测，该文作者采用的是"两侧眉脊最外突点之间的最大宽"，而不是如其原文表上所标注的 M43 即 fmt-fmt。

　　从测量位置看按照表 45 规定测量最不会因为测量者对规定的不同理解而发生数据上的误差，最能反映额骨在眼眶之后缩狭的程度。表 45 显示，非洲早更新世人与 Dmanisi 的指数变异范围几乎完全重叠，Sangiran 17 与其最高值十分接近。总之这些早更新世人类的眶后缩狭指数在 81 以下。非洲中更新世人 Bodo 与上述变异范围上限接近，Kabwe 比其下限还低很多。中国的直立人变异范围是 81.2–90.1，除去和县的特殊情况，中国直立人的变异范围是 81.2–84.9，欧洲中更新世人的变异范围很小，相当于这个范围的上部。大荔的指数比和县的小，比中国其他直立人大，比欧洲中更新世人也大，比非洲中更新世人的更是大得多。但是表 45 包含的例数太少，可能在例数增加后会改变这个格局。

按照 Antón 等(2002)对爪哇人类颅骨化石的研究，在他们划分归属于脑量小的那一组标本(Trinil 和 Sangiran 2、3、4、10)内有 2 个标本眶后强烈缩狭，在脑量大的早期组(Sangiran 12 和 17)内有 1 个颅骨眶后强烈缩狭，脑量大的晚期组(Ngandong 1、5、6、7、10、12 和 Sambung 1)的 7 个颅骨中都不强烈缩狭。看来晚期人缩狭程度比早期人为浅，而脑量的大小对眶后缩狭程度可能也有一定的影响。

在爪哇包括 Ngandong 和 Sambung 的大约 5–10 万年前的古人类中，大多数眶后缩狭不显著，与直立人很不一致。有些学者既主张这个特征是直立人的自近裔特征，同时又主张将这些标本归入直立人，这就显得有些矛盾了。

额窦

CT 显示大荔颅骨的额窦包括许多小房，不是一个单一的大空腔。

额窦形成的原因过去曾有多种说法，如参与呼吸和发声的功能，在头骨增大的过程中有助于减轻头骨的重量，对气候的适应，遗传和内分泌以及与面颅的功能成分之间的相互关系等，没有定论。

Weidenreich (1943)注意到，爪哇 Trinil 直立人 1 号颅骨，Ngandong 古人和西欧尼人均有大的额窦，爪哇 Trinil 直立人 I 号颅骨的额窦最大长度为 24 毫米，最大宽度为 26–30 毫米，向外侧延伸达到眶顶。北京直立人时代较早的 III 号未成年头骨的额窦最大宽 24.5 毫米，最大长(矢径)14–15 毫米；X、XI、XII 号头盖骨在 X 线片上未显示出额窦，但从颅底面的破口上可以看出均有很小的未能延伸到眶顶区的气窦. 其中 XI 和 XII 号头盖骨的气窦看来是筛窦而非额窦。Weidenreich 认为爪哇 Trinil 直立人的气窦比北京直立人气窦更发育，是有意义的差异(Weidenreich, 1943)。北京直立人时代最晚的 V 号头骨两侧均有额窦，右侧较大，左侧较小。

在中国的其他化石人中，蓝田直立人的 X 线片未能显出额窦，和县颅骨眶间部破损；马坝头盖骨额窦相当大，经破口测量得右侧窦横径 26 毫米、矢径 16 毫米、最大高度 24 毫米，左侧的相应值分别为 21 毫米、10 毫米和 24 毫米。

Awash 中部地区的大约 80 万年前的 Bouri 颅骨的 X 线片显示额窦不对称，延伸到左眶中段部位。Ceprano 额窦的左室占了左侧眉脊内侧部的全部宽度，右室只占右侧眉脊内侧部的部分宽度(Ascenzi et al., 1996)；Seidler 等(1997)报道 Kabwe 和 Petralona 具有极大的额窦，而后者更大，他们还转引 Stringer 等(1984)的报道说，Arago 额窦较小，眉脊内没有空腔(Tillier, 1977，转引自 Arsuaga et al., 1997)。Arsuaga 等(1997)报道尼人与许多中更新世人一样额窦发育良好，Atapuerca SH 有额窦，6 号颅骨和其他未成年个体显示额骨筛骨有小空腔，向上达不到眼眶上缘，但是在 AT-626+AT-1150 小孩头骨破片上，额窦向上超过这个水平。由于现代人男孩和女孩额窦扩大的过程主要完成时间分别是 16 岁和 14 岁(Brown et al., 1984，转引自 Arsuaga et al., 1997)，因此 6 号个体在成年时可能会有比较大的额窦。

现代人不同人种的额窦发育有所不同：美拉尼西亚人有 37%没有额窦，澳大利亚土著人额窦小，有 30.4%的人没有额窦(Turner, 1901，转引自 Weidenreich, 1943)。Buriats 的 22 具头骨中只有 3 例有额窦，而且不大于 1–2 毫升，俄罗斯人具有额窦者只占 12%(Troitzky, 1928，转引自 Weidenreich, 1943)。Vinyard 和 Smith (1997)研究提出在现代人中额窦的发育与眶上区内侧部骨质发育有关。

最小额宽与最大额宽的比例可以反映额骨的形状，或许与大脑前部的形状也有关系。表 46 提供这方面的一组数据。

表 46　最大额宽和最小额宽及指数

Table 46　Maximum and minimum frontal breadths as well as index

	最大额宽 Max. frontal br. co-co　M10	最小额宽 Min. frontal br. ft-ft　M9	额骨缩狭指数 Index M9/M10
大荔 Dali	119	104	87.4
蓝田 Lantian	109?	92	84.4
郧县复原颅骨 Yunxian (reconst.)	136	106	77.9
北京直立人 ZKD II（W）	108?	84?	77.8?
北京直立人 ZKD III（W）	101.5	81.5	80.3
北京直立人 ZKD V	112.0	91	81.3
北京直立人 ZKD X（W）	110?	89	80.9?
北京直立人 ZKD XI（W）	106	84	79.2
北京直立人 ZKD XII（W）	108	91	84.3
北京直立人 ZKD 平均（例数）	107.6（6）	86.8（6）	80.6（6）
南京直立人 Nanjing 1	98?	80	81.6
和县直立人 Hexian	118.4	93	78.5
山顶洞 Upper Cave 101	130	110	84.6
山顶洞 Upper Cave 102	116	105	90.5
山顶洞 Upper Cave 103	123	104	84.6
柳江 Liujiang	124.5	95.2	76.5
资阳 Ziyang	104.5	83?	79.4
隆林 Longlin（C）	—	94	—
蒙自马鹿洞 Maludong（C）	125	95	76.0
Dmanisi D 2280（L）	106	74	69.8
Dmanisi D 2280（R3）	105	75	71.4
Dmanisi D 2282（L）	(91)	67	73.6
Dmanisi D 2282（R3）	87	66	75.9
Dmanisi D 2700（L）	90	67	74.4
Dmanisi D 2700（R3）	85?	67	78.8
Dmanisi D 3444（R5）	91	67.5	74.2
Dmanisi D 4500（R5）	92	65	70.7
Sangiran 2（R1）	102	82	80.4
Sangiran10（R4）	105	—	—
Sangiran 17（R1）	119	95	79.8
Sangiran 17（K）	(115)	99	86.1
Sangiran 17（L）	115	96	83.5
Sangiran IX（R2）	103	87?	84.5?
爪哇 Trinil 直立人 I（W）	92?	85	92.4
爪哇直立人 Pithecanthropus II（W）	102?	79	77.5
爪哇直立人 Pithecanthropus II（R1）	95	85	89.5
Bukuran（R4）	103	—	—
Ngawi（R4）	114	—	—
Sambung 1（R1）	116	102	87.9

	最大额宽 Max. frontal br. co-co M10	最小额宽 Min. frontal br. ft-ft M9	额骨缩狭指数 Index M9/M10
Sambung 1 (R4)	123	107?	84.6
Sambung 1 (K)	121	106	87.6
Sambung 3 (L)	112	98	87.5
Sambung 3 (R4)	118	101?	85.6
Sambung 4 (R4)	123	116?	94.3?
Ngandong 1 (R1)	120?	106?	88.3
Ngandong 6 (R4)	122	108?	88.5
Ngandong 6 (L)	115	101	87.8
Ngandong 7 (R)	116	103	88.8
Ngandong 7 (R4)	119	106?	88.9?
Ngandong 7 (L)	119	104	87.4
Ngandong 10 (L)	(120)	105	87.5
Ngandong 10 (R4)	123	110?	89.4?
Ngandong 11 (R1)	122?	112	91.8
Ngandong 11 (K)	110	105	95.5
Ngandong 11 (R4)	123	114?	92.7?
Ngandong 11 (L)	122	112	91.8
Ngandong 12 (R1)	114?	103	90.4?
Ngandong 12 (R4)	120	107?	89.2?
Ngandong 12 (L)	118	102	86.4
Narmada (L)	(120)	(106)	88.3
Shanidar (K)	128	115	89.8
Amud 1 (K)	124	115	92.7
Galilee (S)	113	97	85.8
Tabun 1 (S)	121.5	98	80.7
Skhul 4 (S)	121	106	87.6
Skhul 5 (S)	114	99	86.8
Skhul 9 (S)	120	96	80.0
Qafzeh 6 (S)	126	110	87.3
Teshik Tash (S)	120	100	83.3
KNM-ER 3733 (R3)	110	83	75.5
KNM-ER 3733 (L)	111	83	74.8
KNM-ER 3883 (R3)	105	80	76.2
KNM-ER 3883 (L)	(108)	81	75.0
KNM-WT 15000 (L)	97	85	87.6
Daka (R4)	105	95?	90.5?
OH 9 (L)	105	84	80.0
Bodo (L)	115	103	89.6
Bodo (R2)	119	105	88.2
Omo 2 (R2)	120?	108	90.0?

	最大额宽 Max. frontal br. co-co M10	最小额宽 Min. frontal br. ft-ft M9	额骨缩狭指数 Index M9/M10
Ndutu（R2）	112?	91?	81.3
Kabwe 1（R2）	118	98	83.1
Kabwe 1（K）	115	99	86.1
Kabwe 1（L）	115	96	83.5
Elandfontein（R3）	112	104?	90.2
Salé（R1）	98	81?	82.7
Ceprano（As）	(118)	(106)	89.8
Ceprano（L）	(120)	108	90.0
Petralona（R2）	120	110	91.7
Petralona（K）	117	109	93.2
Petralona（L）	120	108	90.0
Petralona（St）	120.0	110.8	92.3
Arago（L）	(105)	(105)	100.0
Arago（K）	108	104.5	96.8
Atapuerca SH 3（A）	115	102.1	88.8
Atapuerca SH 4（A）	126	117	92.9
Atapuerca SH 5（A）	(118.5)	105.7	(89.2)
Atapuerca SH 5（L）	112	104	92.9
Atapuerca SH 6（A）	—	100	—
Steinheim（K）	118.5	102	86.1
欧洲、非洲和西亚中更新世人 Middle Pleistocene humans of European, African and West Asian（Sl）			
平均值±标准差（例数）	122.39±6.1（9）	108.9±7.8（10）	—
La Chapelle（S）	122	109	89.3
La Ferrassie（K）	121	109	90.1
Monte Circeo（K）	128	100	78.1
Saccopastore（K）	116	101	87.1
Gibraltar（S）	120	102	85
Spy I（S）	114	104	91.2
Spy II（S）	117	106	90.6
Neanderthal（S）	122	107	87.7
La Quina（S）	108	100	92.6
Le Moustier（S）	120	109	90.8
Šal'a	127	105	82.7
欧洲、近东尼人 European and Near Eastern Neanderthals（Sl）			
平均值±标准差（例数）	123.7±6.2（11）	106.6±5.2（15）	—
Předmostí 1（S）	120	98	81.7
Předmostí 3（S）	128	104	81.3
Předmostí 9（S）	128	105	82.0
Oberkassel ♂（S）	114	100	87.7
Oberkassel ♀（S）	112	93	83.0

	最大额宽 Max. frontal br. co-co　M10	最小额宽 Min. frontal br. ft-ft　M9	额骨缩狭指数 Index M9/M10
Cro Magnon I (S)	126	102.5	81.3
晚旧石器时代早期人 Early Upper Paleolithic humans (Sl)			
平均值±标准差(例数)	122.3±3.9(18)	100±3.9(21)	—
东亚早期现代人 EAEMHS (C)			
平均值±标准差(例数)	120(4)	99±5(7)	83(4)
变异范围 Range	112–129	95–109	76–89
欧洲早期现代人 EUEMHS (C)			
平均值±标准差(例数)	124±7(17)	105±5(17)	82±2(16)
变异范围 Range	107–139	91–111	79–86
西亚早期现代人 WAEMHS (C)			
平均值±标准差(例数)	119±4(5)	103±5(6)	86±3(5)
变异范围 Range	114–125	96–110	80–88
非洲早期现代人 AFEMHS (C)	120(1)	112(1)	93(1)
Afalou (平均 average) (S)	123.7	99.1	78.9
Taforalt (平均 average) (S)	122.4	94	77.3
现代人平均 Modern man av. (R1)	118.3	97.6	82.65
现代人 Modern man (S)	108–133	91–101	76.3–90.1

资料来源:

北京直立人 V 号据邱中郎等(1973),其余[注明(W)者]据 Weidenreich(1943);蓝田直立人据吴汝康(1966);郧县复原颅骨据 de Lumley 等(2008);南京直立人据吴汝康等(2002);和县直立人的最小额宽据吴汝康、董兴仁(1982),最大额宽据笔者;山顶洞、柳江和资阳据笔者;Ceprano[注明(As)者]据 Ascenzi 等(2000);Clarke(2000, pp. 438, 439)报道 Ceprano 最小额宽为 112 毫米;Šal'a 据 Sládek 等(2002)。

注明(A)者引自 Arsuaga 等(1997)。

注明(C)者据 Curnoe 等(2012),各个组所包含的化石名单参见本书表 1。

注明(K)者据 Kennedy 等(1991)。

注明(L)者据 de Lumley 等(2008)。

注明(R1)者据 Rightmire(1990)。

注明(R2)者据 Rightmire(1996)。

注明(R3)者据 Rightmire 等(2006)。

注明(R4)者据 Rightmire(2013)。

注明(R5)者据 Rightmire 等(2017)。

注明(S)者据 Suzuki(1970, p.152)。

注明(St)者据 Stringer 等(1979)。

注明(Sl)者据 Sládek 等(2002),各组包括的标本名单参见本书表 19。在三组人之间额骨最大宽 P 值=0.781,额骨最小宽 P 值 < 0.001。虽然欧洲、非洲和西亚中更新世人有 Kabwe、Petralona、Atapuerca SH 4、5、6,尼人中有 La Chapelle、La Ferrassie,但是笔者仍旧将这几处标本的数据分别保留在上表中。

由上列数据似乎可以归纳出以下几点:

(1) 最大额宽在早更新世较小。其中 Dmanisi 似乎最小,其次是非洲早更新世人,Sangiran 最大。北京直立人变异范围与非洲早更新世人变异范围大幅度重叠,而和县直立人的最大额宽比北京直立人标本大得多,南京的则比后者稍小。中国直立人的最大额宽比欧洲中更新世人总体上要小。非洲中更新世人变异范围与欧洲中更新世人范围的下部重叠。后者与尼人范围大幅度重叠，总体上似乎后者比较大。欧洲早期现代人变异范围与欧洲中更新世人变异范围上部重叠，总体上比较大。中国的早期现代人总体上比中国直立人的大，与欧洲早期现代人的范围大部重叠。现代人各组标本有很大的变异范围，其最低值比非洲早更新世 KNM-ER 3733 和 Sangiran 17 还小。总体上说似乎在人类进化中有幅度不大的变大趋势。

（2）最小额宽在早更新世人中以 Dmanisi 的为最小，其次是非洲早更新世人，两者的变异范围之间没有重叠。Sangiran 总体上最大。中国的直立人比 Sangiran 17 小，大多比 Sangiran 2 大，比 Dmanisi 大得多，非洲早更新世人与中国的直立人的变异范围下部重叠。尽管资阳的最小额宽比中国所有北京成年直立人都小，中国早期现代人的平均值比直立人的大得多。欧洲中更新世人最小额宽全在 100 毫米以上，比中国的直立人大得多，与早更新世人相比，最小额宽有很明显变大的趋势。欧洲尼人与欧洲中更新世人有大幅度重叠；和早期现代人的变异范围也有重叠。现代人平均值比欧洲中更新世人平均值小，而与非洲中更新世人比较接近。非洲与欧洲中更新世人变异范围有重叠。中国直立人的比欧洲中更新世人的小得多，两者的变异范围不重叠而且距离颇大。值得特别指出的是，大荔的数值比中国直立人的大得多，而在欧洲中更新世人的变异范围内。东亚和欧洲的早期现代人的平均值则很接近，而比近代人总体上较大。

总之，从早更新世人到欧洲和非洲的中更新世人最小额宽似乎有变大的趋势，而与中国的直立人相比则变化趋势不明朗。欧洲早期现代人的最小额宽比中更新世人小，中国早期现代人大多比直立人标本的最小额宽大。

（3）最小额宽与最大额宽的比值，Sangiran 包含在非洲早更新世人变异范围内，Dmanisi 则较小，与非洲上新世和早更新世人的下部接近。中国直立人的变异范围与非洲中更新世人范围的下部重叠。欧洲中更新世人总体上比非洲早更新世人和中国的直立人高得多，与后者的变异范围没有重叠。欧洲中更新世人变异范围下部与非洲中更新世人的上部有小幅度重叠。

（4）大荔的最大额宽（119 毫米）与和县的很接近，比北京、南京和 Trinil 的直立人以及所有早更新世人都宽或宽得多，在中国早期现代人变异范围内，与非洲中更新世人接近，在欧洲中更新世人变异范围上部和尼人与欧洲早期现代人变异范围的中部。大荔的最小额宽（104 毫米）比中国直立人的最大值（和县，93）大得多，在中国早期现代人和 Ngandong 的变异范围内，与 Narmada、尼人平均值、欧洲和西亚早期现代人平均值接近，在欧洲中更新世人变异范围的下部，与欧洲中更新世人平均值接近的程度远大于与中国直立人接近的程度。大荔标本的最小额宽与最大额宽的比值（87.4）比中国的直立人大，比郧县 EV 9002 头骨的小得多，在中国早期现代人变异范围上部和 Ngandong 的下部，与 Narmada 接近。在欧洲中更新世人这个比值的变异范围内，接近其下限，在尼人和欧洲早期现代人的变异范围的上部。从这几项特征看，大荔古人似乎比较接近中国早期现代人的祖先。

额冠点是颞下线与冠状缝的交点，两侧额冠点之间的距离与最小额宽的比值可以反映颞线的走行方向。

表 47　最小额宽和额冠点宽及指数
Table 47　Minimum frontal breadth and bistephanic breadth as well as index

	最小额宽	额冠点宽	指数
	Min. frontal breadth	Bistephanic breadth	Index
	ft-ft　M9	st-st　M10b	M9/M10b
大荔 Dali	104	108	96.3
蓝田公王岭 Lantian	92	—	—
北京直立人 ZKD II（W）	84?	—	—
北京直立人 ZKD III（W）	81.5	78?	104.5

	最小额宽 Min. frontal breadth ft-ft M9	额冠点宽 Bistephanic breadth st-st M10b	指数 Index M9/M10b
北京直立人 ZKD V	91	—	—
北京直立人 ZKD X（W）	89	—	—
北京直立人 ZKD XI（W）	84	81	103.7
北京直立人 ZKD XII（W）	91	103	88.3
南京直立人 Nanjing 1	80	（79）	101.3
和县直立人 Hexian	93	103	90.3
山顶洞 Upper Cave 101	110	119.5	92.1
山顶洞 Upper Cave 103	104	109	95.4
柳江 Liujiang	95.2	100	95.2
资阳 Ziyang	83?	105	79.0?
Dmanisi D 2280（L）	74	65	113.8
Dmanisi D 2282（L）	67	72	93.1
Dmanisi D 2700（L）	67	67	100
Sangiran 17（L）	96	90	106.7
爪哇 Trinil 直立人 I（W）	85	（92）	92.4
爪哇直立人 Pithecanthropus II（W）	79	69?	114.5
Sambung 3（L）	98	110	89.1
Ngandong 6（L）	101	113	89.4
Ngandong 7（L）	104	119	87.4
Ngandong 10（L）	105	108	97.2
Ngandong 11（L）	112	117	95.7
Ngandong 12（L）	102	108	94.4
Narmada（L）	（106）	（120）	88.3
KNM-ER 3733（L）	83	77	107.8
KNM-ER 3883（L）	81	89	91.0
KNM-WT 15000（L）	85	87	97.7
OH 9（L）	84	84	100
Bodo（L）	103	104	99.0
Kabwe（L）	96	112	85.7
Ceprano（L）	108	（130）	83.1
Arago 21-47（L）	105	102	102.9
Petralona（L）	108	119	90.8
Petralona（S）	110.8	113.0[*], 117.5[#]	98.1, 94.3
Atapuerca SH 3（A）	102.1	113.5	90.0
Atapuerca SH 4（A）	117	119.5	97.9
Atapuerca SH 5（A）	105.7	（110.8）	95.4
Atapuerca SH 5（L）	104	106	98.1
Atapuerca SH 6（A）	100	（116）	86.2
现代人平均 Modern man av.（L）	—	110.42	—

资料来源：

最小额宽数据来源同上表，除特别注明者外，中国标本的额冠点间宽均据笔者。

注明（A）者据 Arsuaga 等（1997）。

注明（L）者据 de Lumley 等（2008）。

注明（S）者据 Stringer 等（1979），带*和#者分别由这篇论文的两位作者 Stringer 和 Howell 提供。

注明（W）者据 Weidenreich（1943）。

北京直立人、爪哇的直立人、欧洲中更新世人各组额冠点宽的人群内变异范围都很大，达到 20 毫米以上。中国直立人的额冠点宽总体上比欧洲中更新世人的小，两者的变异范围只有很少的重叠，大荔的在欧洲中更新世人变异范围的下部，而比中国直立人的大得多，在中国早期现代人变异范围的中部，比现代人平均值稍小。

最小额宽和额冠点宽构成的指数反映颞线的额骨段的走行方向是两侧颞线比较接近平行，还是明显向后张开，其变异范围在北京直立人、Dmanisi、非洲早更新世人、欧洲中更新世人都相当大。中国直立人此二测径的比值的变异范围与欧洲中更新世人的大幅度重叠，大荔标本没有超出两者的变异范围，大约在它们的中部，比中国早期现代人的最大值稍大。

眉间曲度指数和额骨脑部曲度指数表达和衡量额骨这两个部分在矢状方向上的曲度。

表 48　眉间和额骨脑部的曲度指数
Table 8　Glabellar curvature and cerebral curvature

	n-sg 弦 Chord n-sg M29(1)	n-sg 弧 Arc n-sg M26(1)	指数 Index M29(1)/M26(1)	sg-b 弦 Chord sg-b M29(2)	sg-b 弧 Arc sg-b M26(2)	指数 Index M29(2)/M26(2)
大荔 Dali	27	33.5	80.6	97	102	95.1
蓝田 Lantian	33	37	89.2	86	88?	97.7
北京直立人 ZKD II	22	28	78.6	82.5	93	88.7
北京直立人 ZKD III	22	25	88.0	83	88	94.3
北京直立人 ZKD V	27	31	87.1	96?	102?	94.1?
北京直立人 ZKD X	25	28	89.3	94	96	97.9
北京直立人 ZKD XI	21	26	80.8	89.5	97	92.3
北京直立人 ZKD XII	28	32	87.5	88	91	96.7
南京直立人 Nanjing	21	23	91.3	75.3	77.5	97.2
马坝 Maba	25	34	73.5	(98)	(105)	93.3
黄龙 Huanglong	—	—	—	92.5	103.5	89.4
爪哇 Trinil 直立人 I	(19)	(26)	(73.1)	83.5	85	98.2
爪哇直立人 Pithecanthropus II	—	—	—	71	73?	97.3?

资料来源：

北京直立人 V 号据笔者，蓝田直立人据吴汝康(1966)；南京和马坝据笔者；黄龙据王令红、布罗尔(1984)；其余均据 Weidenreich (1943)。

n-sg 弦和 n-sg 弧形成的指数为眉间曲度指数，指数越小表示眉间突出程度越大。由表 48 可见北京直立人此指数的变异范围相当大，蓝田接近其上限，大荔近其下限，南京比其稍大。马坝比所有这些标本都低得多，即眉间更突出。概括起来，在中国中更新世现有标本中似乎眉间越晚越突出。眉间突出程度在黄种人和黑种人中比白种人更弱。近年一般认为 Skhul 5 头骨属于解剖学上现代人类，作者测量了 Skhul 5 头骨的模型，发现其眉间突出的程度却距现代人很远。这也应该是早期现代人与其祖先类型之间形态上镶嵌的例子。

sg-b 弦与 sg-b 弧形成的指数是脑部曲度指数。蓝田的数值与爪哇两直立人标本都很接近，在北京直立人变异范围内，而接近其上限。大荔和马坝的位于这个变异范围的中部，黄龙的更小，稍大于北京直立人脑部曲度指数的最低值。

吴定良(1960)设计了眉间突度指数来衡量眉间突出的程度，其测定方法是，先测定鼻根点 n 至眉间点 g 的距离，再在 g 点上后方的正中矢状轮廓线上定出 p 点，条件是 g-p 的长度等于 g-n 的长度。以从眉间点向 n-p 弦发出的垂直线在 n-p 线上的垂足为 m 点。用三脚平行规测量 n-p 和 g-m 的长度。以 g-m 的长度乘以 100 再除以 n-p 的长度，即为眉间突度指数。不过他设计的这种测量方法没有被后人所采用。他在文章中呈现的一系列数据也鲜有人引用。

各个人类化石的这种眉间突度指数 (protruding index of glabella region) 是：大荔，30.4；北京直立人 II，28.6；北京直立人 III，29.5；北京直立人 X，24.7；北京直立人 XI，28.1；北京直立人 XII，25.7；马坝，19.6；山顶洞 101，19.4；山顶洞 102，15.1；山顶洞 103，14.3；柳江，19.5；资阳，10.0（以上数据据笔者，以下数据据吴定良，1960）；爪哇 Trinil 直立人，26.7?；Galilee，19.0；Ngandong 5 例平均，21.3；Kabwe，22.8；Ehringsdorf，22.4；La Chapelle，22.1；La Quina，22.4；Gibraltar，18.9；Neanderthal，18.0；Spy，17.6；Le Moustier，17.5；Cro Magnon 1 ♂，19.8；Cro Magnon 3 ♂，17.8；Cro Magnon ♀，13.7；Chancelade，19.2；Combe Capelle ♂，19.8；Grimaldi, Grotte des Enfants ♂，19.7；Grimaldi, Grotte des Enfants ♀，17.5；Grimaldi, Barma Grande ♂，15.9；Solutré II ♂，16.2；Solutré III ♂，16.3；Solutré IV ♂，17.2；Solutré (1923) ♀，13.7；Solutré (1924) ♀，9.1；Brünn ♂，19.6；Oberkassel ♂，18.0；Oberkassel ♀，17.3；Předmostí 3 ♂，18.0；Předmostí 9 ♂，17.9；Předmostí 4 ♀，20.4；Předmostí 10 ♀，19.6；Lautsch I ♂，15.0；Lautsch II ♀，14.3；Talgai ♂，20.8。吴定良 (1960) 在他测定的大量标本的指数值的基础上计算出各类人的眉间突度指数的平均值是：猿人（6 例），27.3；古人（15 例），20.5；新人（男性 17 例），18.3；新人（女性 11 例），14.2；现代人（男性 3268 例），12.3；现代人（女性 633 例），8.2。需要说明的是，他所归纳为"猿人"者现在一般归为直立人，他按照当时一般的认识将马坝、Ngandong、Kabwe、Galilee 和 Ehringsdorf 归入古人，现在将后三标本归入中更新世人，他所归纳为新人的化石现在一般称之为早期现代人。根据他提供的数据可以计算出欧洲尼人的眉间突度指数平均值为 19.4。他还计算出各类人的 g-m 长度分别是：猿人，5.6 毫米；古人，4.2 毫米；新人男性，3.6 毫米；现代人男性，2.8 毫米。他还指出，n-p 线的"平均值在人类发展过程中变动不大"。

吴定良 (1960) 还指出在他所研究的标本中，大部分 p 点位置与眉间上点 (supraglabella，简称 sg) 符合。因此他的眉间突度指数在大部分标本可以与表 48 中的眉间曲度指数互相换算，有一部分不行。

额骨鳞部的扁塌程度还可以用额骨正中矢状轮廓线上距离鼻根点至前囟点弦最远点到此弦的垂直距离或矢高（额骨弦矢高）与额骨弦形成的指数来衡量。

表 49　显示额骨扁塌程度的测量 (1)

Table 49　Measurements showing flatness of frontal squama (1)

	额骨弦 Frontal chord n-b　M29	额骨弦矢高 Frontal subtense　FRS M29b	指数 Index M29b/M29
大荔 Dali	114	27.5	24.1
北京直立人 ZKD III (L)	102	19	18.6
北京直立人 ZKD X (L)	115	17	14.8
北京直立人 ZKD XI (L)	106	22	20.8
北京直立人 ZKD XII (L)	113	17	15.0
南京直立人 Nanjing 1	92	13.1	14.2
和县直立人 Hexian	99?	21	21.2
马坝 Maba	116	—	—
山顶洞 Upper Cave 101	109	22	20.2
山顶洞 Upper Cave 103	107	24	22.4

	额骨弦 Frontal chord n-b　M29	额骨弦矢高 Frontal subtense　FRS M29b	指数 Index M29b/M29
柳江 Liujiang	117.2	28	23.9
资阳 Ziyang	108	25	23.1
Sangiran 17 (L)	116	17	14.7
Ngandong 1 (R1)	114	20	17.5
Ngandong 6 (L)	120	20	16.7
Ngandong 7 (R1)	116	21	18.1
Ngandong 7 (L)	114	19	16.7
Ngandong 11 (R1)	120	23	19.2
Ngandong 12 (R1)	113	17	15.0
Narmada (L)	118	24	20.3
KNM-ER 3733 (R1)	104	18	17.3
KNM-ER 3883 (R1)	101	18	17.8
Bodo (R2)	125	23	18.4
Kabwe (R2)	120	21	17.5
Arago 21 (L)	105	17	16.2
Petralona (L)	110	19	17.3
Petralona (R2)	110	20	18.2
Petralona (St)	111	21	18.9
Šal'a (S)	110	21	19.1
欧洲、非洲和西亚中更新世人 Middle Pleistocene humans of European, African and West Asian (S)			
平均值±标准差（例数）	112.0±6.7 (10)	22±2.2 (4)	—
欧洲、近东尼人 European and Near Eastern Neanderthals (S)			
平均值±标准差（例数）	112.2±6.9 (11)	20.2±2.9 (56)	—
晚旧石器时代早期人 Early Upper Paleolithic humans (S)			
平均值±标准差（例数）	114.6±6.0 (21)	27.6±2.6 (21)	—
智人 Homo sapiens (R1)	113	26.6	—

资料来源：

和县直立人、南京直立人、山顶洞（模型）、柳江据笔者；资阳据吴汝康（1957）。

注明（L）者据 de Lumley 等（2008）。

注明（R1）者据 Rightmire（1990）。

注明（R2）者据 Rightmire（1996）。

注明（S）者均据 Sládek 等（2002），其中欧洲、非洲和西亚中更新世人，尼人和晚旧石器时代早期人三组的额骨弦和矢高的 P 值分别为 0.352
和<0.001。其中欧洲、非洲和西亚中更新世人，尼人，晚旧石器时代早期人所包括的标本名单见本书表 19。

注明（St）者据 Stringer 等（1979）。

　　表 49 显示，中国的直立人的这项指数变异范围相当大。从非洲早更新世人到非洲中更新世人和欧洲中更新世人，以这个指数为指标的额骨扁塌程度似乎没有太大的差异，都在中国直立人变异范围内，Narmada 也没有超出这个范围，而在中国早期现代人额骨的这个指数却似乎增大了。笔者以欧洲、非洲和西亚中更新世人组的额骨弦矢高的平均值除以额骨弦的平均值，再乘以 100，得 19.6，再仿照这样的算法为尼人组、晚旧石器时代早期组分别算出 18.0 和 24.1 的数值。以 Rightmire（1990）提供的数

据仿照上述算法得出智人的这个数值为 23.5。一般说来这样得到的数据与利用所有标本的指数计算出的该组标本指数的平均值虽不相等，但却很近似，因此应该认为具有一定的代表性。大荔颅骨的指数比表 49 包括的所有中更新世化石都高，即比大约同时代的人更加接近现代人，甚至较高，令人不能不联想到大荔在此项特征上较其他中更新世人较早达到现代人的水平，在这项现代特征的形成过程中大荔与和县颅骨都可能有过较大的贡献。

额骨矢状方向上的扁塌程度除了可以由表 49 所示的数据表示外，还可以由表 50 所示的数据来衡量。

表 50　显示额骨扁塌程度的测量(2)

Table 50　Measurements showing flatness of frontal squama (2)

	眉间点至前囟点弦 g-b chord M29d	眉间点至前囟点弦的矢高 g-b subtense M29e	指数 Index M29e/M29d
大荔 Dali	113.0	19.5	17.3
北京直立人 ZKD II	110[*#]	13.3[#]	12.1[#]
北京直立人 ZKD III	100[*], 98[*]	13.2[*]	13.5[*]
北京直立人 ZKD X	112[*], 105[#]	12.2[#]	11.6[#]
北京直立人 ZKD XI	104[*#]	16.5[#]	15.9[#]
北京直立人 ZKD XII	107[*], 111.5[#]	13.5[#]	12.1[#]
南京直立人 Nanjing	87.5	10.0	11.4
和县直立人 Hexian（吴）	96	16	16.7
马坝 Maba（吴）	113.0	20.0	17.7
山顶洞 Upper Cave 101	115.0	20.0	17.4
山顶洞 Upper Cave 103	97.0	16.0	16.5
黄龙 Huanglong	109.1	19.3	17.7
柳江 Liujiang（吴）	115.0	24.0	20.9
资阳 Ziyang（吴）	103.0	22.0	21.4
Hopefield（吴）	114.0	15.0	13.2
Kabwe（吴）	118.0	16.0	13.6
Florisbad（吴）	118.5	20.5	17.3
Laetoli H 18（吴）	111.0	15.0	13.5
Jabel Irhoud 1（吴）	104.5	17.2	16.5
Jebel Irhoud 2（吴）	108.0	22.0	20.4
Omo 1（吴）	132.0	23.0	17.4
Singa（吴）	111.5	21.0	18.8
Border Cave（吴）	113.0	27.0	23.9

资料来源：

北京直立人，带*的数据引自 Weidenreich (1943, p. 107)，带#的数据是笔者据该书图版(左面观)测量或计算所得，带 * 的数据是笔者在 Black (1930) 的左面观图版上测量或计算所得。因为本表主要是为了显示额骨鳞的凸隆程度(以眉间点至前囟点弦矢高／眉间点至前囟点弦表示)，所以在计算指数时笔者所用的眉间点至前囟点弦是在 Weidenreich (1943) 和 Black (1930) 的图版上测量得出的数据，而不用 Weidenreich (1943) 第 107 页提供的数据。南京直立人的眉间点至前囟点弦吴汝康等(2002)，眉间点至前囟点弦矢高据笔者；山顶洞由笔者据模型；黄龙据王令红、冈特·布罗尔(1984)。

注明(吴)者据吴新智、布罗厄尔(1994)，指数由笔者重新计算。

表 50 显示，南京直立人的这个指数比北京直立人最低值稍小，和县、大荔和马坝三者彼此接近，都比北京直立人最高值大，而且已经进入中国早期现代人的变异范围下部。与中更新世人相比，早期现代人这个指数总体上有所提高。华南早期现代人比山顶洞人膨隆。而大荔颅骨的这个指数相当于非洲中更新世人变异范围的中部，介于 Jebel Irhoud 两个标本之间。从中更新世到晚更新世，这个指数似乎有增大的趋势。这样的归纳是否反映古人类演化的实际情况还有待发现更多的化石来检验。

表 51　额骨鳞部最突出部位置的比较（1）

Table 51　Position of the most protruding point of frontal squama (1)

	额骨弦 Frontal chord n-b　M29	鼻根点区段 Nasion subtense fraction M29c	指数 Index M29c/M29
大荔 Dali	114.0	50.0	43.9
北京直立人 ZKD II	113[*][#]	54[#]	47.8
北京直立人 ZKD III	101.9[*]	46.7[*]	45.8
北京直立人 ZKD III (L)	102	49	48.0
北京直立人 ZKD X	115[*], 107[#]	42[#]	39.3[#]
北京直立人 ZKD X (L)	115	53	46.1
北京直立人 ZKD XI	106[*#]	51[#]	48.1[#]
北京直立人 ZKD XI (L)	106	48	45.3
北京直立人 ZKD XII	113[*], 117[#]	60[#]	51.3[#]
北京直立人 ZKD XII (L)	113	55	48.7
南京直立人 Nanjing	92	39	42.4
马坝 Maba（吴）	116	55	47.4
柳江 Liujiang（吴）	117	53	45.3
资阳 Ziyang（吴）	108	47	43.5
山顶洞 Upper Cave 101	117.5	54	46.0
山顶洞 Upper Cave 103	107	46	43.0
Sangiran 17 (L)	116	45	38.8
Ngandong 6 (L)	120	57	47.5
Ngandong 7 (L)	114	50	43.9
Narmada (L)	118	54	45.8
Kabwe（吴）	120	65	54.2
Florisbad（吴）	120	65	54.2
Laetoli H 18（吴）	115	54	47.0
Eliye Springs（吴）	116.5	57	48.9
Omo 1（吴）	132	64	48.5
Jebel Irhoud 1（吴）	107	48	44.9
Jebel Irhoud 2（吴）	111	53	47.7
Singa（吴）	118	58	49.2
Border Cave 1（吴）	116	51	44.0
Petralona (L)	110	55	50.0
Arago (L)	105	52	49.5
欧洲、非洲和西亚中更新世人 Middle Pleistocene humans of European, African and West Asian (S)			
平均值±标准差（例数）	112.0±6.7 (10)	59.7±5.1 (4)	—

	额骨弦	鼻根点区段	指数
	Frontal chord	Nasion subtense fraction	Index
	n-b　M29	M29c	M29c/M29
欧洲、近东尼人 European and Near Eastern Neanderthals（S）			
平均值±标准差（例数）	112.2±6.9（11）	56.0±3.3（5）	—
晚旧石器时代早期人 Early Upper Paleolithic humans（S）			
平均值±标准差（例数）	114.6±6.0（21）	51.9±5.4（21）	—
Šal'a	110	51	46.4

资料来源：

北京直立人 II、X、XI、XII 带*的数据根据 Weidenreich（1943），带#的数据为笔者在该书中各头骨的左侧观图版上测得；III 号带*的数据根据 Black（1930），带#的数据为笔者在 Black（1930）第 71 页的图上测得；南京直立人各数据分别据吴汝康等（2002）和该书的图测量计算所得。

山顶洞据笔者；Arago 的 M29 和 M29c 据 de Lumley 等（2008）；Šal'a 据 Sládek 等（2002）表 3 和图 2 测量值换算。

注明（吴）者据吴新智、布罗厄尔（1994）。

注明（L）者据 de Lumley 等（2008）。

注明（S）者据 Sládek 等（2002），其中欧洲、非洲和西亚中更新世人，欧洲、近东尼人和晚旧石器时代早期人包括的标本名单参见表 19。

　　笔者等 1994 年发表的测量所得的数据曾经显示，在中更新世人类中，非洲的额骨最突隆点位置都高于中国标本（吴新智、布罗厄尔，1994），表 51 对 1994 年发表的数据做了补充。就现在知道的额骨鳞部数据来看，额骨弦与鼻根点区段形成的指数显示，北京直立人用笔者测量的数据和用 de Lumley 等（2008）的数据计算出来的平均值分别是 46.5 和 47.0，相差很小。加上南京的直立人，中国的直立人的平均值是 45.8。根据笔者测量的数据得出的非洲中更新世标本平均值是 49.3（如果不包括两个 Jebel Irhoud 标本则为 50.3，而此处的两个标本都小于 48）。用 de Lumley 等数据计算出的欧洲中更新世人的平均值是 49.8，表明额骨最突出部的位置总体说来非洲的和欧洲的比中国的高。大荔的这个指数比中国的平均值稍低，显示其额骨最突出点在其正中轮廓线的下半，与中国其他中更新世人比较一致。中国早期现代人的这个指数平均值（44.5）与中国中更新世人接近，比非洲和欧洲的中更新世人低得多，这也是中国古人类连续进化证据之一。Sangiran、Ngandong 和 Narmada 的这个指数都显示其额骨最突出点的位置与中国的一致而与非洲、欧洲的不同，这也许对探索这个特征在旧大陆东、西两部分的分布格局有帮助。

　　笔者在表 51 列举了 Sládek 等（2002）发表的欧洲、非洲和西亚中更新世人，尼人和欧洲及其附近的晚旧石器时代早期人的 n-b 弦（M29）和鼻根点区段（M29c）的数据，前者 P 值=0.352；后者 P 值=0.019。

　　虽然将各件标本的额矢状弦相加计算出的平均数和各件标本的鼻根点区段相加计算出的平均数相除而计算出的平均数与从各件标本的指数相加计算出的平均数并不相等，但是两种方法计算出的平均数是很近似的。笔者现在没有条件测量每一件标本，只能退而求其次，按前一种方法计算出近似的平均数，这样做的结果显示欧洲、非洲和西亚中更新世人的指数为 53.3，指示额骨最突出点位置在额骨上半，还显示欧洲晚旧石器时代早期人的这个特征（指数平均很接近 45.3）与中国同时期人以及中国中更新世人很接近，而与欧洲、非洲和西亚中更新世人相差甚远。这是在更多标本的基础上证实了由表 51 数据推测的格局的存在，还指示额骨最突隆点的位置在欧洲有随时间而逐渐下降的趋势。看来随着时间的推移，东方和西方古代人群的这个特征有趋近的势头。还值得注意的是，东亚古代人的这一特征的进化似乎比欧洲有所提前，在不能证明额骨最凸隆点的位置属于受环境选择的特征之前，应该考虑，或许欧洲晚旧石器时代人这个特征上受到在中更新世和晚更新世早期由东向西基因流的影响。根据 Jebel Irhoud 两个标本的额骨最突出部都在其下半，也许应该考虑其比非洲其他中更新世人对现代人这项特征的起源做出过大得多的贡献。

表 52　额骨鳞部最突出部位置的比较(2)

Table 52　Position of the most protruding point of frontal squama (2)

	g-b 弦 g-b chord M29d	眉间点区段 Glabella subtense fraction M29f	指数 Index M29f/M29d
大荔 Dali	113	49	43.4
北京直立人 ZKD II	110*#	56#	50.9#
北京直立人 ZKD III	100#	47#	47.0#
北京直立人 ZKD X	112*, 105#	50#	47.6#
北京直立人 ZKD XI	104*#	52#	50.0#
北京直立人 ZKD XII	107*, 112#	56#	50.0#
南京直立人 Nanjing	87.5	43.5	49.7
马坝 Maba（吴）	113	51	45.1
柳江 Liujiang（吴）	115	52	45.2
资阳 Ziyang（吴）	103	50	48.5
山顶洞 Upper Cave 101	112.6	53	47.1
山顶洞 Upper Cave 103	95.3	40.8	42.8
黄龙 Huanglong	109.1	52	47.7
Hopefield（吴）	111.4	59	53.0
Kabwe（吴）	118	69	58.5
Florisbad（吴）	118.5	62	52.3
Laetoli H 18（吴）	111	51	45.9
Omo 1（吴）	132	69	52.3
Jebel Ithoud 1（吴）	104.5	44.5	42.6
Jebel Irhoud 2（吴）	108	49	45.4
Singa（吴）	111.5	55	49.3
Border Cave 1（吴）	113	49	43.4
Ceprano	102	62	60.8
Arago	101	51.2	50.7
Šal'a	108	55	50.9

资料来源：

北京直立人 II、X、XI、XII 带*的数据根据 Weidenreich (1943)，带#的数据为笔者在该书中各头骨的左侧观图版上测得；III 号带*的数据
　　根据 Black (1930)，带#的数据为笔者在 Black (1930) 第 71 页的图上测得；南京直立人各数据分别据吴汝康等 (2002) 和该书的图测量
　　计算所得。

山顶洞据笔者；黄龙据王令红、冈特·布罗尔 (1984)；Arago M29d 和 M29f 分别据模型和 Spitery (1982) 附图；Ceprano 据 Ascenzi 等 (1996)
　　附图测量和换算；Šal'a 据 Sládek 等 (2002) 表 3 和图 2 测量值换算。

注明（吴）者据吴新智、布罗厄尔 (1994)。

　　以 g-b 弦与眉间点区段构成的指数也显示出与上文所述同样的格局，非洲一部分和欧洲中更新世
人额骨最突出点位置接近，比中国标本的位置高，中国早期现代人此点的位置比中国中更新世人总体
上稍低，大荔最突出点的位置比所有这些组的平均值都低。这样的格局可能归因于人类早期走出非洲
时的遗传漂变以及早期人类在欧洲和东亚的相对隔离。非洲中更新世人则可以按此指数大于或小于 50

分为两类，分别以 Kabwe 等和 Jebel Irhoud 等为代表。东亚晚期人类与当地中更新世人比较一致，非洲 Jebel Irhoud 等与 Border Cave 一致，在不能用环境因素对额骨最突出部位置做出合理解释的情况下，比较可能的解释应该是，中更新世人中额骨最突出部位置在其下半的古人群比最突出部在额骨上部的古人群对现代人这个特征的形成做出过较大的贡献。

眉间点前囟点弦上的额骨弯度角（frontal curvature angle above g-b chord, M32e）是由额骨正中弧上距离眉间点和前囟点连线的最远点，分别到眉间点和前囟点的两条连线所构成的角，也是反映额骨鳞部膨隆程度的一项测量。此角在大荔颅骨为 144°，在北京直立人 II 为 152°，III 为 153°，X 为 155°，XI 为 145°，XII 为 153°，在南京直立人为 154°，在马坝为 143°，在资阳为 135°。［资料来源：北京直立人是笔者在 Weidenreich (1943) 图上测量的；南京直立人是笔者在吴汝康等 (2002) 图上测量的；马坝是笔者在吴汝康、彭如策 (1959) 图上测量的；资阳是笔者在吴汝康 (1957) 图上测量的。］

上述数据显示此角在进化中有减小的趋势。南京直立人在北京直立人变异范围内，接近其上限；大荔颅骨比中国直立人最低值稍小，比马坝的稍大；而资阳的此角则比所有这些颅骨的小得多。值得注意的是，在以鼻根点替代眉间点来测量额骨凸隆度时，结果显示大荔的数据比以大荔颅骨的眉间点为据得出的额骨弯度角数据小得多，小于直立人而与早期现代人比较接近。

2. 顶　　骨

左侧顶骨除后内侧一小条缺失外基本完整；右侧顶骨保存很差，只有前上四分之一和前下的一小片。以下的描述除特别说明者外均指左侧顶骨。

冠状缘

两侧顶骨的冠状缝都保存完好，在颞线内侧的部分主要为复杂型，其近中段包含两段长度大约相等，凹向前方的浅弧，均为深波型。颞线以下的部分为微波型。

表 53　顶骨前缘弦和弧及曲度
Table 53　Chord and arc of anterior border of parietal and index

	顶骨前缘弦		顶骨前缘弧		顶骨前缘指数 Index	
	b-sphn　M30(2)		arc b-sphn　M27(2)		M30(2)/M27(2)	
	左 lt	右 rt	左 lt	右 rt	左 lt	右 rt
大荔 Dali	91.2	88.6	104	103	87.7	86.0
郧县 Yunxian EV 9001 (L)	—		95		—	
郧县 Yunxian EV 9002 (L)	90		104		86.5	
北京直立人 ZKD II	90	—	(97?)	—	92.8(?)	—
北京直立人 ZKD III	87	79	106	111	82.1	71.2
北京直立人 ZKD X (L)	89		99		89.9	
北京直立人 ZKD XI	86	82	102	101	84.3	81.2
北京直立人 ZKD XI (L)	89.5		102.5		87.3	
北京直立人 ZKD XII	90	93	102	105	88.2	88.6
北京直立人 ZKD XII (L)	89.5		100.3		89.2	
南京直立人 Nanjing 1	76?	—	92?	—	82.6	—
马坝 Maba	92.5		105		88.1	

	顶骨前缘弦 b-sphn M30(2)		顶骨前缘弧 arc b-sphn M27(2)		顶骨前缘指数 Index M30(2)/M27(2)	
	左 lt	右 rt	左 lt	右 rt	左 lt	右 rt
许家窑 Xujiayao		102.5		122		84.0
Sangiran 2 (L)		81.5		95.0		85.8
Sangiran 17 (L)		83.8		96.5		86.8
Ngandong 7 (L)		82.5		98.5		83.8
Ngandong 12 (L)		96		110.5		86.9
Narmada (L)		100		119		84.0
Arago (L)		92		110		83.6
Petralona (L)		85.5		100		85.5
Petralona (S)		88		99		88.9
Swanscombe (M) 左 lt	90		110		81.8	
现代人平均(90 例) Modern man av.(L)		94.8		112.8		84.0

资料来源:

北京直立人据 Weidenreich (1943, p. 33);南京 1 号据吴汝康等 (2002);马坝和许家窑据吴茂霖 (1980,230 页),其原文没有注明左右侧。

注明(L)者据 de Lumley 等 (2008, p. 432),其原文没有注明左右侧。

注明(M)者据 Marston(1937)。

注明(S)者据 Stringer 等(1979),其原文未注明左右侧。

由表 53 可见大荔顶骨冠状缘的弦长、弧长和指数大多数都在北京直立人的变异范围内,前者比较接近其上限。北京直立人弦弧指数变异范围很大。欧洲标本的数据不多,弦长和弧长似乎都比较接近中国的直立人的变异范围的上部。欧洲中更新世人的范围与中国直立人范围的中上部重叠。大荔没有超出欧洲的变异范围。Sangiran 两个标本的指数差距很小,Ngandong 两个标本差距也不大,都在北京直立人的变异范围内。南京直立人的弦长和弧长比本表列举的其他化石都短;Narmada 的弦长只比许家窑稍短,弧长比本表列举的其他所有标本都长。两个标本的指数则都没有超出北京直立人和欧洲中更新世人的变异范围。

顶骨冠状缘的弦长和弧长随着人类的进化似乎有稍稍加长的趋势,而弦弧指数则似乎没有规律可循。

矢状缘

大荔顶骨的矢状缝前段保存,后段缺如。保存部分的前三分之一为深波型,后三分之二为锯齿型,均清晰可见。两侧紧挨骨缝外侧的骨面均有一条很弱的矢状隆起,矢状缝即位于这两条隆起之间的浅沟中。Petralona 颅骨矢状缝前段与此略似。从 Kennedy 等(1991)对 Narmada 颅骨的描述中可以看到类似的状况,也许 Narmada 较大荔还更显著。而北京直立人却完全相反,在二顶骨相交的正中矢状线上有一条高高隆起的脊。大荔顶骨的内侧部或上部比较平坦,使得头顶略呈两面坡状。上世纪 90 年代在埃塞俄比亚中 Awash 发现的 Aduma 和 Bouri 晚更新世的距今 10.5–7 万年的头骨破片 ADU-VP-1/3 的顶骨具有弱的矢状脊,从前囟点向后延伸约 33 毫米。

大荔颅骨的人字点区有一块仅剩一小片的缝间骨,使得人字点的位置难以确定。笔者在前文已经交代可以采取两种可能的方案:①将以此缝间骨的左侧上缘的延长线为依据而确定的人字点称为上人字点;②将以现存的左侧人字缝的主要行走方向为依据而确定的人字点称为下人字点。从所获得的数据看,下人字点的位置比较合理。

人字缘

左顶骨的人字缘缺最上部一小段，人字缝的走行方向包括几个曲折，主要为锯齿型，但是最下部作为角圆枕的边界的一小段为微波型。右侧人字缘全缺，但是其外侧四分之一段的走行方向可以根据保存的枕骨部分进行推测。

颞缘

左侧顶骨颞缘或下缘最前部大约 1 厘米的一段与颞骨鳞部前上方的突起相接，其后的大段与颞骨鳞部相接（参看颞骨颞鳞）。顶骨下缘的后段或乳突缘与颞骨的乳突部相接，可以分成三段，前段的位置接近垂直，与中段组成 V 字形，构成略小于 90°的角；中段长 17 毫米，后段比其稍短，中、后二段构成大约 120°的角，呈倒 V 字形。乳突缘前后两端相距约 31 毫米。后段构成角圆枕的前下缘，它与人字缝构成大约 110°的角。而在 Bodo 的顶骨破片 BOD-VP-1/1 和 Swanscombe 的标本上，则各段比较近似排成一行。在 Bodo 的 BOD-VP-1/1，其乳突缘与鳞缘构成大约 120°的角，在北京直立人的 XI 号头盖骨、Kabwe、OH 12 顶骨的乳突缘与鳞缘更近似排成一行（Asfaw, 1983）。在北京直立人 V 号的左侧，这个角小于 90°。Marston（1937）认为像 Swanscombe 那样乳突缘与人字缘接近排成一行的情况属于原始特征。Asfaw（1983）指出这样的情况在现代人虽然不常见，但是也会出现，他主张这样的情况只是代表中更新世人类的变异，不能认为是原始特征。

大荔右侧顶骨下缘只保存前部一小段，最前的一段与左侧相似，与颞骨鳞部前上方的突起相接。其后在接近颞缘中段处，从由前下朝向后上的走行方向，转折为由前上向后下走行的方向。这个转折点的位置比左侧顶骨下缘的较为靠前，转折角较钝。下缘的后段破损。从保存的颞骨乳突部的上缘看，此段的顶颞缝行程与左侧基本上相同。

现代人（20 例）顶乳缝长为 28.4±4.66 毫米（变异范围 22–37 毫米），BOD-VP 1/1 为 39.2 毫米（Asfaw, 1983），在这方面，大荔颅骨顶乳缝前端与后端之间的连线的长度（31 毫米）在现代人变异范围内，而接近其平均值，比非洲中更新世的 Bodo 颅骨的短得多。

大荔右侧顶骨破损，顶骨中部的长度只能在左侧测量。上文说过大荔颅骨人字点的位置有两种可能，从多方面的数据考虑，下人字点可能比较合理，因此在测取顶骨中部长度和宽度数据时，笔者参考下人字点来确定顶骨"中部"的位置。

表 54　顶骨中部矢状弦和弧以及指数
Table 54　Sagittal chord and arc in middle part of parietal bone and index

	弦长 Chord	弧长 Arc	指数 Index		弦长 Chord	弧长 Arc	指数 Index
大荔 Dali 左 lt	116	127	91.3	Ngandong 7	101.5	107	94.9
郧县 Yunxian EV 9001	—	125	—	Ngandong 12	101.5	105.5	96.2
郧县 Yunxian EV 9002	(117)	123	(95.1)	Narmada	123	137	89.8
北京直立人 ZKD X	108.5	114	95.2	Arago 47	109	117	93.2
北京直立人 ZKD XI	101	102.5	98.5	Petralona	117.5	128	91.8
北京直立人 ZKD XII	100	104	96.2	Petralona（S）	105	114.5	91.7
Sangiran 2	94	104.5	90.0	现代人平均（90 例）Modern man av.	114.4	127.5	89.7
Sangiran 17	105.5	114	92.5				

资料来源：

大荔据笔者，采用下人字点作为顶骨上后角。

注明（S）者据 Stringer 等（1979）；其余据 de Lumley 等（2008）。

从表 54 可见大荔颅骨的顶骨中部弦长和弧长都比北京直立人、Sangiran 和 Ngandong 的长得多，与 Petralona 接近，都比 Narmada 的短得多。大荔顶骨中部的这个指数比北京直立人的小，与欧洲中更新世人、Narmada 和现代人平均值都相差不多。中国的直立人这个指数比欧洲中更新世人的大，即较为扁塌。

表 55　顶骨中部横弧和弦以及指数
Table 55　Transverse chord and arc in middle part of parietal bone and index

	弦长 Chord	弧长 Arc	指数 Index		弦长 Chord	弧长 Arc	指数 Index
大荔 Dali 左 lt	106	121	87.6	Sangiran 17	91.5	103.5	88.4
郧县 Yunxian EV 9001	—	100	—	Ngandong 7	94	104.5	90.0
郧县 Yunxian EV 9002	(97)	103	(94.2)	Ngandong 12	94.5	106.5	88.7
北京直立人 ZKD X	103.5	117	88.5	Narmada	96	103	93.2
北京直立人 ZKD XI	89.5	98.5	90.9	Arago 47	97	110	88.2
北京直立人 ZKD XII	91.5	100.5	91.0	Petralona	102.5	115	89.1
Sangiran 2	90	102	88.2	现代人(25 例平均)Modern man av.	101.1	116.5	86.8

资料来源：

大荔据笔者，采用下人字点作为顶骨上后角；其余据 de Lumley 等(2008)。

表 55 数据显示，Petralona 和 Arago 以及郧县的弦长和弧长都在北京直立人变异范围内。爪哇早更新世可能比晚更新世标本稍短，它们都没有超出北京直立人的变异范围。欧洲两个中更新世标本的指数都与北京直立人的大体相近。似乎只有 Narmada 和郧县的指数比所有这些化石人稍大。现代人平均值比所有这些化石的指数都小。总之提示顶骨中部在横的方向上在进化早和中期很少变化，后期有稍微隆起的趋势。大荔的弦弧指数比北京直立人和欧洲中更新世两个标本的最低值都稍低，指示稍较膨隆，十分接近现代人平均值。

表 56　顶骨矢状缘最大高度和顶骨中部的长宽比例
Table 56　Maximum height of sagittal margin and ratio of length to breadth at middle part of parietal bone

	顶骨矢状缘最大高度 Maximum height of sagittal margin of parietal	顶骨中部的长宽比例 Ratio of length to breadth at middle part of parietal
大荔 Dali	17.7	89.7
郧县 Yunxian EV 9002	21	(82.9)
郧县 Yunxian(复原 reconst.)	14	—
北京直立人 ZKD II	15	—
北京直立人 ZKD III	13	—
北京直立人 ZKD X	16	95.4
北京直立人 ZKD XI	12	86.6, 88.6[*]
北京直立人 ZKD XII	11.5	91.5
Sangiran 2	11	95.7
Sangiran 17	13.5	86.7
Ngandong 7	12	92.6
Ngandong 12	12	93.1
Narmada	22.5	78
Arago 47	12	89.8, 89.0[*]
Petralona	19	87.2
Swanscombe(M)	2	—
现代人平均(25 例) Modern man av.	23.1(15–31)	88.4

资料来源：

大荔据笔者，采用下人字点作为顶骨上后角。

注明(M)者据 Marston (1937)。

其余引自 de Lumley 等(2008)，带*者是笔者根据 de Lumley 等(2008, p. 430)的原始数据计算的结果。

顶骨矢状缘最大高度显示其隆起程度，欧洲中更新世人和北京直立人的隆起程度一般都较现代人为弱，大荔颅骨在欧洲中更新世人的变异范围内，比北京直立人的稍高，但是相差很小，所有这些化石的数据都没有超出现代人的变异范围，绝对值与整体颅骨的大小有关，而且表56数据有限，不一定有实际意义。顶骨中部长宽比例似乎也看不出进化上的意义。值得注意的是 Narmada 在表56的两个指标上都表现得特别与众不同。

表 57　前囟点-星点弦和顶骨后缘弦及比值

Table 57　Bregma-asterion and lambda-asterion chords and the ratio

	前囟点-星点弦		顶骨后缘弦		比值	
	b-ast		l-ast		Ratio	
	M30c　BAC		M30(3)		M30(3)/M30c	
	左 lt	右 rt	左 lt	右 rt	左 lt	右 rt
大荔 Dali	131	—	100*, 94#	—	76.3*, 71.8#	—
北京直立人 ZKD III	123	124	77	81	62.6	65.3
北京直立人 ZKD X	133	133	78	85	58.6	63.9
北京直立人 ZKD XI	117	121	77?	84?	65.8	69.4
北京直立人 ZKD XII	133	130	87	87	65.4	66.9
和县直立人 Hexian	126	—	85	—	67.5	—
山顶洞 Upper Cave 101	147	—	93	—	63.3	—
山顶洞 Upper Cave 103	135	—	79	—	58.5	—
柳江 Liujiang	133	137	82	82	61.7	59.9
资阳 Ziyang	133	132	83	85	62.4	64.4
Atapuerca SH 1	—	—	85.5	85.5	—	—
Atapuerca SH 2	(133)	—	89.8	—	67.5	—
Atapuerca SH 3	128	130	92.7	88.5	72.4	68.1
Atapuerca SH 4	143.5	142.5	95.6	95.5	66.6	67.0
Atapuerca SH 5	129.4	130	82.2	85.5	63.5	65.8
Atapuerca SH 6	137.5	138.2	86.2	89.6	62.7	64.8
Atapuerca SH 7	—	—	82.5	74.5	—	—
Atapuerca SH 8	141.5	—	89	—	62.9	—
Atapuerca SH OccII	—	—	88.6	87.3	—	—
Atapuerca SH OccIV	—	—	87.5	—	—	—
Petralona	139		(84)		(60.4)	

资料来源：

　　大荔、和县、山顶洞、柳江、资阳的全部数据以及北京直立人(模型)的前囟点-星点弦据笔者，带*和#的数据分别是以上人字点和下人字点为标志测量的；北京直立人人字点-星点弦据 Weidenreich (1943)；Atapuerca 据 Arsuaga 等(1997)；Petralona 据 Stringer 等(1979)。

　　由表57可见，大荔颅骨的前囟点-星点弦数据没有超出北京直立人和欧洲中更新世人两组的变异范围，接近前者的上限和后者的下限。也就是说北京直立人和欧洲中更新世人的变异范围有所重叠，而总体上比后者短。无论以大荔哪个人字点为标志测量得到的顶骨后缘弦长都大大超过中国的直立人，而以下人字点为标志的顶骨后缘弦长在欧洲中更新世人的变异范围内，接近其上限。以上人字点为标志的顶骨后缘弦长则超出两者都很多。以大荔下人字点为标志得到的顶骨后缘弦长与前囟点-星点弦构成的比值在欧洲中更新世人变异范围的上部，稍稍超出中国的直立人的变异范围。以大荔上人字点为标志测量的这个指数超出欧洲中更新世人的变异范围颇多，超出中国的直立人的范围更多。如果以上人字点为准，则大荔的顶骨后缘弦和这个指数都比表57所列举的所有数据大得多，再次显示上人字点是相当不合理的。下人字点可能比较切合实际。

中国早期现代人前囟点-星点弦的平均值比大荔的以及中国的大多数直立人都长，大荔比中国早期现代人的最低值只短一毫米，其间可能没有统计学意义的差距。中国早期现代人顶骨后缘弦与前囟点-星点弦构成的比值与中国直立人的变异范围的下部大幅度重叠，中国早期现代人这项比值变异范围的上部与欧洲中更新世人范围的下部有少许重叠，这是否意味着从中更新世到晚更新世这项比值有变小的趋势？中国早期现代人与中国直立人的关系比与欧洲中更新世人为近？大荔以下人字点为基础算出的这项指数却在欧洲中更新世人的变异范围的最上部，比中国的直立人的上限稍长，与早期现代人相去甚远。

表 58　前囟点-星点弦和枕骨宽及指数
Table 58　Bregma-asterion chord，biasterian breadth and ratio

	前囟点星点弦 b-ast M30c　BAC	枕骨宽 ast-ast M12　ASB	比值 Ratio M30c/M12
大荔 Dali 左 lt	131	115	113.9
北京直立人 ZKD Ⅲ 左 lt	123	117	105.1
右 rt	124	—	106.0
北京直立人 ZKD Ⅹ 左 lt	133	111?	119.8
右 rt	133	—	119.8
北京直立人 ZKD ⅩⅠ 左 lt	117	113	103.5
右 rt	121	—	107.1
北京直立人 ZKD ⅩⅡ 左 lt	133	115	115.7
右 rt	130	—	113.0
和县直立人 Hexian	126?	141.8	88.9
山顶洞 Upper Cave 101 左 lt	147	121?	121.5
山顶洞 Upper Cave 103 左 lt	137	107.0	128.0
柳江 Liujiang 左 lt	132.0	108?	122.2
右 rt	137.0	—	126.9
资阳 Ziyang 左 lt	133.0	100.2?	132.7
右 rt	132.0	—	131.7
KNM-ER-3733（模型 cast）（S）	—	—	102
KNM-ER 3883（模型 cast）（S）	—	—	104
Kabwe（S）	—	—	113
Kabwe（A）	—	—	107.1
Eliye Springs（B）	139	119.5	116.3
Omo 2（B）	—	—	113.3
Atapuerca SH 2（A） 左 lt	((133))	((136))	97.8
Atapuerca SH 3（A） 左 lt	128	113.5	112.8
右 rt	130	—	114.5
Atapuerca SH 4（A） 左 lt	143.5	132	108.7
右 rt	142.5	—	108.0

	前囟点星点弦	枕骨宽	比值
	b-ast	ast-ast	Ratio
	M30c BAC	M12 ASB	M30c/M12
Atapuerca SH 5（A）左 lt	129.4	116.5	111.1
右 rt	130	—	111.6
Atapuerca SH 6（A）左 lt	137.5	117.6	116.9
右 rt	138.2	—	117.5
Atapuerca SH 7（A）	—	112	—
Atapuerca SH 8（A）左 lt	141.5	（（141））	100.4
Atapuerca SH OccII（A）	—	112.6	—
Atapuerca SH OccIV（A）	—	（112.5）	—
Swanscombe（A）	—	—	109
Petralona（A）	—	—	112.9 或 103.3
Petralona（S）	—	—	109 或 116
Petralona（St）	139.0	119.5*, 116.2#	116.3*, 119.6#
尼人平均 Neanderthals av.（S）	—	—	113（±3）
现代人平均 Modern man av.（S）	—	—	124（±4）

资料来源：

大荔、和县、山顶洞、柳江、资阳的据笔者，北京直立人的系笔者在模型上测量所得。

注明（A）者据 Arsuaga 等（1997, pp. 233, 240），在双括弧内的数据是 Arsuaga 等在破骨片上估计所得，Atapuerca SH 6 头骨代表根据牙齿成熟的程度估计属于大约 14 岁的个体，Atapuerca SH 3 头骨也是青少年；Petralona 因为在人字点区有缝间骨，所以 M30c/M12 有两个数据。

注明（B）者据 Bräuer 和 Leakey（1986）。

注明（St）者据 Stringer 等（1979；带*者为 Stringer 所测量，带#者为 Howells 所测量）。

注明（S）者据 Stringer（1983），Petralona 因为在人字点区有缝间骨，所以 M30c/M12 有两个数据，该文还有其他标本的 M30c/M12 的数据，但未载明它们的 M30c 和 M12 的数据。

综合表 58 的数据考虑，在中更新世时中国和欧洲古人类的前囟点-星点弦与枕骨宽构成的比值似乎基本上没有地区间差异。中国早期现代人的最低值比中国和欧洲的中更新世人的最高值大，变异范围没有重叠，提示从中更新世到晚更新世，由古老型人类向早期现代人过渡的过程中这个比值有由小变大的趋势。从非洲两个特卡纳湖畔标本的模型看，可能从早更新世到中更新世没有变化。大荔的这项比值在中国和欧洲中更新世人的变异范围的中上部，与非洲中更新世人以及尼人平均值都接近，比早期现代人和现代人低。Bräuer 和 Leakey（1986）举出的 Omo 2 和 Eliye Springs 的数值都与中更新世人相当，Omo 2 比 Stringer（1983）报告的现代人低得多。

表 59　顶骨后缘弦和弧及指数
Table 59　Chord and arc of posterior border of parietal bone and index

	顶骨后缘弦长		顶骨后缘弧长		指数	
	Lambda-asterion chord		Lambda-asterion arc		Index	
	M30(3)		M27(3)		M30(3)/M27(3)	
	左 lt	右 rt	左 lt	右 rt	左 lt	右 rt
大荔 Dali	100*, 94#	—	113*, 100#	—	88.5*, 94.0#	—
郧县 Yunxian EV 9001（L）	95	—	107	—	88.8	—
北京直立人 ZKD II（W）	83?	83?	90?	90?	92.2?	92.2?

	顶骨后缘弦长		顶骨后缘弧长		指数	
	Lambda-asterion chord		Lambda-asterion arc		Index	
	M30(3)		M27(3)		M30(3)/M27(3)	
	左 lt	右 rt	左 lt	右 rt	左 lt	右 rt
北京直立人 ZKD III(W)	77	81	88	90	87.5	90.0
北京直立人 ZKD X(W)	78	85	88	93	88.6	91.4
北京直立人 ZKD XI(W)	77?	84?	85?	99?	90.6?	84.8?
北京直立人 ZKD XI(W)	87	87	100	92	87.0	94.6
Dmanisi D 2700(R2)	65		70		92.9	
Dmanisi D 2280(R2)	70		75		93.3	
Dmanisi D 2282(R2)	68		72		94.4	
Dmanisi D 34441(R3)	71		74		95.9	
Dmanisi D 4500(R3)	58		68		85.3	
Sangiran 2(L)	84		94		89.4	
Sangiran 17(L)	90.2		102.5		88.0	
Sambung 1(R1)	79?		84?		94.0	
Ngandong 1(R1)	83		89		93.3	
Ngandong 7(R1)	85		92		92.4	
Ngandong 7(L)	83		91		91.2	
Ngandong 11(R1)	86		94		91.5	
Ngandong 12(R1)	85		91		93.4	
Ngandong 12(L)	88		94.5		93.1	
Narmada(L)	85.0		90.0		94.4	
KNM-ER 3733(As)	78	88	83	98	94.0	89.8
KNM-ER 3883(As)	76	77	83	98	91.6	78.6
Ceprano(As)	98	92	112	103	87.5	89.3
Petralona(L)	98.5	—	110	—	89.5	—
Swanscombe(M)	108	—	—	—	—	—
Arago 47(L)	—	102	—	117	—	87.2
Atapuerca SH 1(Ar)	85.5	85.5	—	—	—	—
Atapuerca SH 2(Ar)	89.8	—	—	—	—	—
Atapuerca SH 3(Ar)	92.7	88.5	—	—	—	—
Atapuerca SH 4(Ar)	95.6	95.5	—	—	—	—
Atapuerca SH 5(Ar)	82.2	85.5	—	—	—	—
Atapuerca SH 6 Ar)	86.2	89.6	—	—	—	—
Atapuerca SH 7(Ar)	82.5	74.5	—	—	—	—
Atapuerca SH 8(Ar)	89	—	—	—	—	—
Atapuerca SH OccII(Ar)	88.6	87.3	—	—	—	—
Atapuerca SH OccIV(Ar)	87.5	—	—	—	—	—
Petralona(S)	(84.0)		(98.0)		(85.7)	
现代人平均(90 例)Modern man av.(L)	84.6		94.0		90.0	

资料来源:

大荔的据笔者,带*和#的数据分别以上和下人字点作为测量标志点。

注明(Ar)者据 Arsuaga 等(1997)。

注明(As)者据 Ascenzi 等(2000)。

注明（L）者据 de Lumley 等（2008, p. 432），除郧县者外其原文没有注明左右侧。

注明（M）者据 Marston（1937）。

注明（R1）者据 Rightmire（1990, p. 157）。

注明（R2）者据 Rightmire 等（2006）。

注明（R3）者据 Rightmire 等（2017）。

注明（S）者据 Stringer 等（1979），其原文没有注明左右侧。

注明（W）者据 Weidenreich（1943）。

虽然欧洲中更新世标本 14 例 23 侧与北京直立人 5 例标本 10 侧顶骨后缘弦长的变异范围之间有一些重叠，但是两组的平均值之间有相当大的差异，可能提示可观的地区间差异，欧洲标本总体比北京直立人的长。而郧县的顶骨后缘弦长达 95 毫米，在欧洲中更新世变异范围的中部，比北京直立人的长得多。非洲早更新世标本的变异范围与北京直立人的大部重叠，与欧洲中更新世人的变异范围下部重叠，其间或许有少许增长的趋势。但是非洲早更新世标本数据很少，而且 de Lumley 等（2008）提供的 Sangiran 17 和郧县的数据可能不支持这样的推测。因此还需要更丰富的资料才能澄清这个问题。

如以下人字点为标准测量点，大荔顶骨后缘弦长大于北京直立人的最高值颇多，比郧县标本稍短，在欧洲中更新世人变异范围的中部，比 Narmada、Ngandong 和非洲早更新世人长得多。

如以下人字点作为测量标志，大荔的顶骨后缘弦弧比例与北京直立人、Ngandong 的上限和 Narmada 接近，比欧洲中更新世人和现代人的都高。也许表示大荔颅骨在这个指数上比较原始。如以上人字点为测量标志，则大荔不超出中国直立人和欧洲中更新世人的范围。

笔者在整体颅骨部分对各骨的厚度进行比较时，已经引用顶骨厚度的一些数据，下面再做一些补充，见表 60。

表 60　顶骨的厚度
Table 60　Thicknesses of parietal bone

	前囟区 Bregma	顶骨结节 Tuberosity	乳突角 Mastoid angle
大荔 Dali 左 lt	9.5	11.2	12.3
右 rt	9.0	—	—
蓝田直立人 Lantian	16.0	—	—
北京直立人 ZKD I（W）	—	5.0?	14.0
北京直立人 ZKD II（W）	9.0	11.0	13.5
北京直立人 ZKD III（W）	9.6	11.0	17.2
北京直立人 ZKD V	—	—	14.0
北京直立人 ZKD VI（W）	(9.9)	11.2	—
北京直立人 ZKD VII（W）	—	—	17.4
北京直立人 ZKD X（W）	7.5	12.5	14.0
北京直立人 ZKD XI（W）	7.0	16.0	13.5
北京直立人 ZKD XII（W）	9.7	9.0	14.5
南京直立人 Nanjing	(8.2)	(9.8)	13.5
和县直立人 Hexian PA830 左 lt	—	13.5	18.0
和县直立人 Hexian PA840 右 rt	—	11.0	—
沂源 Yiyuan	9	—	13
金牛山 Jinniushan	5.5?（测于额骨 at frontal bone）	6	—
马坝 Maba	7.0	9.0	—

	前囟区 Bregma	顶骨结节 Tuberosity	乳突角 Mastoid angle
许家窑 Xujiayao 3	—	12.4	—
许家窑 Xujiayao 4	—	10.8	—
许家窑 Xujiayao 5	9.0	—	—
许家窑 Xujiayao 6	6.5	7.0	7.2
许家窑 Xujiayao 10	8.5	12.6	13.0
萨拉乌苏 Salawusu	6.5	6.0	—
Sangiran 2（An）	8.5	—	12.5
Sangiran 3（An）	9.8	—	11.0
直立人（成年）（An）	8.3±1.2	—	11.3±2.9
爪哇 Trinil 直立人 I（W）	9.0	9.0	—
爪哇直立人 Pithecanthropus II（W）	9.0	12.5	14.0
爪哇直立人 Pithecanthropus III（W）	10.0	10.0	9.5?
爪哇直立人 Pithecanthropus IV（W）	5.5（?）	11.5	14.0
Atapuerca SH PI（A）	—	13	8, 9
Atapuerca SH PII（A）	—	>10	—
Atapuerca SH PIII（A）	—	—	9.5, 11.5
Arago 47（A）	8	8.5	14.5
Steinheim（Wo）	6.0	6.5	6.5
Swanscombe（Wo）	7.3	11.5	10.1
Bilzinsleben（Wo）	9.6	—	—
Spy 1（Wo）	7.0	8.0	6.0
Spy 2（Wo）	7.0	—	4.0
Le Moustier（Wo）	6.0	6.8	7.5
Wildscheuer（Wo）	—	9.0	—
Monsempron（Wo）	—	9.0	9.7
Kluna（Wo）	—	11.3	—
Mt Cercio（Wo）	—	7.0	6.5
Saccopastore 2（Wo）	—	—	8.0
La Quina 5（Wo）	5.5	5.0	5.0
La Quina 13（Wo）	—	7.1	8.35
La Chapelle（Wo）	6.0	8.3	7.5
La Ferrassie 1（Wo）	—	8.0	—
Gibraltar（Wo）	—	10.0	—
Neanderthal（Wo）	6.5	10.5	8.9
Neanderthal 平均 Average（Wo）	6.3	8.3	7.1
Castel di Guido（A）	—	—	12.5
Fontéchevade（A）	7	8	9
Biache-Saint-Vaast（A）	—	6	—
La Chaise (Suard) 1（A）	7	9	8
Vindija（Wo）	—	8.3	—
现代人 Modern man 平均 Average	5.5	3.5	4.85
范围 Range	5.5	2.0–5.0	4.5–5.2

资料来源：

北京直立人 V 号据邱中郎等（1973）；南京直立人据吴汝康等（2002）；和县 PA830 号标本据吴汝康、董兴仁（1982）；和县 PA840 号据吴茂霖（1983）；沂源据吕遵谔等（1989，13 毫米的数据是在星点附近测得的）；马坝前囟区数据据吴汝康、彭如策（1959）；马坝顶骨结节数据据吴茂霖（1980）；许家窑 10 号标本据吴茂霖（1980），其他据贾兰坡等（1979）；萨拉乌苏据吴汝康（1958）；现代人据 Martin（1928，转引自 Weidenreich, 1943）。

注明（A）者均引自或转引自 Arsuaga 等（1989 和 1991，其中第三项数据大都在星点处测量，其中 Atapuerca SH PI 的乳突角厚度 8 毫米的数据是在骨缝上测量的，9 毫米的数据是在星点附近的上颞线上测量的；Atapuerca SH PII 顶骨结节阙如，厚度是在其附近测量的，因此真实的数据可能大些；Atapuerca SH PIII 的乳突角厚度 9.5 毫米是在人字缝上测量的，11.5 毫米是在星点附近处上颞线与骨缝相交处测量的。

注明（An）者据 Antón 和 Franzen（1997），其中直立人成年系其转引自 Brown（1994）。

注明（W）者据 Weidenreich（1943），其中带问号的数据是由于骨折断或压缩而使得数据不确定，在括弧内的数据是在标志点附近测量的，爪哇直立人 I 系其转引自 Weinert（1928）。

注明（Wo）者均引自 Wolpoff（通讯惠赐），其中 Bilzinsleben 的前囟区厚度是在额骨上测量的。

另外，据 Arsuaga 等（1997），Atapuerca SH 的前囟区厚度在 3 例幼年标本为 6.6–8 毫米；不包括 4 号头骨的 5 例成年标本为 5.7–11 毫米；顶骨结节厚度在 7 个青少年标本是 8.5–10 毫米；成年标本 8 号是 13 毫米；1 号和 2 号缺失顶骨结节，但是其厚度至少分别是 11 毫米和 10 毫米；Atapuerca Cr 1 顶骨结节厚度至少 11 毫米；在星点区的厚度，幼年 6 件标本为 7.5–10 毫米，成年 6 例为 8–12 毫米。4 号头骨的角圆枕厚 17 毫米，在北京直立人变异范围的上限，比任何欧洲标本都厚；8 号头骨很特别，前囟区和顶骨结节分别为 11 毫米和 13 毫米，但是它没有角圆枕。Bodo 头骨在前囟区有隆起，其厚度是 13 毫米，比上列的标本都厚，星点处骨厚 9 毫米，Asfaw（1983）报道，1981 年在第一个头骨产地同一沙堆积中出土一块分离的顶骨后下角破片，代表第二个个体，按其报道，其星点处的骨很厚。

据 Conroy 等（1978）报道，Bodo 颅骨前囟区厚 13 毫米，额骨鳞部中央厚 9 毫米；据 Asfaw（1983）报道，1981 年发现的 BOD-VP-1-1 颅骨片星点区最厚处厚 20.8 毫米。

由表 60 和上述资料，结合整体颅骨部分的资料，可以看出，许家窑颅骨的厚度总体上不逊于北京的直立人，只有个别标本比较薄。厚的头骨壁曾经被不少学者列为直立人的自近裔特征，表 60 所示的大荔和许家窑的数据显然不支持这样的论点。虽然头骨厚度在中更新世以来的人类进化中一般而言有着变薄的趋势，但是其表现在欧洲和亚洲之间可能还有些差异，东亚的中更新世人类头骨与欧洲的同时代人的头骨相比可能比较厚些，体现着地区间的不平衡性。再者同一群体中也有相当大的变异范围。因此头骨厚度不应该被用作一件化石的进化位置和时代的判断指标。

顶骨结节

大荔颅骨左侧的顶骨结节很明显，其位置在顶骨中心点的后下，距离颞缘约 41 毫米，距离稍长于其与矢状缘之距离（约 77 毫米）的一半，顶骨结节距离冠状缘的距离稍长于其与人字缘的距离。颞线穿越顶骨结节。右侧顶骨后下大部已经缺损。复原颅骨的两顶结节间距为 139 毫米，与最大颅宽构成的顶结节指数为 93.0。此指数在直立人为 75.0 上下；在现代人平均约为 100，大荔介于两者之间，而偏向于现代人。

和县颅骨左侧顶骨结节在颞线下方，右侧结节的位置与左侧基本上对称，但是与颞线的关系却有些不同。北京直立人顶骨结节很不明显。从复原头骨看，南京直立人似乎没有顶骨结节。

颞线

在整体颅骨的观察部分已经就颞线作了描述。此处就与上颞线位置有关的数据做一些讨论。

表 61　上颞线的位置

Table 61　Position of superior temporal line

	上颞线距顶骨上缘的弦长 Distance from sagittal margin of parietal bone	上颞线距顶骨下缘的弦长 Distance from temporal margin of parietal bone	指数 Index
大荔 Dali	56	56	100
郧县 Yunxian EV 9002	53	46	86.8
北京直立人 ZKD XI	43	57	132.6
Sangiran 17	47	47	100
Narmada	58	48	82.8
Ngandong 12	60	47	78.3
Arago 47	67	48	71.6

资料来源:

大荔据笔者；其余引自 de Lumley 等(2008)。

笔者在 Arago 和 Sangiran 17 的模型上做了测量，推测 de Lumley 等(2008)似乎将顶骨上缘的测量点定在其中点处，将上颞线的测量点定在颞线的上缘与平分顶骨为前后两半的弧线的交点。笔者也仿此进行测量。表 61 的指数反映颞肌的强度和颅骨穹隆大小的比例。比较表 61 中 Sangiran 17 和 Ngandong 12 等的数据，此指数在更新世似乎有由大变小的趋势，可能表现在人类进化中颞肌变弱，但是郧县却比北京直立人的指数小得多，大荔与 Sangiran 17 的数据相等，也许这个指数在进化上没有特殊的意义。

角圆枕

大荔颅骨左侧有角圆枕，为近圆形的小丘状，前上后下径为 22 毫米，前下后上径稍长。上方与顶骨的其余部分之间没有明确的界线。人字缝的最外侧段形成角圆枕的后界和后下界。角圆枕前部有一小凹，其前方有一条长 16 毫米、宽 7 毫米的斜脊，其前上是一条很浅的短沟，沟前的骨面稍隆起，其前便是顶骨颞鳞缝的后段。角圆枕处颅骨厚度为 8.5 毫米，在颅骨内面没有相应的隆起。与北京直立人和资阳化石不同。

能人没有角圆枕(Antón, 1999)。中国的直立人都有角圆枕。爪哇的更新世早期和中期的直立人以及 Ngandong 颅骨除一例小脑量的和 Sambung 3 以外都有角圆枕(Antón et al., 2002)。过去以为角圆枕是亚洲直立人所独有的特征，曾经被一些学者认为是直立人的自近裔特征，实际上并不如此。不但资阳颅骨和澳大利亚的 Kow Swamp 的早期现代人颅骨有这个结构，WLH 50 也有(Frayer et al., 1993；Curnoe, 2007)。而且非洲和欧洲有些标本也有，虽然表现得不是很显著。据 Abbate 等(1998)报道，Eritrea 的 Danakil Afar 低地出土的大约 100 万年前的人属颅骨有稍微增厚的角圆枕。据 Asfaw 等(2002)报道，非洲大约 80 万年前的 Bouri 直立人颅骨也有弱的角圆枕。155 万年前的 KNM-ER 42700 有始基型的长条角圆枕。Bodo 有呈长条状的角圆枕(Rightmire, 1996, p. 27)。据 Bräuer (1990)研究，OH 12 的乳突角处显得有些肿胀，Ternifine 4 有稍微发育的角圆枕，Kabwe 和欧洲的 Arago 和 Ceprano 标本也具有角圆枕(Clarke et al., 2000)。欧洲 Atapuerca SH 4 有角圆枕，其形态和 Arago 47 最相似，Atapuerca SH 5 也有，但是比较弱，Atapuerca 的其他标本则未见这个圆枕的迹象(Arsuaga et al., 1997, p. 243)。角圆枕还可见于印度中更新世的 Narmada 颅骨。

疤痕

大荔左侧顶骨的外表面还有两处值得注意。一是在其前上部有五条直线划痕，长度为 1–2 厘米不等，排列成辐射状，上段之间的距离比下段之间的距离稍大。其形成原因有待研究（图12）；二是在人字缝中点上前方1厘米许，上颞线后方，有一长18毫米、宽14毫米的约为椭圆形的浅凹，表面如极细微的皱纹，其周围是一圈宽约4–5毫米的隆起，似乎是生前修补愈合后留下的疤痕（图3）。

图12　左顶骨前上部外表面的划痕

Figure 12　Small depressions on the frontal bone

3. 枕　　骨

除枕鳞右上小部及枕大孔边缘有所缺失外，大部保存。枕面圆隆，向项面的过渡整体上呈角状转折，但是内侧部过渡圆顺，外侧部以上项线的外侧段作为分界，左侧的比右侧显著。项面肌脊显著，但是整体欠圆隆。

枕平面

大荔的枕鳞上部有不规则形骨缝将枕平面与人字点缝间骨或顶枕间骨隔开。枕平面没有枕外隆凸点上小凹。后者在尼人中很普遍，欧洲中更新世标本中或有或无。Swanscombe有此构造，Vértesszöllös、Bilzinsleben、Petralona和所有的Atapuerca SH标本都没有。Atapuerca SH标本的这个区域大而呈卵圆形，可以是凸的、平的或者稍微凹陷（Arsuaga et al., 1997）。中国除巢县的标本疑似具有外，目前只发现许昌2号头骨是具有这个构造的更新世标本，巢县标本枕外隆凸点上小凹的形态细节与尼人稍有不同，可能也是中国古人类接受来自欧洲的基因流的证据之一。

圆枕上沟

大荔颅骨粗一看来似乎没有圆枕上沟，但是仔细观察可以觉察到有很微弱的这个结构。中国的和所有爪哇的直立人以及爪哇的Ngandong的所有标本都有圆枕上沟，不过强度有变异（Antón et al., 2002）。

枕骨圆枕及上项线

大荔颅骨在枕面与项面交界处有枕骨圆枕，使得枕面与项面之间成角状而不是像解剖学上现代智人那样呈圆弧样过渡。能人的枕面圆钝地过渡到项面，直立人的枕面与项面以枕骨圆枕成角状相接，古老型智人在这个特征上有的呈角状相接，有的呈圆钝状过渡，晚期智人变成圆弧样过渡（Antón,1999）。从侧面观的照片看，Herto 被归属于智人的化石中，其枕面与项面之间既有圆弧样过渡的标本，也有呈角状相接的标本，显示镶嵌的状态，表明早期现代智人的出现不是与其所有衍生特征有联系的基因集体发生突变而出现的事件，事实上是一个缓慢的镶嵌进化的过程。

大荔颅骨的枕骨圆枕实际上为一菱形丘状隆起，横向弧长约 8 厘米，正中部的纵向弧长（或高）约3 厘米。上方以圆枕上沟为界，此沟极浅，肉眼看很不明显，但可以触摸感知。枕骨圆枕前下方的界限实际上即上项线的内侧段。大荔颅骨的上项线可以分为内侧段和外侧段。两侧的上项线的内侧段合起来约呈张开的 V 字形，在颅后点前下方大约 2 厘米处相遇，为枕外隆凸点。因此枕外隆凸点与颅后点不重合。此两点在能人不重合，在有些直立人可以重合，在早期智人有变异，到晚期智人又不重合（Antón, 1999）。

上项线的外侧段为一条狭脊，形成枕骨项面的外侧边界，左侧比右侧的粗显。上项线的外侧末端与枕乳脊相连续。大荔颅骨左侧上项线与角圆枕不相连，相距约 1 厘米。

能人没有枕骨圆枕（Antón, 1999）。格鲁吉亚 Dmanisi 的古人类和距今 180–150 万年东非的古人类都有枕骨圆枕，局限于枕骨的中三分之一，与角圆枕和乳突脊都不相连。爪哇的直立人无论是早期的大脑量的或者是小脑量的，以及晚期的 Ngandong 和 Sambung 的颅骨化石都有枕骨圆枕（Antón et al.,2002）。在圆枕比较弱的标本，圆枕由中央向外侧逐渐变细。距今 180–160 万年的爪哇标本的枕骨圆枕与角圆枕会合，其上方有大的圆枕上沟（Antón, 2003）。爪哇距今 150–90 万年的化石中有的具有连续而直的枕骨圆枕和圆枕上沟。

北京直立人的枕骨圆枕一般比较粗壮，甚至其外侧端与中央部大约同样粗细，但是出自上部地层的 V 号颅骨的枕骨圆枕显然没有下部地层的那样粗壮，而且外侧段变弱。有圆枕上沟，圆枕向下转向项平面，往往有圆枕下沟。圆枕的外侧段分为上、下两臂。上臂与角圆枕汇合；下臂行向前下，形成项平面的肌肉附着区的外侧缘，终止于枕乳脊。总体说来，枕骨圆枕在直立人最显著，在古老型智人中有较多的变异。

到晚期智人，枕骨圆枕的外侧部一般完全消失，只保留中央部的一块隆起，成为枕外隆凸。特别值得注意的是 Eritrea 100 万年前的 Danakil 的颅骨没有枕骨圆枕，却有不太大的枕外隆凸，表明晚期智人的这个现代特征在距今 100 万年前就开始出现了。但是这个头骨的枕外隆凸点与颅后点位置相同，与现代人不同，而与直立人相同（Abbate et al., 1998）。

项面

大荔颅骨项面肌脊明显，头半棘肌与头后小直肌的附着区之间有显著的脊。头后小直肌的附着区稍凹陷，其中有细脊。头半棘肌附着区后缘的内侧段帮助形成菱形的枕骨圆枕，外侧段为一条粗细均匀而且显著的脊，它弯向前方与枕乳脊相连续。

在下项线前方，枕大孔后方是一大凹陷，其底部有小凹与细脊合成的网状构造。此大凹的两侧与上项线外侧段之间则为不规则形的隆起。

大荔颅骨枕外脊两侧，上、下项线之间是稍凹陷的面。可能两侧的头半棘肌的附着面之间不像尼人那样分开得比较宽。尼人的两侧头半棘肌分得很开，其间有内侧小窝，而大荔标本无此小窝。

下项线

大约在上项线与枕大孔之间的中间位置处，不及上项线规则，但是仍清晰可辨，延伸于上项线与枕大孔之间。

枕外脊

大荔颅骨没有呈细脊状的枕外脊，却有一宽底的隆起，由两侧上项线交会处向前延达下项线。按照 Antón 等（2002）的观察，爪哇的早期大脑量的直立人和 Ngandong 古人都有枕外脊，而这个结构在爪哇的包括 Sambung 3 号在内的三个小脑量直立人中有两个具有此脊（Antón et al., 2002）。北京直立人 XII 有枕外脊，和县直立人颅骨可见枕外脊上段。尼人没有枕外脊，或很弱。

枕骨髁

右侧保存一部分，宽约 10 毫米。

枕乳脊

两侧都有枕乳脊。左侧平缓，右侧比较突出，详细情况见颞骨。

表 62 枕骨宽与最大颅长的比值
Table 62 Ratio of occipital breadth to maximum cranial length

	枕骨宽 Occipital breadth ast-ast M12	最大颅长 Max. cranial length g-op M1	比值 Ratio M12/M1
大荔 Dali	115	206.5	55.7
北京直立人 ZKD II（W）	103	(194)	(53.1)
北京直立人 ZKD III（W）	117	188	62.2
北京直立人 ZKD V	124	(213)	(58.2)
北京直立人 ZKD X（W）	111?	199	55.8
北京直立人 ZKD XI（W）	113	192	58.9
北京直立人 ZKD XII（W）	115	195.5	58.8
南京直立人 Nanjing	111	(180.5)	(61.5)
和县直立人 Hexian	141.8	190	74.6
山顶洞 Upper Cave 101	121?	204	59.3
山顶洞 Upper Cave 103	107?	184	58.2
柳江 Liujiang	108?	189.3	57.1
资阳 Ziyang	101?	169.3	59.7
Dmanisi D 2280（A）	104	176	59.1
Dmanisi D 2280（R1）	104	177	58.8
Dmanisi D 2282（A）	103	166	62.0
Dmanisi D 2700（A）	104	153	68.0
Dmanisi D 2700（R1）	103	155	66.5

	枕骨宽 Occipital breadth ast-ast M12	最大颅长 Max. cranial length g-op M1	比值 Ratio M12/M1
Dmanisi D 3444（R2）	104	163	63.8
Dmanisi D 4500（R2）	93	169	55.2
Sangiran 2（A）	126	183	68.9
Sangiran 2（R3）	122	183	66.7
Sangiran 17（A）	131	207	63.3
Sangiran 17（R3）	134	207	64.7
Sangiran IX（A）	116	186	62.4
Sangiran IX（R3）	117	186	62.9
爪哇 Trinil 直立人 I（W）	（92）	183	50.3
爪哇直立人 Pithecanthropus II（W）	（120）	176.5	68.0
Bukuran（R3）	126	194	64.9
Ngawi（R3）	121	184	65.8
Ngandong 1（A）	127	196	64.8
Ngandong 1（R3）	128	196	65.3
Ngandong 6（A）	130	221	58.8
Ngandong 6（R3）	126	221	57.1
Ngandong 7（A）	123	192	64.1
Ngandong 7（K）	125	193	64.8
Ngandong 7（R3）	124	192	64.6
Ngandong 10（A）	126	202	62.4
Ngandong 10（R3）	127	202	62.9
Ngandong 11（A）	127	202	62.9
Ngandong 11（K）	128	202	63.4
Ngandong 11（R3）	130	202	64.4
Ngandong 12（A）	126	201	62.7
Ngandong 12（R3）	126	201	62.7
Sambung 1（A）	127	199	63.8
Sambung 1（R3）	127	200	63.5
Sambung 3（A）	118	179	65.9
Sambung 3（R3）	120	179	67.4
Sambung 4（R3）	133	199	66.8
Narmada（K）	144	203	70.9
Amud（S）	134	215	62.3
Shanidar（K）	118.2	207.2	57.0
KNM-ER 3733（A）	123	182	67.6
KNM-ER 3733（R3）	119	182	65.4
KNM-ER 3883（A）	115	182	63.2
KNM-ER 3883（R3）	115	182	63.2
KNM-ER 15000（A）	106	175	60.6
KNM-ER 15000（R3）	106	175	60.6

	枕骨宽 Occipital breadth ast-ast M12	最大颅长 Max. cranial length g-op M1	比值 Ratio M12/M1
KNM-ER 42700（R3）	99	153	64.7
OH-9（A）	123	206	59.7
OH 9（R3）	123	206	59.7
Daka (Bou-VP-2/66)（A）	116±2	180	64.4
Daka（R3）	116	180	64.6
Ndutu（R4）	115	183?	62.8?
Kabwe（R3）	129	209	61.7
Ceprano	128	198	64.6
Atapuerca SH 4	132	(201)	65.7
Atapuerca SH 5	116.5	185	63.0
Atapuerca SH 6	117.6	186	63.2
Steinheim	102.5	185	55.4
Petralona（R4）	120	208	57.7
Petralona（St）	119.5*，116.2#	210	56.9*，55.3#
Petralona（Wo）	119.0	210	56.7
现代人 Modern man（W）	208.6(102–115)	185.6(158–203)	—
现代人 Modern man（R4）	107.8	185.9	—

枕骨宽的数据来源如下：

大荔、山顶洞、柳江、资阳的据笔者；北京直立人 V 号据邱中郎等（1973）；南京直立人据吴汝康等（2002）；和县直立人据吴汝康、董兴仁（1982）；Ceprano 据 Ascenzi 等（2000）；Atapuerca SH 据 Arsuaga 等（1997）；Steinheim 据 Wolpoff（1980），是根据右侧半头骨按照对称性原则复原得出的。

注明（A）者据 Antón（2003）。

注明（K）者据 Kennedy 等（1991）。

注明（R1）者据 Rightmire 等（2006）。

注明（R2）者据 Rightmire 等（2017）。

注明（R3）者据 Rightmire（2013）。

注明（R4）者据 Rightmire（1990）。

注明（S）者据 Suzuki（1970）。

注明（St）者据 Stringer 等（1979；带*者为据 Stringer 测量的数据，带#者为据 Howell 测量的数据）。

注明（W）者据 Weidenreich（1943）。

注明（Wo）者据 Wolpoff（1980）。

颅长数据的来源见表 1。

表 62 显示，Dmanisi、Sangiran 和非洲早更新世颅骨的枕骨宽与最大颅长的比值有大幅度重叠，似乎不相上下。由此发展到中更新世，似乎也没有大的变化。

南京直立人这个比值不超出北京直立人变异范围，而和县直立人的却超出很多，似乎是中国直立人中一个很明显的例外，也超出欧洲中更新世人的变异范围很多。欧洲的中更新世颅骨的变异范围下部与除和县之外的中国直立人上部有相当大幅度的重叠，而 Atapuerca SH 的三个颅骨的变异范围不大。中国早期现代人颅骨在北京直立人变异范围的上部，大荔颅骨在北京直立人变异范围的下部，与欧洲中更新世人的最低值很接近。

表 63　枕骨高和宽及比值

Table 63　Ratio of height to breadth of occipital bone

	枕骨高 Occipital height l-sphba	枕骨宽 Occipital breadth ast-ast　M12	比值 Ratio
大荔 Dali	118*, 116#	115	102.6*, 100.9#
郧县 Yunxian EV 9002	(118)	(132)	(89.4)
郧县 Yunxian (三维复原 3-D reconst.)	115	135	85.2
山顶洞 Upper Cave 101	135	121?	111.6?
山顶洞 Upper Cave 103	126	107?	117.8?
柳江 Liujiang	130	108?	120.4?
Dmanisi D 2280	92	103	89.3
Dmanisi D 2282	(90)	(105)	85.7
Dmanisi D 2700	100	104	96.2
Sangiran 4	108	129	83.7
Sangiran 17	119	133	89.5
Ngandong 7	120	125	96
Ngandong 12	121	128	94.5
Narmada	(120)	(144)	(83.3)
KNM-ER 3733	98	118	83.1
KNM-ER 3883	99	115	86.1
WT 15000	(95)	106	(89.6)
OH 9	(114)	(121)	(94.2)
Kabwe	126	136	92.6
Ceprano	(105)	128	(82.0)
Arago 21-47	129	(113)	(114.2)
Atapuerca SH 5	105	112	93.8
Petralona	121	122	99.2
现代人(20 例)Modern man 平均 Average	127.6	112.3	113
范围 Range	117–137	105–121	101.6–124.5

资料来源:

大荔、山顶洞、柳江的均据笔者,大荔的带*和#的数据分别得自采用上、下人字点的测量;其余均据 de Lumley 等(2008, p. 435)。在 Rightmire 等(2006, 2017)中,为 Dmanisi 标本提供的枕骨宽数据与本表的稍有不同,其 2700、2280、2282、3444 和 4500 号分别是 105 毫米、104 毫米、103(?)毫米、104 毫米和 93 毫米;他为 Sangiran 2、4 和 17 号提供的数据分别是 122 毫米、126(?)毫米和 124 毫米;为 WT 15000、KNM-ER 3733 和 KNM-ER 3883 提供的数据分别是 106 毫米、110 毫米和 115 毫米;此外,在该文内,还有 KNM-ER 1813 和 KNM-ER 1470 的这个项目的数据,分别为 93(?)毫米和 108(?)毫米。

表 63 显示 Sangiran 的枕骨高与宽的比值的变异范围与非洲早更新世人变异范围的下部和中部重叠,两者还与 Dmanisi 的变异范围有大幅度重叠,看来在东南亚、西南亚和非洲的早更新世人之间似乎没有多大差异。欧洲中更新世人中,de Lumley 所做 Arago 的复原颅骨的此一比值大得异常,Arago 头骨是在面骨和一块顶骨复原的,那块枕骨本来是人为复原的,看来似乎与实际不符合。如果除去这个例外,则变异范围与非洲早更新世人和 Dmanisi 都有大幅度重叠。中国早期现代人目前有限的标本与 Sangiran 的变异范围几乎完全重叠,没有超出欧洲中更新世人和非洲早更新世人的变异范围。总之各组人的变异范围之间有相当大的重叠。除了 Arago 一个例外,本表所列举的化石人类的比值数据都

小于 100，不同时期各组化石人之间似乎没有很大的变化，而近现代人都大于 101。也许这个比值在从晚更新世到近代的过程中才出现增大的现象。大荔颅骨在这项特征上表现得比较进步，比除 de Lumley 所做 Arago 复原颅骨以外的所有化石人类都大，已经进入近现代人变异范围的最下部。

表 64 枕骨上鳞弦和枕骨宽及比值

Table 64 Median sagittal chord of upper squama and breadth of occipital

	枕骨上鳞弦 Chord of upper scale of occipital l-i chord M31(1)	枕骨宽 Occipital br. ast-ast M12	比值 Ratio M31(1)/M12
大荔 Dali	85*, 74#	115	73.9*, 64.3#
北京直立人 ZKD III	47	117	40.2
北京直立人 ZKD X	49	111?	44.1
北京直立人 ZKD XI	48	113	42.5
北京直立人 ZKD XII	52.5	115	45.7
和县直立人 Hexian	88	141.8	62.1
山顶洞 Upper Cave 101	70	121?	57.9?
山顶洞 Upper Cave 103	66	107?	61.7?
柳江 Liujiang	68	108?	63.0?
Dmanisi D 2280（R1）	46?	104	44.2
Dmanisi D 2282（R1）	46?	103?	44.7
Dmanisi D 2700（R1）	45?	105	42.9
Dmanisi D 3444（R3）	50	104	48.1
Dmanisi D 4500（R3）	47	93	50.5
Sangiran 2（As）	(45)	122	36.9
Sangiran 2（R2）	45	122	36.9
Sangiran 4（R2）	47	126	37.3
Sangiran 10（R2）	50	120	41.7
Sangiran 12（R2）	49	123	39.8
Sangiran 17（R2）	52	134	38.8
Sangiran 17（As）	58	142	40.8
Sangiran IX（R2）	—	117	—
爪哇 Trinil 直立人 I	(43)	(92?)	46.7
爪哇直立人 Pithecanthropus II	45	120?	37.5
Bukuran（R2）	51	126	40.5
Ngawi（R2）	60	121	49.6
Sambung 1（R2）	59	127	46.5
Sambung 3（R2）	50.5	120	42.1
Sambung 4（R2）	54	133	40.6
Ngandong 1（R2）	55	128	43.0
Ngandong 6（R2）	64	126	50.8
Ngandong 7（R2）	61	124	49.2
Ngandong 10（R2）	49	127	38.6
Ngandong 11（R2）	57	130	43.8

	枕骨上鳞弦 Chord of upper scale of occipital l-i chord　M31(1)	枕骨宽 Occipital br. ast-ast　M12	比值 Ratio M31(1)/M12
Ngandong 12（R2）	69	126	54.8
KNM-ER 3733（As）	61	124	49.2
KNM-ER 3733（R2）	57	119	47.9
KNM-ER 3833（As）	49	121	40.5
KNM-ER 3883（R2）	48	115	41.7
KNM-ER 42700（R2）	47	99	47.5
WT 15000（R2）	44	106	41.5
OH-9（As）	(54)	123	43.9
OH 9（R2）	54	123	43.9
Daka（R2）	65	116	56.0
Omo 2（R2）	70	129	54.3
Ndutu（R2）	61	117	52.1
Kabwe（R2）	60	129	46.5
Elandfontein（R2）	58	—	—
Ceprano（As）	62	128	48.4
Atapuerca SH 1（Ar）	64	120	53.3
Atapuerca SH 2（Ar）	—	((136))	—
Atapuerca SH 3（Ar）	74	113.5	65.2
Atapuerca SH 4（Ar）	67.1	132	50.8
Atapuerca SH 5（Ar）	61	116.5	52.4
Atapuerca SH 6（Ar）	66	117.6	56.1
Atapuerca SH 7（Ar）	—	112	—
Atapuerca SH 8（Ar）	—	((141))	—
Atapuerca SH OccII（Ar）	—	112.6	—
Atapuerca SH OccIV（Ar）	(64.5)	(112.5)	57.3
Petralona（R2）	65	120	54.2
Steinheim（R2）	62	102	60.8
成年尼人 Adult Neanderthal（A2）			
平均值±标准差（例数）	62.2±5.9（12）	118.3±6.4（12）	—
成年早期现代人 Adult early modern humans（A2）			
平均值±标准差（例数）	69.6±6.3（7）	118.6±6.1（9）	—

资料来源：

北京直立人标本和爪哇直立人 I、II 据 Weidenreich（1943）；大荔、和县、山顶洞、柳江均据笔者，大荔的测量数据中带*和#者分别据采用上和下人字点测得。

注明（Ar）者据 Arsuaga 等（1997, p. 233），在双括弧内的数据是 Arsuaga 等在破骨片上估计所得。

注明（As）者据 Ascenzi 等（2000, p. 447）。

注明（A2）者据 Arsuaga 等（2002），其中成年尼人包括 Shanidar 1、Tabun C1、Amud 1、La Chapelle、La Ferrassie、Feldhofer、Monte Circeo 1、Saccopastore 1 和 2、Gibraltar1、Spy 1 和 2、La Quina H5；成年早期现代人包括 Qafzeh 6 和 9、Skhul 5、Cro Magnon 1、Předmostí 3、Mladeĉ 1、Omo 1 和 2、山顶洞 101。

注明（R1）者据 Rightmire 等（2006）。

注明（R2）者据 Rightmire（2013）。

注明（R3）者据 Rightmire 等（2017）。

从表 64 的数据似乎可以看出,东南亚早更新世人枕骨上鳞弦与枕骨宽的比值变异范围的最上端与非洲早更新世人变异范围最下端有一些重叠,Dmanisi 相当于后者范围的中部,欧洲中更新世人变异范围的中下部与非洲早更新世人变异范围的上部重叠。北京直立人的这个比值总体上比东南亚早更新世人的大,两者的变异范围之间有重叠。北京直立人与非洲早更新世人变异范围也有重叠,两者的最低值相差不到 1。中国早期现代人比北京直立人高得多,而和县直立人很特别,接近中国早期现代人的最高值。中国早期现代人变异范围与欧洲中更新世人的上部重叠。这个比值从早更新世人到中国直立人似乎没有显著变化,而到欧洲中更新世人则显然有所增大,而从欧洲中更新世人到近代人,平均值可能有所升高。不过现代人与尼人枕骨宽的平均值几乎相等,而枕骨上鳞弦的平均值相差颇大。综观所有数据,这个比值似乎有升高的趋势。大荔颅骨如果采用以下人字点为标志的测量数据,这个比值没有超出欧洲中更新世人变异范围(比大多数标本都高得多,只比一例稍小),接近其上限,比北京直立人大得多,比和县直立人和中国早期现代人最高值都稍大。似乎可以认为大荔标本在此项特征上已经达到现代人的水平。如果采用上人字点为测量标志,则这个指数比任何一组的数据都大很多,很难作出有意义的比较,因此下人字点比上人字点应该合理得多。

表 65　枕骨上鳞弦和弧及指数

Table 65　Median sagittal chord and arc of upper occipital squama and index

	枕骨上鳞弦 Upper occ. chord l-i chord　M31(1)	枕骨上鳞弧 Upper occ. arc l-i arc　M28(1)	枕骨上鳞曲度指数 Upper occipital curv. index M31(1)/M28(1)
大荔 Dali	$87^*, 76^\#$	$105^*, 91^\#$	$82.9^*, 83.5^\#$
北京直立人 ZKD III	47	49	95.9
北京直立人 ZKD X	49	51	96.1
北京直立人 ZKD XI	48	50	96.0
北京直立人 ZKD XII	52.5	55	95.5
Atapuerca SH 1(A)	64	75	85.3
Atapuerca SH 3(A)	74	84	88.1
Atapuerca SH 4(A)	67.1	77	87.1
Atapuerca SH 5(A)	61	65	93.8
Atapuerca SH 6(A)	66	75	88.0
Swanscombe	—	63	—
Steinheim(S)	64–65	70	91.4–92.9
Saccopastore(S)	51	55	92.7
La Chapelle(S)	66.2	74	89.5
Le Moustier(S)	57	62	91.9
Petralona(S)	68	76	89.47
Amud 1(S)	75	87	86.2
Shanidar(模型 cast)(S)	65	(72)	90.3
Oberkassel ♂(S)	—	68	96
Oberkassel ♀(S)	—	67	93
现代人 Modern man(S)	62.0–70.0	65.0–75.7	89.8–95.8

资料来源:

大荔的据笔者,大荔的测量数据中带*和#者分别采用上和下人字点测得。

北京直立人据 Weidenreich(1943, p. 108);金牛山据吴汝康(1988);Swanscombe 据 Marston(1937)。

注明(A)者据 Arsuaga 等(1997)。

注明(S)者据 Suzuki(1970),原书没有 Oberkassel 的枕骨上鳞的数据。

Weidenreich（1943）以北京直立人的颅后点作为其枕外隆凸点，有的标本的确如此，但有的标本（X和 XII）的枕外隆凸点的位置实际上应该在颅后点的稍前下方，因此其 l-i 弧应该比该书提供的稍长，而 l-i 弦稍短。也就是说，该书中一些标本的 l-i 弦弧比值较实际稍大。但是这样小的误差对古人类这个指数的全局基本上没有影响。从表 65 列举的数据看，似乎这个指数在人类进化中没有显著的变化趋势和地区差异。大荔的这个指数比表 65 所列举的中国的直立人、欧洲中更新世人、尼人和现代人的数据都小，表明颅骨的这个部分比较凸隆，有无特殊的意义尚待探索。

表 66　枕骨下鳞弦和弧及指数

Table 66　Chord and arc of lower squama of occipital and index

	枕骨下鳞弦 Lower occ. chord i-o chord　M31(2)	枕骨下鳞弧 Lower occ. arc i-o arc　M28(2)	指数 Lower occipital curv. index M31(2)/M28(2)
大荔 Dali	36	36	100.0
北京直立人 ZKD III	58?	60?	96.7
北京直立人 ZKD XI	63	67	94.0
北京直立人 ZKD XII	57	60	95.0
爪哇 Trinil 直立人 I	(53)	(57)	93.0
爪哇直立人 Pithecanthropus II	48	52	92.3
Malladetes（5–7 岁）	37.5	40	93.8
Parpalló（约 15 岁）	34	50	68.0
成年尼人 Adult Neanderthal			
平均值±标准差（例数）	45.4±5.0(8)	49.0±6.7(3)	—
成年早期现代人 Adult early modern humans			
平均值±标准差（例数）	46.6±7.2(7)	49.5±5.7(4)	—

资料来源：

　北京直立人和爪哇的直立人均据 Weidenreich（1943，北京直立人 XII 号头骨的枕鳞下部长在该文献 38 页表 VI 显示为 56 毫米）；Malladetes、Parpalló、成年尼人和早期现代人数据引自 Arsuaga 等（2002, pp. 381–393），其中尼人包括 Shanidar 1、Tabun C1、Amud 1、La Chapelle、La Ferrassie、Feldhofer、Monte Circeo 1、Saccopastore 1 和 2、Gibraltar 1、Spy 1 和 2、La Quina H5，均转引自其他学者；成年早期现代人包括 Qafzeh 6 和 9、Skhul 5、Cro Magnon 1、Předmostí 3、Mladec 1、Omo 1 和 2、山顶洞 101，均转引自其他学者。

枕外隆凸点枕大孔后缘点距的弦弧指数在表 66 所比较的爪哇直立人、北京直立人和 Malladetes 共 6 件标本中，都局限于 92.3 与 96.7 这个小区间中，从成年尼人和成年早期现代人的数据看，此项指数大概也与此区间相当。大荔颅骨比其最高值稍高。唯独 Parpalló 的指数特别地小，而且小得多。

表 67　枕骨上鳞弦与下鳞弦的比值

Table 67　Ratio of chord of occipital upper scale to that of lower scale

	枕骨上鳞弦 Upper occipital chord l-i chord　M31(1)	枕骨下鳞弦 Lower occipital chord i-o chord　M31(2)	比值 Ratio M31(1)/M31(2)
大荔 Dali	87[*], 76[#]	36	241.7[*], 211.1[#]
北京直立人 ZKD III	47	58?	81.0
北京直立人 ZKD XI	48	63	76.2

	枕骨上鳞弦 Upper occipital chord l-i chord　M31(1)	枕骨下鳞弦 Lower occipital chord i-o chord　M31(2)	比值 Ratio M31(1)/M31(2)
北京直立人 ZKD XII	52.5	57	92.1
金牛山 Jinniushan	59.2	39.3	150.6
Atapuerca SH 4	67.1	46.2	145.2
Atapuerca SH 5	61	49.5	123.2
Atapuerca SH 6	66	35	188.6
Petralona	68	62*, 64.3#	109.7*, 105.8#

资料来源：

大荔的据笔者，大荔的测量数据中带*和带#者分别采用上和下人字点测得；北京直立人据 Weidenreich（1943）；金牛山据吴汝康（1988）；

Atapuerca SH 据 Arsuaga 等（1997）；Petralona 据 Stringer 等（1979）。

表 67 显示大荔颅骨以下位人字点为测量标志所得到的枕骨上鳞弦与下鳞弦的比值相比于其他数据与 Atapuerca SH 6 最接近，金牛山的比值与 Atapuerca SH 4 很接近，北京直立人的这个比值比大荔、金牛山和欧洲中更新世人都小得多，显然区别很大。看来大荔和金牛山与欧洲中更新世人比较接近，与直立人相距较远。大荔颅骨以上位的人字点为标志获得的指数比所有这些比较的标本的数值都高很多，这也显示可能下位人字点更加符合实际情况。

表 68　枕骨枕面长和项面长及比值
Table 68　Lengths of the occipital and nuchal planes and the ratio

	枕面长 Occipital plane l-op	项面长 Nuchal plane op-o	比值 Ratio l-op/op-o		枕面长 Occipital plane l-op	项面长 Nuchal plane op-o	比值 Ratio l-op/op-o
大荔 Dali	57	62	91.9	柳江 Liujiang	19	80	23.8
郧县 Yunxian（复原 reconst.）	45	71	63.4	资阳 Ziyang	22	79	27.8
北京直立人 ZKD III（W）	46	57?	80.7*	Sangiran 17（L）	(48)	55	(87.3)
北京直立人 ZKD III（L）	44	57	77.2	Ngandong 7（L）	65	58	112.1
北京直立人 ZKD XI（W）	45	65	69.2*	Ngandong 12（L）	70	53	132.1
北京直立人 ZKD XI（L）	50	64	78.1	Petralona（L）	60	65	92.3
北京直立人 ZKD XII（W）	56	56	100*	现代人（20 例）Modern man（L）			
和县直立人 Hexian	44	65	67.7	平均 Average	67.8	50.8	137
山顶洞 Upper Cave 101	52	69	75.4	范围 Range	47–82	39–63	
山顶洞 Upper Cave 103	46	60	76.7				

资料来源：

大荔颅骨采用下人字点作为测量标志点；和县、山顶洞、柳江、资阳均据笔者。

注明（L）者据 de Lumley 等（2008, p. 437）。

注明（W）者据 Weidenreich（1943）38 页，与其 108 页的数据稍有差异。

* de Lumley 等（2008）计算指数的方法是 100×枕面长/项面长，而 Weidenreich（1943）的方法是 100×项面长/枕面长，两者不同。为了便于进行比较，笔者没有采用 Weidenreich（1943）38 页印出的指数值，而是根据该页印出的原始数据依照 de Lumley 等（2008）的方法计算出 III、XI 和 XII 号北京直立人标本的指数值，Weidenreich（1943）原印于 38 页上的指数值分别为 124、144 和 100，特此说明。

中更新世颅骨枕平面和项平面之间的交接一般呈角状，枕外隆凸点位置在项面上，l-op 和 op-o 的比例比 l-i 和 i-o 的比例更能反映枕平面和项平面的大小关系。表 68 数据显示，中国的直立人和 Ngandong 两组人枕平面长和项平面长构成的比值的变异范围都很大。中国早期现代人的比值的变异范围更大得多。大荔颅骨的这个比值与 Petralona 很接近，都没有超出北京直立人的变异范围，而比现代人低得多。或许这个比值在进化上缺乏特别的意义。

Arsuaga 等（1997）用枕骨正中矢状面上人字点-枕外隆凸点之间，与人字点-枕外隆凸点弦（l-i chord）距离最远之点与此弦的距离（矢高，l-i subtense）与此弦长度形成的指数来衡量枕骨枕面凸隆程度。他们提供的数据有：Atapuerca SH 1，17.2；Atapuerca SH 3，18.2；Atapuerca SH 4，22.35；Atapuerca SH 5，14.8；Atapuerca SH 6，21.6；Atapuerca SH OccIV，18.6；Swanscombe，19.7；Bilzinsleben（模型），13.0；Saccopastore 1，20.9；Mladec，25.0；尼人（9 例），22.8±3.2；现代人，12.7±3.5。笔者测量我国的标本，得出以下的数据：大荔，24.3；和县，25；山顶洞 101，24.3；山顶洞 103，22.7；柳江，24.3；资阳，14.3。

现代人这个指数比化石人小得多，其枕平面较欠隆起。从这些数据可以看出，欧洲中更新世人变异范围相当大，中国早期现代人变异范围与欧洲中更新世人变异范围有大幅度的重叠。从中国中更新世人到早期现代人，这个指数没有显著变化，再到现生人类，可能有变小的趋势。但是资阳的这个指数比较接近现在的人。大荔的这个指数比欧洲中更新世人的最高值稍大，与和县直立人和中国早期现代人接近。

在大荔颅骨正中矢状面上，枕骨上鳞矢状弧上距离枕骨上鳞矢状弦的最远点，或最突出点的位置在枕平面上距离颅后点不远。据 Arsuaga 等（1997, p. 246）研究，Atapuerca SH 1 号和 5 号的枕骨较突出部（或测量矢高的点）在枕骨圆枕上，而不是像其 4 号颅骨和尼人那样在枕平面上。不过 Atapuerca SH 3 和 6 号属于青少年，在成年时这个位置可能改变。

表 69　枕骨大孔长度和宽度及指数
Table 69　Length, breadth and index of foramen magnum

	枕骨大孔长 Length of foramen magnum M7	枕骨大孔宽 Breadth of foramen magnum M16	指数 Index M16/M7
大荔 Dali	40.0	28	70.0
山顶洞 Upper Cave 101	39.2	35.0	89.3
山顶洞 Upper Cave 102	44.0	32.3	73.4
山顶洞 Upper Cave 103	40.5	32.8	81.0
柳江 Liujiang	36.9	30.5	82.7
Dmanisi D 2700（R1）	30	28	93.3
Dmanisi D 4500（R1）	33.5	28.6	85.4
Sangiran 4（R1）	40?	31	77.5*
Sangiran 17（R2）	39	29?	74.4*
Ngandong 7（R2）	43	30	69.8*
Ngandong 12（R2）	49	29	59.2*
Teshik-Tash（Ra）	—	—	65
Amud 7（Ra）	—	—	57.1
KNM-ER 3733（R3）	37	32?	86.5?
KNM-ER 3883（R3）	33	26?	78.8?

	枕骨大孔长 Length of foramen magnum M7	枕骨大孔宽 Breadth of foramen magnum M16	指数 Index M16/M7
WT 15000（R3）	3	27	75.0
Ndutu（R2）	38?	28	73.7*
Kabwe（R2）	42?	—	—
Atapuerca SH 4（A）	42	30	71.43
Atapuerca SH 5（A）	38	28	73.68
Atapuerca SH 6（A）	44	30	68.18
Swanscombe（A）	40	30	75
Petralona（R2）	44	35	79.5*
Petralona（S）	38.7（内径 int.）	32.6	84.2
La Quina 18（Ra）	—	—	57.5
Engis 2（Ra）	—	—	59.5
La Chapelle（C）	—	—	68
La Chapelle（Ra）	—	—	65
La Ferrassie 1（H）	—	—	79
La Ferrassie 1（C）	—	—	77.4
Saccopastore 1（A）	34.5	28.9	83.8
Saccopastore 1（C）	—	—	90.3
Ganovce（Ra）	—	—	71
现代人 Homo sapiens（R2）	37.1	29.1	—

资料来源:

山顶洞据吴新智（1961）；柳江据吴汝康（1959）。

注明（A）者引自 Arsuaga 等（1997）。

注明（C）者据 Arsuaga 等（1997，引自 Creed-Miles et al., 1996）。

注明（H）者据 Arsuaga 等（1997，引自 Heim, 1989）。

注明（R1）者据 Rightmire 等（2017）。

注明（R2）者据 Rightmire（1990），其现代人数据是 15 具黑人男性颅骨的平均值。

注明（R3）者据 Rightmire 等（2006）。

注明（Ra）者据 Arsuaga 等（1997，引自 Rak et al., 1994），其中 Amud、La Quina、Engis 和 Teshik-Tash 都是儿童。

注明*的数据是笔者根据所引文献的原始数据计算得出的。

本表中有些标本没有载明枕骨大孔长和枕骨大孔宽的数据，其枕骨大孔指数系从所引原文中引用。

Rak 等（1994，1996）认为幼年和成年尼人的枕骨大孔的形状都趋向于前后径比现代人较长的卵圆形，但是 Arsuaga 等（1997）根据他们所收集的数据提出，并不能清楚地显示特别长的枕骨大孔普遍存在于所有的（或大多数）尼人中。他们还转述，Richards 和 Plourde（1995）在检查了死亡年龄不同的 1000 例现代人头骨和尼人的模型之后也对尼人枕骨大孔呈极端的卵圆形的说法持怀疑的态度。

崔娅铭研究了现代人枕骨大孔长度、宽度与身高的关系（Cui and Zhang, 2013），她为笔者推算大荔颅骨所属个体身高的结果可以是 159.8 厘米、160.5 厘米或 161.9 厘米，平均 160.7 厘米。

枕外隆凸点-枕内隆凸点距历来是古人类学家十分关注的测量项目之一。大荔的数据是 11 毫米（单位下同）。中国其他化石的数据有：北京直立人 ZKD III，27.5；北京直立人 ZKD V，29.5（这个化石据邱中郎等，1973，北京直立人的其他标本均据 Weidenreich, 1943）；北京直立人 ZKD VIII（小孩），17.0(?)；北京直立人 ZKD X，38.0；北京直立人 ZKD XI，34.0；北京直立人 ZKD XII，35.0；南京直立人 Nanjing，37.6（据吴汝康等，2002）；和县直立人 Hexian，22（据吴汝康、董兴仁，1982）；许家窑 Xujiayao 7，8（据笔者）；许家窑 Xujiayao 15，16.5（据吴茂霖，1980）；资阳 Ziyang，0（据吴汝康，1957；原文是"在同一水平"）；Pithecanthropus II，15.0；Pithecanthropus III，16.0（以上 2 标本均据 Weidenreich，1943）；Pithecanthropus II，25；Pithecanthropus V，26；Pithecanthropus I、II、IV 平均（average），35.21；Ngandong，21–38（以上 4 数据均据 Jacob，1966）；Ceprano，22（据 Ascenzi et al.，2000）；Ehringsdorf，18.0；Swanscombe，18.0；La Chapelle，15.0；Krapina，24.0；Spy 1，10.0；Spy 2，20.0（以上 6 标本均据 Weidenreich，1943）。

Bräuer 和 Mbua（1992）曾经将枕外隆凸点-枕内隆凸点距分为三个档次，按照他们的调查，距离小于 10 毫米的标本有 OH 12、KNM-ER 730、OH 13、KNM-ER 1813、STW 53、OH 24 和 KNM-ER 1470，前 2 标本属于非洲直立人，后 5 标本为非洲早期人属，最后 2 标本的枕内外隆凸点距离不肯定，还有 Trinil 和 Sangiran 19，距离也不肯定；距离为 10–17 毫米者有 Sangiran 4 和 17，Ngandong 7、10 和 12，STS 19 和 71，MLD 1，Ndutu，大荔，KNM-ER 2598，STS 5（后 2 标本的距离不肯定）；距离为 18–25 毫米的有 Sangiran 2、10 和 12，Sambung，OH 9，KNM-ER 3733，KNM-ER 1805，Ngandong 1、6 和 11，北京直立人 ZKD V、XII，许家窑。总之枕外隆凸点与枕内隆凸点间的距离在人类进化过程中并不像过去以为的那样，表现出很明确的由长变短的趋势，不应作为判断时代早晚的指标。值得指出的是，Steinheim 的枕外隆凸点与枕内隆凸点在同一水平，前者位于发育得比较弱的项圆枕上（Wolpoff，1980）。现代人的枕外隆凸一般与枕内隆凸在同一水平或较下（吴汝康，1957）。Bräuer 和 Mbua（1992）的数据在有些标本与上段文字中所列的数据有不一致的，显示这个项目的测量难免一定的主观性。

此外，WT 15000 虽然没有很发育的枕骨圆枕，但是有一个隆起，其中心在人字点下大约 27 毫米处的隆起，这个隆起与枕内隆凸中心点位于同一水平。

表 70　枕骨的厚度

Table 70　Thicknesses of occipital bone

	枕平面中央 Center of the occipital plane	枕骨圆枕中央 Center of the occipital torus	小脑窝 Fossa cerebellaris
大荔 Dali	13.0?	20.0	左 3.7，右 3.2
北京直立人 ZKD II（W）	(10.7)	—	—
北京直立人 ZKD III（W）	10.0	20.4	6.8
北京直立人 ZKD V	(7.0)	15.0	4.5
北京直立人小孩 ZKD VIII（W）	(5.0)	7.1	3.8
北京直立人 ZKD X（W）	10.0	15.0	(5.0)
北京直立人 ZKD XI（W）	9.0	12.0	2.8
北京直立人 ZKD XII（W）	9.0	15.0	2.5
南京直立人 Nanjing	—	16	—
和县直立人 Hexian	—	18.0	6.0
许家窑 Xujiayao 7	—	19	—
许家窑 Xujiayao 15	—	18	—
Sangiran 2	—	16.5	—
Sangiran 4	—	19.0	—
爪哇 Trinil 直立人 I（W）	—	15.0	—
爪哇 Trinil 直立人 II（W）	13.0	20.4	5.0
爪哇 Trinil 直立人 III（W）	7.0	—	—
爪哇直立人 Pithecanthropus IV（W）	13.5	21.5	5.0

	枕平面中央 Center of the occipital plane	枕骨圆枕中央 Center of the occipital torus	小脑窝 Fossa cerebellaris
Swanscombe	−	−	3.2
尼人组 Neanderthals（W）	7.7（7.0–9.0）	12.3（10.0–15.0）	2.7（1.2–4.0）
现代人 Modern man（W）	7.0（6.0–8.0）	15.0	1.4（1.0–1.8）

资料来源：

北京直立人 V 据邱中郎等（1973）；南京直立人据吴汝康等（2002）；和县直立人据吴汝康、董兴仁（1982）；许家窑 7 号据贾兰坡等（1979），15 号据吴茂霖（1980）；Sangiran 据 Antón 和 Franzen（1997）。

注明（W）者均据 Weidenreich（1943, pp. 162, 163）。

表 70 显示，大荔枕平面中央的厚度比北京直立人的大，与爪哇直立人 II 和 IV 相等或接近，比尼人和现代人厚得多，枕骨圆枕中央比北京直立人和爪哇直立人最高值稍小，比尼人和现代人厚得多。大荔小脑窝厚度相当于北京直立人变异范围的下部，比爪哇直立人薄，与 Swanscombe 接近，相当于尼人变异范围的上部，比现代人厚得多。

Bräuer 和 Mbua 还提供了枕外隆凸点处的颅骨厚度，如下：Sangiran/Trinil/Sambung 7 例平均为 19.1 毫米，变异范围为 13.0–26.0 毫米（单位下同）；Ngandong 4 例平均为 19.0，变异范围为 16.0–26.0；南方古猿非洲种 2 例平均为 13.0，变异范围为 12.0–14.0；非洲早期人属 2 例平均为 15.3，变异范围为 10.5–20.0；非洲直立人 5 例平均为 17.6，变异范围为 13.0–21.0；非洲古老型智人 1 例为 13.0（Bräuer and Mbua, 1992）。Arsuaga 等（2002）测量了 Malladetes（5–7 岁）、Engis（约 6–7 岁）、Qafzeh 10（约 6 岁）和 11（约 13 岁）的枕骨的厚度，其结果分别是：Malladetes 的人字点和星点区厚度分别为 6.8 毫米和 5.0 毫米，左侧和右侧枕骨上窝厚度分别为 4.0 毫米和 3.5 毫米，左侧和右侧枕骨下窝厚度均为 2.5 毫米；Engis 星点处厚度估计为 4.5 毫米，左侧枕骨上窝厚度为 2.9 毫米，右侧枕骨下窝厚度为 1.0 毫米；Qafzeh 10 的人字点厚度估计为 6 毫米，星点处厚度为 8.0 毫米；Qafzeh 11 左侧和右侧枕骨上窝和下窝四处厚度都是小于 4.0 毫米。Marston（1937）提供的 Swanscombe 枕骨厚度有：人字点，12.0 毫米；星点，13.0 毫米；窦汇区，15.0 毫米；大脑窝，7.6 毫米；小脑窝，3.2 毫米。大荔颅骨对应处的厚度是：星点，左侧 12.0 毫米、右侧 10.5 毫米；窦汇区，16.5 毫米；大脑窝，左侧 12.0 毫米、右侧 10.0 毫米；小脑窝，左侧 3.7 毫米、右侧 3.2 毫米。

4. 颞　骨

左侧颞骨完整，右侧缺鳞部的后上部。鳞部外表面不光滑，尤以前部为甚，由一些细脊与其间的小凹组成网状的构造。

左侧颞骨的鳞部

上缘既不呈弧形，也不成一条直线，由其最高点向前下和后下分成走行方向不同的两段。前段近于直线，行向前下方；后段稍长，又可分两段，皆近直线，其前段行向后下方，后段很短，接近垂直。在鳞部上缘与前缘交界处向前上方伸出一长方形突起，插进顶骨与蝶骨之间，前方与额骨相接。因此翼区可归于 I 型。颞鳞前缘近于垂直，颞鳞以下缘前段与颞下面分开，其间弯折明显，但是不呈粗涩的脊状。颞鳞在下缘中段与颧突相连，其间有宽的颧突沟。颧弓的位置在眼耳平面之下，其中部的上缘甚至低于该平面达 3 毫米。颞鳞下缘的后段为乳突上脊。

右侧颞骨的鳞部

后端小部缺损。前部与左侧颞骨基本上相似，但是左颞骨鳞部最高点向眼耳平面所作垂直线的垂足通过外耳门稍前方，而右侧则通过外耳门前方更远处。右颞骨鳞部上缘的后段走向后下方的坡度比左侧的缓和，右侧上缘前段与后段构成的角度比左侧的大。其中部厚 7.0 毫米，上缘的最高点处连同紧贴于其内侧的顶骨共厚 8.5 毫米。

表 71　颞骨的长度
Table 71　Lengths of temporal bone

	总长度 Total length M4a	鳞部长 Length of squama M4b	乳突部长 Length of mastoid part	乳突部相对长度 Relative length of mastoid part
大荔 Dali 左 lt	89	72	17	19.1
右 rt	93	—	—	—
郧县 Yunxian EV 9002(L)	108	81	27	25
北京直立人 ZKD III(L)	89	74	15	16.8
北京直立人 ZKD XI(L)	90	65	25	27.8
北京直立人 ZKD XII(L)	90	74	16	17.8
Sangiran 17(L)	93	79	14	15.0
Narmada(L)	87	73	14	16.1
Ngandong 6(L)	99	71	28	28.3
Ngandong 11(K)	94	—	—	—
Ngandong 12(L)	94	71	23	24.5
KNM-ER 3733(K)	85	—	—	—
KNM-ER 3883(K)	89	—	—	—
OH 9(K)	92	—	—	—
Kabwe(K)	90	—	—	—
Petralona(K)	95	—	—	—
La Chapelle(K)	82	—	—	—
现代人(30 例)Modern man(L)				
平均 Average	86.4	70.2	—	20.2
范围 Range	77.3–97	62.7–77	14.6–20.0	—

资料来源：

大荔据笔者。

注明(K)者据 Kennedy 等(1991)。

注明(L)者据 de Lumley 等(2008, p. 437)。

不同学者用不同的方法测量颞骨长度。笔者按照 M4a 和 M4b 测量总长度和鳞部长。考虑到 de Lumley 等(2008)提供的所有标本的乳突长数据都等于总长度减鳞部长，为了与他们的数据能进行比较，表 71 也以总长度减鳞部长得出大荔的乳突长数据。这个数据与按照 M13a, MDB 测得的颞骨乳突宽 13 毫米和按照 M4c 测得的大荔乳突长 43 毫米不同，它们是根据不同定义测得的乳突数据。前者是乳突基底经过横轴的宽度，测量方法是：一端是乳突切迹或二腹肌沟，另一端在乳突外侧表面上与之相当的水平，测径与乳突本身的长轴垂直，不参考整个颅骨，求取两侧测量值的平均值。后者的定义是枕乳缝最后点与外耳门后缘的垂直切线之间的距离。

表 71 显示北京直立人的颞骨总长度变异范围很小，最高值比 Ngandong 的最低值小。大荔的左侧颞骨总长度与北京直立人最低值相等，比 Kabwe 短 1 毫米，比 Petralona 短得多，没有超出现代人变异范围，与其平均值接近。

大荔的鳞部长比北京直立人最大值稍小。比 Ngandong 人和现代人的平均值稍大。

大荔的乳突部长相当于北京直立人变异范围的下部，比 Ngandong 最低值小，相当于现代人变异范围的中部。

大荔的乳突部相对长度在北京直立人变异范围的中部，比 Ngandong 最低值稍长，与现代人平均值相差不大。

郧县的情况很特殊，其颞骨总长度远大于表 71 所有标本和现代人，鳞部长大于表 71 所示所有标本和现代人；乳突部长比北京直立人和现代人长，比 Ngandong 最大值稍短，乳突部相对长度在北京直立人变异范围上部，比现代人平均值大。

表 72　颞骨鳞长和高及指数

Table 72　Length，height and the index of temporal squama

	颞鳞长 Length	颞鳞高 Height	指数 Index
大荔 Dali 左 lt	72	46.5	64.6
郧县 Yunxian EV 9002	71	45	63.3
北京直立人 ZKD 7 例	69.6（62–74）	34.5（29–39）	49.7（45.2–57.3）
和县直立人 Hexian 左 lt	70	42	60
许家窑 Xujiayao	69	44.5	64.5
Ngandong 5 例平均	73	46.9	—
Atapuerca SH AT-600, Cr.4（男性♂）（M）	72.5	52	71.7
Atapuerca SH AT-700, Cr.5（成年 adult）（M）	63.5	44	69.3
Atapuerca SH AT-418, Cr.6（大约 ca.14 岁）（M）	57	43	75.4
Atapuerca SH AT-804, Cr.7（青春期 adolescent）（M）	61	45	73.8
Atapuerca SH AT-84（M）	64	51	79.7
Atapuerca SH AT-644（M）	—	42	—
Amud 1（S）	69	48	69.6
Shanidar I（模型 cast）（S）	70	40	57.1
La Chapelle（S）	73	41	56.2
Gibraltar（S）	57.5	33	57.4
Tabun 1（S）	60.5	37	61.2
Skhul 5（S）	64	52	81.3
Skhul 6（S）	（62）	（44）	71.0
Skhul 9（S）	70	48	68.6
Oberkassel（模型 cast）（S）	66	57	86.4
现代日本人 Modern Japanese（S）♂	72.3（62–80）	49.3（42–57）	68.1（57.5–87.7）
♀	66.3（58–78）	44.1（39–50）	66.7（56.4–77.0）

资料来源：

　　大荔的数据是笔者按照 Martin《人类学教科书》的方法测量左侧颞骨鳞部所得；郧县据李天元等（1994）；北京直立人及现代人（包含不同的人种）据 Weidenreich（1943）；和县直立人据吴汝康、董兴仁（1982）；许家窑据吴茂霖（1986）。

　　注明（M）者据 Martínez 和 Arsuaga（1997）。

　　注明（S）者转引自 Suzuki（1970），其原书表 VIII-11 所载 Gibraltar 和 Tabun I 的指数分别为 57.3 和 60.9。

大荔颅骨的颞骨鳞长和高是按照 Martin《人类学教科书》所列的项目 4b 和 19d 测量的，颞鳞长的定义是"从蝶骨缘的最前点到颞鳞（顶骨缘）最后点的距离，投影到眼耳平面上的长度"，颞鳞高的测量方法是"以两脚规的活动臂与眼耳平面平行，两臂分别经过耳点和颞鳞距眼耳平面最远点，读出两臂间的距离"。Martínez 和 Arsuaga（1997）测量 Atapuerca 标本的颞鳞长的方法是"从顶骨切迹到颞骨鳞部最前点的距离，与颧弓根的主轴平行"，其颞鳞高的定义是"从耳门上缘点起的颞骨鳞部最大高度，与颞鳞长垂直"。从大荔颅骨的顶骨切迹最深点到颞骨鳞部最前点的距离，与颧弓根的主轴不平行，而是相交成大约 30°的角。按照 Suzuki（1970）的说明，颞鳞长的定义是"从颞骨的鳞乳角点（entomion）到蝶鳞缝最远点的距离"；颞鳞高是"法兰克福平面到颞鳞最高点的距离"。应该指出，不同学者的测量方法有所不同，在比较不同作者提供的颞鳞指数时必须考虑到这个因素。但是用这些不同方法所得结果一般不会相差很大。笔者还是将这些资料列在一张表（表 72）内供读者参考，而在表头中的各个测量项目不注明 Martin 教科书的测量项目编号。

表 72 显示，除去 Atapuerca SH 的两个未成年标本外，其颞鳞长变异范围与中国直立人变异范围的中部大幅度重叠，前者的平均值小于后者。大荔的颞鳞长没有超出这两组人的变异范围，接近他们的上限，比许家窑的长，比现代人平均值长得多。Atapuerca SH 的变异范围与尼人的大部重叠，两者的平均值与现代人的平均值都差不多。

中国直立人颞鳞高的最高值（和县）与 Atapuerca SH 的最低值相等，后者的平均值比前者大得很多，也比尼人大得多。大荔的颞鳞高比中国直立人高得多，比郧县和许家窑都略高，在 Atapuerca SH 变异范围内，比大多数尼人的高，在现代人的变异范围中上部。

中国直立人颞鳞高长指数比 Atapuerca SH 的小得多，两者的变异范围之间有大幅空间。大荔颞鳞这项的指数与许家窑和郧县的接近，也接近现代人的平均值，大大地高于北京直立人的最高值，比和县直立人的高，比 Atapuerca SH 的最低值低很多。也就是说，按照现有的资料，大荔的这项指数介于中国的和欧洲的中更新世人之间。

此外，表 72 还显示，欧洲尼人的颞鳞高长指数比 Atapuerca SH 的小得多。

上文提到，不同作者的测量方法不同，可能使上面的分析有所偏差，但是估计不会与实际相去过多。

Martínez 和 Arsuaga（1997）以及 Stringer（1984）注意到，颞骨鳞高长指数不能适当地描述颞骨鳞部的上缘，特别是不能描述上缘凸隆的程度。Terhune 和 Deane（2008）对颞骨鳞部进行的形态测量研究，发现直立人和尼人鳞部都低而且上缘欠凸隆，而海德堡人和智人的鳞部较高，上缘较凸隆，认为是衍生的性状。按照这样的观点，大荔和许家窑也属于衍生状态。而在南方古猿、能人、KNM-ER 3733、KNM-ER 3883 则上缘是平的（Martínez and Arsuaga, 1997）。

因为 Stringer（1984）、Martínez 和 Arsuaga（1997）认为颞骨鳞部高长指数不能描述颞骨鳞部的扁度或凸度，所以 Martínez 和 Arsuaga（1997）设计了一个新的测量项目——颞鳞角，先从颞鳞最高点到"颞鳞长"引一条垂直线，确定其垂足点，连接此点和顶骨切迹的直线构成颞鳞角的一边；顶骨切迹与颞骨鳞部最高点的连线构成此角的另一边。颞鳞角代表颞鳞后缘的坡度。Martínez 和 Arsuaga（1997）测量的 Atapuerca SH 的颞鳞角的结果是，AT-84 为 58°，AT-418, Cr.6 为 28°，AT-600, Cr.4 为 38.3°，AT-644 为 57.5°，AT-700, Cr.5 为 35°，AT-804, Cr.7 为 48°。在同一个地点同一时代的这些标本中，角度最小的为 28°，最大的达到 58°，同一组标本相差一倍以上。在他们收集的比较标本中，Coimbra 现代人、早期现代人、尼人、非洲中更新世人的颞鳞角和 Atapuerca SH 的标本彼此都很接近，该文的表 10 显示，所有这些人群的颞鳞角绝大多数都没有超出 Atapuerca SH 的变异范围。而北京直立人的颞鳞角（20°–32°）显然比这些人群为小，Sangiran 17 在北京直立人变异范围内。OH 9 此角更小，为 19°，符合直立人的情况。这个角度的大小虽然与颞鳞的相对高度或扁度（它与脑颅高低有比较大的关系）有关，但是更多的可能取决于颞鳞上缘最高点的前后位置，而这个位置似乎与头骨的进化位置没有多大关系。与此相反，颞鳞的相对高度却与脑颅的发育程度有比较显著的关系，因此似乎应该认为，在衡量进化过程方面颞鳞的相对高度比颞鳞角更有意义。笔者以通过顶骨切迹的与颧弓根平行的线作为一边，测得大荔颅骨左侧的颞鳞角大约为 65°，似乎与北京直立人关系较远，而与欧洲的中更新世人和早期现代人较为接近。大荔颅骨的颞鳞比较高，加之颞鳞上缘最高点的位置比较靠后都是导致此角度如此之大的原因。

Suzuki 提供的 Amud 1 的颞鳞与耳上颅高相比的相对高度指数为 39.3；根据模型得出 Oberkassel 和 Shanidar 1 的这个指数分别为 49.1 和 35.7；现代日本人为 37.1–49.6，平均为 42.6；他还引用了根据 McCown 和 Keith（1939）的测量数据得出的几个标本的这个指数（La Chapelle 为 37.1，Gibraltar 为 32.2，Tabun 1 为 35.2，Skhul 5 为 43.0，Skhul 9 为 41.4.）（Suzuki, 1970, p. 144）。笔者根据 Weidenreich（1943, p. 44 和 p. 107）提供的数据，计算北京直立人的颞鳞与耳上颅高相比的相对高度指数，得出 III 号头骨左侧为 35.3、右侧为 34.7，X 号头骨为 37.1，XI 号头骨左、右侧分别为 38.0 和 31.0，XII 号头骨为 36.5。从这些数据看，北京直立人的变异范围（31.0–38.0），与尼人（32.2–39.3）大致重叠，大荔颅骨的这项比值为 45.6，比前二者高得多，已经进入早期现代人和现代人的变异范围。

表 73　颞骨的厚度（1）
Table 73　Thicknesses of temporal bone (1)

	鳞部中央 Center of squama	关节盂中央 Center of glenoid fossa	星点区 Near asterion
大荔 Dali　左 lt	7.0	7.2	9.0
右 rt	6.9	—	12.3
北京直立人 ZKD	8.3(6.0–10.0)(6)	—	—
Sangiran/Trinil/Sambung	7.8(5.0–12.0)(6)	4.6(3.0–6.0)(4)	—
Ngandong	6.0	7.0	—
南方古猿非洲种 A. africanus	7.0(7.0–7.0)(2)	5.0	—
非洲早期人属 African early Homo	5.4(4.5–6.0)(4)	5.8(4.5–7.0)(2)	—
非洲直立人 African H. erectus	7.0(6.5–7.5)(2)	6.5	—
非洲古老型智人 African archaic H. sapiens	8.0	2.0	—
Atapuerca SH AT-84	5.5	6.5	8.5
Atapuerca SH AT-124	—	7	—
Atapuerca SH AT-365	—	—	7
尼人 Neanderthals	6.5(4.0–9.0)	—	—
现代人 Modern man	1.9(1.3–2.5)	—	—

资料来源：

北京直立人、尼人和现代人均据 Weidenreich（1943, p. 162，没有将 X 号头骨在标志点附近测量所得的 5.2 毫米统计在内）；大荔据笔者；金牛山据吴汝康（1988）；现代人数据源自 Martin 1928 年出版的《人类学教科书》；Sangiran/Trinil/Sambung 组、Ngandong、南方古猿非洲种、非洲早期人属、非洲直立人、非洲古老型智人各组均据 Bräuer 和 Mbua（1992）。

本表数据的表达方法是：平均值（范围）（例数）。

表 73 显示，在颞骨鳞部中央部，非洲早期人属比南方古猿非洲种薄，非洲的直立人与南方古猿非洲种的平均值相等，非洲古老型智人可能更加增厚。北京直立人似乎比非洲直立人更厚。大荔颅骨在北京直立人变异范围内，相当于其下部，而总体上比欧洲的 Atapuerca SH 为厚。

大荔颅骨关节盂中央厚度可能与 Atapuerca SH 不相上下，而星点区可能比 Atapuerca SH 厚。

另外一个显明的印象是，大荔颅骨在关节盂中央和星点区的颞骨厚度都大于表 73 呈现的相应项目的所有数据。

表 74　颞骨的厚度（2）
Table 74　Thicknesses of temporal bone (2)

	顶骨切迹后方的顶乳缝		乳突内侧的枕乳缝	
	Thickness at parietomastoid suture behind parietal notch		Thickness at parietomastoid suture madeial to mastoid process	
	左 lt	右 rt	左 lt	右 rt
大荔 Dali	10.5	8.5	—	8.8
北京直立人 ZKD III	18	15	7	6.5
北京直立人 ZKD V	17	15	8	7.5
许家窑 Xujiayao	16	—	6	—
资阳 Ziyang	8	—	7	—
现代人 Modern man	3.5–7		3–6	

资料来源：

北京直立人和现代人均据 Weidenreich（1943, p. 66）；资阳据吴汝康（1957，25 页）；许家窑据吴茂霖（1986）。

表 74 显示，大荔颅骨在顶骨切迹后方的顶乳缝处比北京直立人薄得多，在乳突内侧的枕乳缝处却比北京直立人稍厚，两处都比现代人厚得多，但是资阳乳突内侧的枕乳缝处的厚度与北京直立人不相上下。

颧突和颧突沟

大荔颅骨左侧颧突只保存后部。颧突后部上面呈三角形，形成比现代人宽得多的颧突沟，宽约 15 毫米。de Lumley 等（2008）列举了几件标本的颧突沟宽：郧县 EV 9001 左侧为 15 毫米，郧县 EV 9002 左侧为 13 毫米，Sangiran 17 右侧为 15 毫米，Ngandong 12 为 15 毫米，Narmada 为 12 毫米，现代人为 6–12 毫米。大荔颅骨颧突沟宽仍旧保存比较原始的状态。大荔颅骨颧突与颞骨体相连处两侧皆大约长 32 毫米。由此相连处前端到颧弓外侧缘的距离（与颅骨的正中矢状面垂直）左右侧都是大约 21 毫米。在此段颧弓根下面，有一相当发达的结节，可能代表咬肌附着处的后端。大荔颅骨此处的颧弓的高度（上下径）左右侧分别为 12.5 毫米和 12 毫米。吴茂霖（1986）报道许家窑颞骨颧弓根附近高度和厚度分别是 11.4 毫米和 8.0 毫米，他测量的 10 具现代人头骨分别为 6–7 毫米和 3–4 毫米。Amud 1 号颅骨左侧分别为 12 毫米和 8 毫米，右侧分别为 11.5 毫米和 7 毫米（Suzuki，1970）。因此大荔颅骨颧突在此处的特征可能也比较原始。

大荔颅骨的颧弓根向后与乳突上脊相连续。

乳突上脊

大荔颅骨乳突上脊的中段特别宽而且特别隆起，向前下部和后上部逐渐尖缩并且高度逐渐变小，因此与其说呈脊状不如说成结节状或突起状。按照吴汝康等（1984）的分级标准可以归于大的级别。从侧面看大荔的乳突上脊与眼耳平面构成大约 30° 的角，它与颧弓根几乎成一直线；从下面看，左侧乳突上脊的前部与颧弓根构成缓缓弯曲的曲线，右侧的则构成角度颇大的钝角。

郧县 EV 9001 号颅骨已经变形。9002 号颅骨两侧、北京直立人 XI、Sangiran 17、Ngandong 7 和 10 号、Narmada 都有比较强的乳突上脊，其中北京直立人 XI 和 Narmada 特别粗壮，Ngandong 7 较弱（de Lumley et al., 2008, p. 441）。

吴茂霖（1986）报道许家窑颞骨的乳突上脊比现代人粗壮，但是远不及北京直立人发达。现代人的乳突上脊与颧突基本处于同一水平面上。距今 180–150 万年的东非最早的人和格鲁吉亚 Dmanisi 古人类的乳突脊和乳突上脊在有的标本合并，有的不合并而形成乳突上沟（Antón，2003）。

乳突上沟

在大荔颅骨乳突上脊下方，与乳突脊之间，为一与乳突上脊平行的宽沟。Weidenreich（1943, p. 63）报道在北京直立人中，此沟很显著而且相对地较深。Antón 等（2002）报道中国的 6 个直立人头骨中只有 2 个具有此沟，一个宽，一个狭，她将除了具有宽阔乳突上沟的脑量不大的 Sambung 标本外的印度尼西亚直立人标本分为三组：3 例脑量小的标本中 2 例有此沟，其中 1 例此沟宽阔；2 例早期脑量大的标本中都有此沟，但都不阔；6 例晚期脑量大的标本都有此沟，其中 4 例是宽阔的。Ngandong 的 6 个标本中有 4 个此沟宽阔（Antón, 2002, p. 556）。

外耳门

大荔颅骨的两侧外耳门均保存完好。长轴由前上稍斜向后下。右侧外耳门的后上方有长约 4 毫米，显著呈脊状的耳道上棘，其后上方有明显的小凹；左侧此棘弱得多，其后上方的小凹浅而小。外耳门的中心几乎与颧弓的长轴相平。Stringer（1984）发现外耳门位于颧突的延长线上是尼人特有的特征。

大荔颅骨右侧外耳道接近外耳门处的后壁上中部有椭圆形小圆枕，上下径 4.5 毫米，横径 3.5 毫米。北京直立人化石中包含 7 个有外耳道者，其中 X 号头盖骨的外耳道前壁具有很明显的骨质增生，全长 14.5 毫米，呈狭长滚圆的梭形，内侧端上下扁，外侧端前后扁。两端的直径分别为 4 毫米和 3 毫米（Weidenreich, 1943, p. 56 和 p. 203）。据 Weidenreich 介绍，耳道骨质增生的出现率在美洲印第安人和波利尼西亚人中分别是 12%–30% 和 8%–20%；在古埃及人中只有 1%–3%；在黑人和美拉尼西亚人中从来没有见过；在白种人中很罕见。西班牙 Atapuerca SH 4 颅骨两侧外耳道都有骨质增生（Pérez et al., 1997, p. 411），位于鼓乳缝和鼓鳞缝上，使得外耳道变得很狭窄。Sheehy（1958，转引自 Peréz et al., 1997, p. 413）认为耳道骨质增生（ear exostosis）是两侧的，对称的，基部较大；而骨肿（osteomata）较小，通常只限于一侧。Kennedy（1986）曾经深入研究过外耳道骨质增生，指出关于其产生的原因还没有共识。有人认为可能与冷水或冷风刺激有关（Kennedy, 1986；Manzi et al., 1991），有人主张由于感染（Kennedy, 1986），更多的文献主张其与遗传有关（Hrdliĉka, 1935；Roche, 1964；Steinbock, 1976；Benitez and Linn, 1980；Mann, 1986；Gregg and Gregg, 1987。均转引自 Pérez et al., 1997, p. 413）。Pérez 等认为，Atapuerca SH 4 的增生是外来因素（最可能是感染）刺激遗传素质的结果。笔者愿意相信大荔颅骨的耳道骨质增生的原因也与外来因素刺激遗传因素有关。在非洲的化石人中迄今没有发现耳道骨质增生，似乎应该考虑美洲印第安人和波利尼西亚人，甚至大荔颅骨的耳道骨质增生与北京直立人的同样结构源自他们在东亚的共同祖先——早期直立人的可能性。

大荔颅骨的两侧外耳门在通过耳点的矢状面内侧方大约 14 毫米。这项距离在郧县 EV 9002 号颅骨的左侧和右侧分别为 17 毫米和 18 毫米（李天元，2001），北京直立人头盖骨这项距离的变异范围是 10–15 毫米，现代人没有超过 10 毫米的（Weidenreich, 1943），和县颅骨的左、右侧分别是 15 毫米和 14 毫米（吴汝康、董兴仁，1982），许家窑为 10 毫米（吴茂霖，1986）。大荔颅骨这个特征在直立人变异范围内，而与现代人相距较远。猩猩的状况与北京直立人相似，黑猩猩与现代人相近，大猩猩外耳门位置甚至比颧弓脊在更加外侧（Weidenreich, 1943）。

表 75　外耳门的测量和形态
Table 75　Dimensions and morphology of external auditory meatus

	宽度 Breadth	高度 Height	形状 Shape	长轴位置 Orientation of the axis
大荔 Dali 左 lt	8	13	椭圆形	倾斜
右 rt	9	14	椭圆形	倾斜

	宽度 Breadth	高度 Height	形状 Shape	长轴位置 Orientation of the axis
郧县 Yunxian EV 9002（L）右 rt	11	19	椭圆形	
北京直立人 ZKD III（W）左 lt	11.5	8.0	椭圆形	水平
右 rt	10.5	8.0	椭圆形	水平
北京直立人 ZKD V（W）左 lt	9.0	14.0	椭圆形	垂直
右 rt	9.5	12.0	椭圆形	垂直
北京直立人 ZKD XI（W）左 lt	10.0	10.0	圆形	
北京直立人 ZKD XII（W）	11.0	9.0	椭圆形	水平
和县直立人 Hexian 左 lt	8	10	椭圆形	倾斜
右 rt	8	11	椭圆形	向前上倾斜
许家窑 Xujiayao	8.6	11	椭圆形	垂直
Sangiran 2（L）	—	—	圆形	
Sangiran 17（L）右 rt	11	12	圆形	
爪哇直立人 Pithecanthropus II（W）	—	—	两侧皆圆形或稍水平椭圆	
爪哇直立人 Pithecanthropus IV（W）	—	—	椭圆形	垂直
Ngandong 7（L）左 lt	9	13	椭圆形	垂直
右 rt	10	15	椭圆形	垂直
Narmada（L）	12	17	椭圆形	近于垂直
现代人 Modern man（L）	—	—	椭圆形	倾斜

资料来源：

和县直立人据吴汝康、董兴仁（1982）；许家窑据吴茂霖（1986）。

注明（L）者据 de Lumley 等（2008）。

注明（W）者据 Weidenreich（1943, p. 55）。

Weidenreich（1943）在其著作中说明，在北京直立人垂直椭圆形的外耳门中，最长的直径不是完全垂直的，而是从后下引向前上。在美洲印第安人中，垂直椭圆形外耳门多达 77%；在澳大利亚土著中达到 81%；在欧洲人则以水平椭圆形者为最常见。北京直立人外耳门的长径和短径的平均值分别为 11.5 毫米和 8.9 毫米。南美印第安人和欧洲人长径平均值分别达到 8.9 毫米和 11.2 毫米，短径平均值分别是 5.9 毫米和 8.1 毫米；因纽特人和北美印第安某些人群长、短径平均值分别为 10.7 毫米和 7.6 毫米，因此欧洲人的外耳门比美洲土著人大，北京直立人比白种人和黄种人平均值都大（Weidenreich, 1943, pp. 55, 56）。

Martínez 和 Arsuaga（1997）报道，Atapuerca SH 的外耳门有两个标本呈圆形，其余 7 个标本呈椭圆形，长轴由前上指向后下。其大多数标本有耳道上棘，6 号头骨只是在相应部位有一个小凹陷。

在郧县 EV 9001 的左侧、EV 9002 的两侧、北京直立人 XI、Sangiran 17 的右侧以及 Narmada 标本，外耳门位于颧突根的两条分支之间，大荔颅骨也是如此，而与现代人和 Ngandong 7 与 10 不同（de Lumley et al., 2008, p. 441）。

盂后突

大荔颅骨的两侧关节盂后方都有盂后突。侧面观略呈三角形，比现代人的粗壮，其上缘，即与颞骨颧突相接的部分，长约 5 毫米，垂直高度大约 4 毫米，左侧稍短。

Weidenreich（1943, p. 52）假设人类至少有两支世系：其中一支的盂后突在很早的时候就丧失了，另一支则持续保存。他认为盂后突显著变小是直立人最鲜明的特征之一。后来的学者（Rightmire, 1990）证实了 Weidenreich 的假说。能人没有盂后突（Antón, 1999）。

Martínez 和 Arsuaga（1997）将盂后突长（postglenoid length）设定为从关节窝最深点到盂后突尖端的直接距离。他们报道，Coimbra 现代人 155 例的盂后突长度是 8.6±1.53 毫米，早期现代人 11 例是 9.5±1.65 毫米，尼人的盂后突 18 例是 8.1±2.64 毫米，Atapuerca SH 的 6 例成年人为 12.82±2.14 毫米，在人属中是比较高的，大大地高于尼人和现代人。亚三角形发达的盂后突普遍存在于 Atapuerca SH。他们论文的图 12 显示，非洲早更新世人的盂后突长大约在 4.5 毫米与 9.5 毫米之间，非洲中更新世人大约在 4.8 毫米与 12 毫米之间，欧洲 Steinheim 和 Petralona 分别是 11 毫米和 13 毫米。因此从早更新世到中更新世，这个项目在非洲似乎变化不大，到欧洲中更新世则有所增大，到尼人和早期现代人又有所缩小。Petralona 和 Steinheim 的盂后突长度在 Atapuerca SH 的变异范围内，意大利中更新世的 Castel di Guido 的盂后突也突出。OH 9、ES-11693 的盂后突突出程度中等，相当于 Coimbra 现代人的变异范围的低值部分。在爪哇标本中，Ngandong 完全没有盂后突，Sangiran 17 具有显著的盂后突。和县的盂后突很小，反之，郧县 9002 号和许家窑以及 Namarda 则盂后突发达。黑猩猩（30 例，8±1.4 毫米）和南方古猿（A.L.-333/45 为 6.5 毫米，Sts-5 为 7 毫米，Sts-19 为 11.1 毫米，MLD-37/38 为 10.7 毫米）与现代人相近。大猩猩的盂后突很高。总之在绝大多数人类的支系或种类中，盂后突中等程度发育，直立人的盂后突如果存在，只是一个低脊。

Bermúdez 等（2004）指出亚洲的直立人的盂后突强烈缩小，这是与非洲的匠人不同的特征之一。

这个测量项目名称与其含义实际上不太符合，不能顾名思义。笔者按照 Martínez 和 Arsuaga（1997）的方法测量出大荔的盂后突长为 18 毫米，显示比欧洲中更新世人者稍长。

关节窝

大荔颅骨下颌关节窝的长轴由前外侧指向后内侧，与颅骨的冠状面形成大约 10°的角度。

现代人的下颌关节窝完全在颅中窝的下方，下颌关节窝的最外侧点位于相当于颅骨壁的矢状面的内侧。大猩猩关节窝的大部在此矢状面的外侧。这反映现代人大脑向外侧的扩张。在北京直立人，下颌关节窝的中心与颅骨壁的内侧面相对应，因此其下颌关节窝与颅中窝的相对位置介于大猩猩和现代人之间。爪哇的直立人与北京直立人近似，而南方古猿粗壮种则更接近大猩猩（Weidenreich, 1943）。经过大荔颅骨关节窝最外侧点与眼耳平面垂直的线通过颅骨壁中，在颅骨内面颅底与侧壁的交界线的稍外侧，因此比北京直立人进步得多，而与现代人很接近。

表 76　下颌关节窝的测量
Table 76　Measurements of mandibular fossa

	长度 Length	宽度 Breadth	深度 Depth	长/宽 L/B	深/长 D/L	深/宽 D/B
大荔 Dali　左 lt	25	35	12.5	71.4	50.0	35.7
右 rt	25	32	10	78.1	40.0	31.3
郧县 Yunxian EV 9002（L）左 lt	(20)	(30)	11	66.7	55.0	36.7
右 rt	20	31	11.7	64.5	58.5	37.7
北京直立人 ZKD III ♂（W）左 lt	16	—	13?	—	81.3	—
右 rt	18	25	11.5	72.0	63.9	46.0
北京直立人 ZKD V ♂（W）左 lt	21	?	15	—	71.4	—
北京直立人 ZKD XI ♀（W）左 lt	21	27?	15	77.8?	71.4	55.6
北京直立人 ZKD XII ♂（W）左 lt	18?	23?	15	78.3	83.3	65.2

	长度 Length	宽度 Breadth	深度 Depth	长/宽 L/B	深/长 D/L	深/宽 D/B
许家窑 Xujiayao（Wm）	27.2	30	16.5	90.7	60.7	55.0
Sangiran 4（L） 左 lt	26	31	15.5	83.9	59.6	50.0
右 rt	(27)	(31)	17.5	87.1	64.8	56.5
Sangiran 2（L）	28	23	13	121.7	46.4	56.5
Sangiran 17（L） 右 rt	27	26	8	103.8	29.6	30.8
爪哇直立人 Pithecanthropus II ♀（W）	28	23?	13	121.7	46.4	56.5
爪哇直立人 Pithecanthropus IV ♂（W）	28	28?	18	100	64.3	64.3
Narmada（L） 右 rt	31	25	7	124.0	22.6	28.0
Nariokotome（WL）	7.7	20	—	38.5	—	—
欧洲人 European ♂（W）	23.5	21.5	12.5	109.3	53.1	58.1
新喀里多利亚人 New Caledonian ♂（W）	27	26	16.5	103.8	61.1	63.5
美洲印第安人 Amerindian ♀（W）	23	26	16	88.5	69.6	61.5
现代人 Modern man（W） 平均 Average	24.5	24.5	15	—	—	—
范围 Range	23–27	21.5–26	12.5–16.5	—	—	—

资料来源：

注明（L）者据 de Lumley 等（2008, p. 439）。

注明（W）者据 Weidenreich（1943, p. 46）。

注明（WL）者据 Walker 和 Leakey（1993）。

注明（Wm）者据吴茂霖（1986）。

表 76 显示，大荔与许家窑颞骨相比，关节窝比较短、浅而宽。大荔的关节窝长度比北京直立人和郧县的都大，与现代人平均值相近，比其他化石人似乎稍短。宽度比表 76 所列举的其他化石人和现代人都大得多。深度相当于北京直立人变异范围的下部，与郧县的接近，比现代人浅或与之相近。大荔标本的长宽比例与北京直立人相仿，比郧县的大，比许家窑颞骨、爪哇早更新世人及美洲印第安人、新喀里多尼亚人、欧洲人的都小，比 Narmada 的小得多，但是比 Nariokotome 的大得多。深长比例在爪哇早更新世人的变异范围内，比许家窑、北京和爪哇的直立人 IV、郧县和上述 3 组现代人的都小。深宽比例与郧县相若，比许家窑标本、北京和爪哇的直立人小，比 Narmada 的大，却未超出爪哇早更新世人的变异范围。笔者还注意到，中国早更新世和中更新世人的关节窝比爪哇早更新世人短，宽度则比较一致，Sangiran 17 和 Narmada 颅骨的关节窝特别浅，比其他标本浅得多，Narmada 颅骨关节窝异常地长，Nariokotome 颅骨的关节窝特别短，这些只是孤例？或者具有深意？在掌握更多标本的数据后也许能破解这些现象的含义。Antón 还报道，东非和格鲁吉亚 Dmanisi 的距今 180–150 万年的人类头骨的下颌关节窝的横向宽度无论与颅骨长相比还是与此窝本身长度相比，相对地都算是较宽的（Antón, 2003, p. 137）。印度尼西亚早期化石（距今 150–90 万年）的关节窝的前后径与横径相等（Antón, 2003, p. 143）。

关节窝的长度和深度缺乏很明确的测量标志，所以这些出自不同研究人员的比较数据仅有一定的参考意义。

大猩猩、黑猩猩和猩猩的下颌关节窝长宽比例平均为 60.7，比北京直立人的小，比现代人的小得多；这三种大型猿类的深长比例和深宽比例分别为 37.4 和 22.7，则比化石和现代人类都小得多（Weidenreich, 1943, p. 46）。

关节隆起

大荔颅骨左侧有稍显的结节状关节隆起；而右侧只是平坦的平面，颞下面与关节窝前壁之间的过渡更加缓和。

Weidenreich（1943）等发现直立人有隆起的关节隆起，Clarke（1990）认为现代人关节窝的前壁比北京和爪哇的直立人、OH 9、SK 847、KNM-ER 3733 的都更加垂直。Martínez 和 Arsuaga（1997）设计了一种方法来测量下颌关节窝前壁的坡度：以关节窝最深点为 B 点，以关节结节最低点为 C 点，以颞下脊和蝶颞缝相交点的突起为 D 点，以 BC 和 DC 为两边，将以 C 点为角顶构成的角称为关节隆起角。他们提供的这个角的数据有：Atapuerca 11 例，128.8°±7.22°；早期现代人 11 例，110.5°±9.82°；Coimbra 155 例，106.5°±10.46°。从 Martínez 和 Arsuaga 论文的表 11 可以推测非洲早更新世人为 108°–124°；非洲中更新世人为 105°–128°；北京直立人 III 和 XI 分别是 132°和 117°；Steinheim 为 132°，在 Atapuerca 的范围内。该文还报道，意大利中更新世的 Castell di Guido、Petralona、Bilzinsleben、Ehringsdorf 和 Biache-Saint-Vaast 的关节隆起都是扁的，而和县、许家窑标本和郧县 EV 9002 的关节结节则被描述为隆起的。南非 Sterkfontein 和黑猩猩的这个角都很大。他们认为扁的关节隆起是近祖特征，而隆起者为近裔特征（Martínez and Arsuaga, 1997）。大荔的这个角为 130°上下，在北京直立人和欧洲中更新世人的变异范围内。

鼓板

大荔颅骨两侧鼓板构成下颌关节窝的后壁，位置比较接近于垂直，上缘为鼓鳞裂，下缘游离于岩部的下前方。鼓鳞裂和鼓板横向长轴都比较接近冠状面，鼓板横向长轴与岩部长轴几乎平行。鼓板横轴与垂直方向的高度相近，前者稍长。鼓板整体稍呈凹形，与岩部相接处的厚度约为 6 毫米。Groves（见 Groves and Lahr, 1994）重新研究了中更新世人类的各种性状，得出结论认为有 5 个性状是直立人所独有的衍生性状，其中包括"鼓板强烈增厚"，大荔颅骨的鼓板厚度介于北京直立人与 Atapuerca SH 标本之间，可见在各种人类化石之间，鼓板厚度只有量的差别，难于确定怎样才算"强烈增厚"，没有独有与否的性质。

现代人的鼓板整体几乎位于垂直的位置，黑猩猩的则接近水平，猩猩和大猩猩却与人比较接近。北京直立人的鼓板位置介于黑猩猩与现代人之间，与猩猩和大猩猩比较接近（Weidenreich, 1943）。

北京直立人 III 号头骨鼓板横轴与矢状面构成 94°角，现代欧洲人则为 78°（Weidenreich, 1943）。

Martínez 和 Arsuaga（1997, p. 289）总结说，一般认为直立人的鼓板横轴与矢状面接近垂直。而现代人则呈矢状位置，但是关于尼人鼓板的位置意见不一：Weidenreich（1943）和 Stringer（1984, 1991）认为尼人鼓板呈矢状位；而 Trinkaus（1983）和 Condemi（1992）认为尼人的鼓板显示冠状位置。Martínez 和 Arsuaga（1997）将经过颈动脉孔的最后外侧点和外耳门下缘与鼓板边缘的交会点相连的直线作为鼓板轴。大荔标本的颈动脉孔位置不明，不能利用他们设计的方法进行测量，只能按照对鼓板的总体观察，估计出大荔头骨的鼓板横轴与颅骨的冠状面构成的角左右侧都大约为 10°。

Martínez 和 Arsuaga（1997）还将人类化石的鼓板方位划分为冠状位和矢状位两大类，划分的标准是：鼓板下缘与外耳门下缘的交会点在外耳门下缘中部时，将鼓板方位认为冠状；交会点在外耳门后部时，将鼓板方位认为矢状。按照这样的归类标准，他们将他们自己的和其他学者报道的许多标本的状况汇集成一张表，其中非洲早更新世人多数为冠状位；北京直立人 XI 号是冠状位，III 号和 XII 号属于中间状态；和县直立人是冠状位；Steinheim 和 Petralona 分别是冠状位和矢状位；尼人多数是冠状位，少数是中间状态，其中 Krapina 的 14 件标本中有 10 件是冠状位，其余是中间状态；早期现代人是矢状位（Martínez and Arsuaga, 1997, p. 292）。他们还写道，Atapuerca SH 标本的鼓板通常是冠状位置的。Coimbra 现代人和非洲中更新世人则以矢状位为主，有一些早更新世标本（SK 847、OH 9），其鼓板在矢状位。他们主张，鼓板在冠状位置是原始状态，现代人和非洲中更新世人的鼓板在矢状位，属于衍生状态。他们将大荔标本归于矢状位，认为其和 Petralona 是欧洲和亚洲中更新世标本中独有的矢状位鼓板，还认为像 OH 9、SK 847 一样都是生物学的变异（Martínez and Arsuaga, 1997, pp. 304, 305）。

现代人鼓板呈凹形，而北京直立人则是平的，甚至向关节窝凸起，与类人猿中常见的状态相似。大荔的两侧鼓板都呈凹形，左侧接近梯形，右侧接近方形。郧县两个颅骨的鼓板都呈平凹形，Sangiran 17、Ngandong 7 和 Narmada 都是平的。郧县两个颅骨和 Sangiran 17 以及 Narmada 都是在横的方向上比较长，Ngandong 7 颅骨鼓板比较接近方形。

许家窑颞骨单独存在，不能准确估计头骨矢状面的位置，吴茂霖估计它的鼓板与正中矢状平面约成 90°角，与和县和北京的直立人相近。许家窑鼓板横向径明显地长于垂直方向的高度（吴茂霖，1986）。

鳞鼓裂

大荔颅骨的两侧鳞鼓裂都不在下颌关节窝最深处，而是在其后内侧。据 Antón (2002) 报道，中国和爪哇直立人鳞鼓裂的位置有所不同：爪哇的 7 个晚期大脑量标本和 1 个早期大脑量标本鳞鼓裂都在下颌关节窝最深处，只有一个小脑量的标本与中国两个直立人标本的鳞鼓裂不在下颌关节窝最深处。

乳突

大荔颅骨乳突的长轴由后上斜向前下，与 Frankfurt 平面大约成 60°角。乳突表面有许多弱的凹凸。颅骨两侧的乳突切迹都很显著。

按吴汝康等（1984）的划分标准，大荔颅骨的乳突可以归属于特小级，Weidenreich (1943) 报道北京直立人乳突小。Andrews (1984)、Wood (1984)、Stringer (1991) 认为直立人小的乳突是残留的原始状态。过去曾经认为在人类进化中乳突由小变大。Rightmire (1990) 等指出北京和 Sangiran 的直立人的乳突有大量变异。按照 Antón 的研究，印度尼西亚的距今 150–90 万年的直立人的乳突大小多变异，大多数相对较小，不突出于颅底以下，但是 Sangiran 12 的乳突大，而且突出于颅底以下，距今 180–160 万年的 Sangiran 4 的乳突也大而突出于颅底以下，Ngandong 颅骨乳突也大。距今 180–150 万年的格鲁吉亚 Dmanisi 和东非早期人类颅骨的乳突大小相差颇大，其中以 OH 9 的乳突最粗壮。乳突脊和乳突上脊有的标本合并，有的不合并而形成乳突上沟（Antón, 2003, pp. 142–144）。欧洲 Ceprano 头骨也有大的乳突（Ascenzi et al., 1996, p. 418）。

多数学者都认为尼人的乳突小，但是也有学者（如 Heim, 1974, 1976；Smith, 1980；Trinkaus, 1983。均转引自 Martínez and Arsuaga, 1997）认为尼人的乳突没有从颅底向下突出不是由于它本身缩小，而是由于其周围的枕乳区膨胀。为了检验这个观点，Trinkaus（1983，转引自 Martínez and Arsuaga, 1997, p. 293）测量了乳突从眼耳平面突出的程度，而不用通常利用的 Zoja 技术从二腹肌沟量起。这样测量的结果使他发现尼人乳突突出的程度和现代人相同。但是 Vandermeersch（1981，转引自 Martínez and Arsuaga, 1997）指出，这样以眼耳平面为基准进行的测量会产生误导，因为尼人的耳门上缘点比现代人高。为了避免这个问题，他使用 Broca 的技术，测量乳突尖到颧弓延长线的距离，结果发现尼人乳突突出的程度不大。

Martínez 和 Arsuaga（1997, p. 293）测量顶骨切迹到乳突尖的距离来表示乳突突出的高度。这种方法可以用于测量单独的颞骨，而上述几种方法需要进行头骨的定位，不能测量单独的颞骨。他们研究的结果是，成年尼人的这项测量值清楚地比早期现代人和 Coimbra 男女混合组都小，这三组标本的数据分别是：36.6±4.86 毫米（20 例）、45.3±6.2 毫米（10 例）和 42.6±5.44 毫米（155 例）（Martínez and Arsuaga, 1997, p. 305）。从该文的表 14 可以看出，Atapuerca SH 成年标本这项测量值比青年和幼年个体大，该人群的变异范围大约覆盖了尼人和 Coimbra 现代人加在一起的范围。周口店的直立人的范围与 Coimbra 现代人相差不多，爪哇的直立人数值更大，南方古猿的乳突小而且乳突窦很发育，与大型猿类相似。

笔者仿照 Trinkaus（1983，转引自 Martínez and Arsuaga，1997）的技术，测量大荔颅骨右侧乳突从眼耳平面突出的程度（而不是从二腹肌沟起始测量），得出的数据是 28 毫米；也用 Martínez 和 Arsuaga（1997）的方法，测量顶骨切迹到乳突尖的距离以表示乳突突出的程度，得出的数据左、右侧分别是 36 毫米和 35 毫米。此外笔者还参照 Martin《人类学教科书》的 19a 和 Howells（1973）的 MDH（p. 176）的规定测量了"乳突高"（在眼耳平面以下，垂直于该平面的乳突高度。上端在此平面上，下端与乳突尖端相平，测量尺必须与眼耳平面垂直），结果左、右侧分别为 27 毫米和 26 毫米。

大荔两侧的乳突宽都是 12 毫米[按照 M13(a)，或 Howells（1973）的 MDB，乳突宽是在乳突基部循其横轴方向的宽度，也就是乳突切迹最深处或二腹肌沟与乳突外侧面上与之对应点的距离，测量时以左手托头骨，使颅底朝上，瞄准乳突的后缘，以之为参考轴，要使测径与之垂直，确定与乳突切迹最深点相对应的点。不参考乳突高或整个颅骨的参考轴]。

总之过去将北京直立人与现代人相比，使人们误以为在人类进化过程中乳突由小变大，现在更早和更多新化石的出现使我们知道乳突的进化不是像过去以为的那样简单。

茎突

大荔颅底没有茎突附着，但是右侧颅底面外耳门内侧与乳突切迹延长线接近处，可以看见一个小的标记，可能是生前与茎突相连接的痕迹，可能骨性茎突缺如或者不与颅底愈合，或者只有软骨。这个痕迹与外耳门相距 13 毫米。北京直立人 7 件标本的相应距离为 18–22 毫米，许家窑标本为 17.3 毫米，La Chapelle 和 La Quina 为 20 毫米，现代人为 15 毫米或更短（均引自吴茂霖，1986）。

Weidenreich（1943）曾经指出，北京直立人和 Ngandong 的颅骨都没有茎突，在尼人和现代人中，茎突与颅底愈合是常见的，不过有一些变异。他的观察为后来的学者所证实。Martínez 和 Arsuaga（1997，p. 305）观察 Coimbra 现代人只有 2.5%没有茎突，早期现代人、尼人（除了 Krapina 38.12 和 Shanidar 1）、Atapuerca SH、非洲中更新世化石人（Laetoli 18 除外）都有茎突。亚洲化石中两种情况都有，Narmada 和许家窑有茎突，和县和郧县 EV 9002 没有茎突，在非洲的早期标本（Stw-53、KNM-ER 3735、SK 847、KNM-ER 3733、OH 9）中，有茎突是最常见的情况，但是 OH 24 和 KNM-ER 3733 没有茎突，他们将之视为生物学变异，在大型猿类和尼人以及 Coimbra 现代人中也有这样的变异，他们从未在大猩猩颅骨上见过与颅骨愈合的茎突，茎突的出现率在黑猩猩和猩猩分别是 1.8%和 43.3%。南方古猿的茎突与颅底愈合（MLD-37/38 例外）。他们主张，没有茎突是人类进化中原始的近祖状态，直立人没有茎突则是返祖现象（Martínez and Arsuaga，1997，p. 305）。按照 Clarke（1990）报道，非洲早期人属（特别是 SK 847）有茎突，他认为这个信息将它们排除出直立人祖先的行列，并将它们放到智人祖先的世系中。

二腹肌沟

大荔颅骨左侧的二腹肌沟相当宽，右侧更宽，更显得敞开。左侧二腹肌沟内侧有与之平行的枕动脉沟，比它稍狭、显得稍浅。两者之间隔着一条长约 1 厘米的细脊。右侧此脊很低却宽，两沟近似合并，而内侧壁更加敞开。茎突基底处的痕迹位于二腹肌沟的向前延长线上。

Martínez 和 Arsuaga（1997）报道，在 Atapuerca SH 地点可以观察二腹肌沟的 12 例标本中，此沟都是深而狭，此沟在 5 号颅骨呈 V 型，4、6、7 号颅骨此沟呈 U 型。只有一例（AT1122）的二腹肌沟前部愈合。这种状况在尼人和能人（OH 24 和 KNM-ER 1913）中是经常可见的，也见于 Ehringsdorf H、Biache-Saint-Vaast、La Chaise (Suard)的欧洲中更新世标本和 Laetoli 18 以及周口店直立人的一些标本。南方古猿和大型猿类的二腹肌沟比人属的浅，结构也很不同，使得很难与人属作比较。他们认为前部愈合的二腹肌沟可能是原始状态。尼人的状态代表一种逆反现象。在所有 Atapuerca SH 标本，KNM-ER 3733、KNM-ER 3883、OH 9，周口店的直立人以及现代人标本，二腹肌沟与茎突基底以及茎乳孔位于一条直线上。大荔标本也如此。Elyaqtine（1995，转引自 Martínez and Arsuaga, 1997）发现尼人的这三个结构不在一条直线上，因为其茎突比较靠向内侧。而在他观察的非洲中更新世标本中，两种情况都有。

大多数尼人和欧洲中更新世化石的二腹肌沟上有骨桥，绝大多数非洲和亚洲早更新世和中更新世化石以及 Ngandong 和 Omo 2 颅骨都没有骨桥（Martínez and Arsuaga, 1997）。大荔颅骨也没有骨桥。

枕乳脊

大荔颅骨的枕乳脊构成二腹肌沟的内侧壁，其两侧部分别属于枕骨和颞骨。此脊向后以显著的、但比较细的脊与枕骨圆枕的外侧段连续。

沿着枕乳缝的这条脊被称为 occipitomastoid crest（Weidenreich, 1943）或 juxtamastoid eminence（Rouvière，见 Hublin, 1982）。但是还有一条与此脊平行，只位于颞骨上而与枕乳缝无关的较细的脊，被 Aiello 和 Dean（1990［遵循 Walensky, 1964］，转引自 Martínez and Arsuaga, 1997）称之为 juxtamastoid eminence。Martínez 和 Arsuaga（1997）报道 Coimbra 现代人中有 6%的标本具有跨着枕乳缝的脊，在 47%的标本中，两侧均有脊，在颞骨上，在 30%的例子中此两脊同时存在，在 17%的例子中，这项特征在颅骨两侧不对称。这样的结果使他们相信这是两条脊，应该有不同的名称。因为 juxtamastoid eminence 一词在文献中使用得比较混乱，他们宁愿将顺着枕乳缝的脊称为 juxtamastoid eminence，将只存在于颞骨而不涉及枕骨的脊称为 paramastoid eminence。中国文献习惯沿用 Weidenreich（1943）的称法，使用枕乳脊（occipitomastoid crest）一名，很少用 juxtamastoid eminence。我在此建议将顺着枕乳缝的脊顾名思义称为枕乳脊，即将 occipitomastoid crest 与 juxtamastoid eminence 视为同物异名，而将不涉及枕骨只分布于颞骨上的那条短脊称为旁乳突脊（paramastoid eminence）。

Martínez 和 Arsuaga（1997）报道在 Atapuerca SH 的标本中只有一例枕乳脊，四例有旁乳突脊，一例兼有两者，一例在枕乳区没有脊。Weidenreich（1943）指出周口店直立人有发达的枕乳脊，且其有时与枕骨圆枕相连续。而在 Sangiran 和 Ngandong 标本上，此脊或者较小或者阙如。Rightmire（1990）认为发达的枕乳脊是直立人的常见特征。大多数学者认为具有大如乳突的，甚至更发达的枕乳脊是尼人的自近裔特征。而 Martínez 和 Arsuaga（1997）的意见是，尼人的枕乳脊相对地比较突出，是发达的枕乳隆起（似乎是原始特征）和减小的乳突（是尼人的近裔特征）两个互相独立的突起伴存的结果。

大荔颅骨乳突与鼓板之间界限明确，但是其间没有裂缝。Bräuer 和 Mbua（1992, pp. 79–108）指出，金牛山和大荔没有裂缝，但是许家窑标本有一个小的裂缝，虽然在侧面观上鼓部近乎与乳突愈合（p. 100）。他们还指出，大多数北京猿人在盂内突和鼓板之间有隐窝。金牛山的盂内突有些向后突出，看来有隐窝，许家窑和大荔没有此隐窝。

5. 蝶　骨

蝶骨基本上保存完整。两侧翼突的内板和右侧翼突的外板缺损，左侧翼突外板部分保存。大翼上缘的前段与额骨相接，后段与颞骨相接。两侧大翼的颞面从前到后都稍呈凹陷，凹陷程度在下部稍甚于上部。颞面从上到下稍显凹陷。de Lumley 等（2008）报道 Arago 的蝶骨大翼横向凹陷很显著。大荔的凹陷稍弱。郧县 EV 9001 颅骨也凹陷显著，Sangiran 17、Ngandong 7 和 Narmada 都微弱。

左侧大翼的颞面有多条平行的斜行纹状隆起；两侧大翼的颞面与颞下面之间都呈过渡式转变，左侧的前部转变得更为和缓，与北京直立人比较接近。右侧颞面与颞下面过渡区有断续状细的横脊。颞下面颇平坦。de Lumley 等（2008）报道 Narmada 和 Arago 的蝶骨大翼的颞面和颞下面之间的角状转折清楚，郧县则角状转折微弱。

北京直立人的蝶骨保留不多，主要是大翼和翼突基底部以及小翼与大翼额缘连接部。其形态大体上与现代人的一致，同时有一些细节上的差异。其颞面与颞下面都颇平坦，其间呈逐渐过渡，颞下脊只是一条稍微隆起的线。Weidenreich（1943, fig. 133）提供的接近冠状面的轮廓图显示，北京直立人标本的轮廓线与大猩猩和猩猩的接近，颞面与颞下面之间缓缓过渡；而现代人与黑猩猩的轮廓线同属于另外一种类型，两面之间有显著的弯折。大荔颅骨此处的特征介于北京直立人和现代人之间。

在现代人，蝶骨大翼颞面的下缘位置通常比眼眶底高；而大猩猩和猩猩的颞面则延伸到比眶下裂更低的位置；大荔颅骨的颞下面位置较眼眶底为低。北京直立人的眶脊（标志蝶骨大翼眶面的下缘和眼眶底的水平）在稍高于颞下脊的水平，而在现代人，此二脊通常位于同一水平。因此大荔的状况比较接近北京直立人和这两种大型猿类，而与现代人的通常状况有所不同。

现代人的蝶骨大多参加形成下颌关节窝内侧壁。大荔颅骨的蝶骨参加构成下颌关节窝壁，其幅度与现代人很相似。关于化石人类的蝶骨是否参加形成下颌关节窝壁的问题过去曾经有过一些论述。Vallois（1969）认为尼人的蝶骨不参加形成下颌关节窝的内侧壁。而 Stringer（1984, 1991）认为尼人的蝶骨参加形成下颌关节窝的内侧壁。Arsuaga 等（1993）发现在 Atapuerca SH 的标本中这个特征是有变异的。Martínez 和 Arsuaga（1997）根据自己的观察和查阅文献，汇集了包括 57 个头骨这方面的信息。从他们的表 3（p. 290）中可以看出，包括山顶洞 101 和 102 号在内的所有 10 个早期现代人的蝶骨都参加构成关节盂的内侧壁；在 11 个尼人中，7 个参加，4 个不参加；7 个 Krapina 的标本全是不参加；Atapuerca SH 的 9 件标本中 3 件是参加，6 件是不参加；OH 24、SK 847、KNM-ER 3733、KNM-ER 3883、OH 9 和周口店的直立人（III 号 XI 号）的蝶骨都不参加形成关节盂的内侧壁；非洲中更新世人中参加和不参加的标本各占一半；Sangiran 和 Ngandong 都是兼有两种情况。他们总结说，早期现代人的蝶骨百分之百都参加形成下颌关节窝；尼人，61% 不参加；Atapuerca，66.6% 不参加；直立人，71% 不参加；非洲中更新世人，两者参半；非洲早更新世人则蝶骨都不参加形成下颌关节窝。在这张表的脚注中表示，Rightmire（1985）认为 Omo 2 的蝶骨参加形成下颌关节窝的内侧壁，而 Bräuer 和 Leakey（1986）的报道与 Martínez 和 Arsuaga（1997）的一致，都认为不参加。Martínez 和 Arsuaga（1997, p. 304）还报道，在 Coimbra 现代人标本中有 77.5% 标本的蝶骨参加构成关节盂，19.9% 的不参加，2.5% 的两侧不同；在 Martínez 和 Arsuaga 所观察的大猿中，蝶骨参加形成关节盂内侧壁者在大猩猩有 20%，在黑猩猩中有 1.8%，没有猩猩的蝶骨参加形成关节盂的内侧壁。AL-333/45\MLD-37/38\Sts-5\Sts-19\和 Sts-71 所代表的这些南方古猿的蝶骨都不参加形成关节盂的内侧壁。因此他们同意 Andrews（1984）和 Stringer（1984, 1991）的看法，蝶骨不参加形成关节盂内侧壁是原始性状（Martínez and Arsuaga, 1997, p. 304）。笔者认为，这些资料生动地表现了人类进化中的镶嵌性。

6. 颧　骨

缘结节

右侧有微弱的缘结节，左侧没有。

颧结节

左侧颧骨可见很微弱的颧结节痕迹，右侧完全缺如。

结　语

本书研究的这件人类颅骨化石属于一个大约 25 岁与 49 岁之间的男性个体，产自陕西省大荔县的中更新统地层，采用多种同位素技术测出距今 209±23 千年前和 349+53/–38 千年前的多个数据。

笔者和 Athreya 曾经发表一系列论文研究大荔颅骨的形态（吴新智，1981，2009，2014；Wu and Athreya, 2013；Athreya and Wu, 2017），认为这个颅骨属于古老型智人，可推测是中国人类连续进化链中的一个环节，大荔颅骨所代表的人群的祖先与旧大陆西部的古人类有过基因交流。大荔颅骨的多变量分析（Athreya and Wu, 2017）揭示，当只考虑其面部骨骼时，大荔颅骨与旧石器时代中期的智人结合在一起，而且清楚地比非洲和亚欧大陆的中更新世人进步，当只考虑脑颅时，它与非洲和东亚的中更新世人最相似而与西欧中更新世人不同，当将此两部分一起考虑时，大荔颅骨表现为独一无二的形态，与北非和黎凡特最早的智人关系最密切。

本书对大荔颅骨的形态做了更详细的报道和比较研究，以下将按照与其他人类颅骨接近和差异程度的不同将大荔颅骨的特征分别归属于几组。但是必须着重声明的是，目前许多项目可资比较的数据十分有限，本书所举各组人群大多项目的变异范围可能较实际情况为小，从而导致在对不同化石组进行比较时，对其间的关系得出有误差的结果，造成一些假象，在一定程度上导致误判。笔者预期，新化石和新数据的出现和补充可能使下述分析有必要进行修正。

1. 大荔颅骨在一系列特征上与已经发现的其他中更新世颅骨比较一致，而与解剖学上现代的智人（包括早期现代人和近代的现代人，下同）相距较远，因而其形态与其地层资料和测年结果一致。这些特征包括：

长高指数 I（ba-b/g-op）为 57.1（表 3，第 36 页），在非洲早更新世人和 Dmanisi 古人类的变异范围（分别是：50.4–67.5 和 54.7–65.35，这些数据的来源请参阅相应的比较表，下同）内，比郧县复原颅骨的（55.28）稍高，比 Weidenreich（1943）复原的北京直立人头骨的（59.9）稍低；比 Kabwe 颅骨（60.2，以下一般均以化石出土处的地名指代该化石，不一定再在其后写"颅骨"或"标本"等字）和 Jebel Irhoud 1（63.1）的低，比欧洲中更新世人绝大多数标本（59.5–69.9，包括 Arago、Atapuerca SH 4、5 和 6、Ceprano、Petralona、Steinheim、Swanscombe）都低，只比 Ehringsdorf（55.9）大 1.2 个单位，比尼人（60.0–66.8）低，比东亚的和欧洲的早期现代人（分别是 65.3–77.7 和 65.4–74）都低得多。不过大荔只比 Ngandong（57.6–63.8）稍小。以早更新世人与早期现代人的数据相比，此指数有由低到高的演化趋势，大荔颅骨比其他大多数中更新世人颅骨表现得原始。

长高指数 II（po-b ht/g-op）为 49.6（表 3，第 36 页），在 Dmanisi 变异范围（46.38–53.59）的中部，北京直立人变异范围（49.0–53.3）内，接近其下限，比和县直立人的（50.0）稍低，比 Kabwe（52.3）、所有欧洲中更新世人（51.02–65.1）和尼人（51.5–65.56）都低，比中国和欧洲的早期现代人的（变异范围分别是 57.1–72.5 和 58–62.3）都低得多。总之，大荔颅骨的这项指数显示其比其他大多数中更新世人表现的更原始。

最大颅长与 n-o 弧的比值为 54.5（表 8，第 46 页），与中国直立人（55.9–58.6）、金牛山（56.9）、Atapuerca SH（54.4–54.5）、Petralona（56.0）、Kabwe（56.4）等中更新世人总体上比较接近，而与中国和日本的早期现代人（47.2–52.5 和 50.4–50.8）距离较大。而欧洲的 Ehringsdorf 此比值（51.6）却落在中国早期现代人范围内。大荔颅骨的这项比值落在中更新世人的变异范围内，接近其中数（见图 14）。

额骨弦(n-b)为114毫米(表14,第54页),长于顶骨弦(笔者将顶枕间骨上缘的延长线和左侧人字缝的基本走向线与头顶的正中矢状线的交点分别作为上位人字点和下位人字点,以之为标志点测出的顶骨弦分别是97毫米和107毫米)。世界上所有早更新世和中更新世颅骨中除郧县 EV 9002、Dmanisi D 4500、和县直立人、Atapuerca SH 6 和 Ehringsdorf 等极少例外,额骨弦都长于顶骨弦。绝大多数尼人和早期现代人则相反,额骨弦都短于顶骨弦,只有少量例外,如 Neanderthal、La Quina、Shanidar、穿洞1号和马鹿洞的颅骨化石。大荔颅骨的情况与大多数中更新世人一致。

枕骨弧(l-o 弧)以上位的人字点和下位的人字点测量,分别是140毫米和127毫米(表14,第54页),都长于顶骨弧(以上位的人字点和下位的人字点测量,分别是102毫米和115毫米)。中国直立人、欧洲绝大多数中更新世人和非洲的 Kabwe 和 Omo 2 颅骨都是枕骨弧长于顶骨弧,只有极少例外,如 Ehringsdorf,和县则二者相等。而绝大多数尼人和早期现代人枕骨弧都短于顶骨弧,也只有极少例外,如 Shanidar。大荔颅骨的情况与大多数中更新世人一致。

颅后角(∠l-i-o)为105°(表20,第72页),在中国直立人变异范围(98°–106°)的上部和爪哇直立人(I、II)的变异范围(103°–108°)的中部,比欧洲中更新世人(107°–129.1°)稍小,但是比 Kabwe(99°)大些。比除了 Gibraltar(97°)外的欧洲和亚洲8件尼人标本都小,比现代人的(117°–127.3°)显然小得多。

枕骨曲角(∠l-op-o)为98°(第73页),与中国的直立人最低值(北京直立人 XII,98°)和 Ngandong 最低值(11号,98°)都相等,比 Sangiran(99°–103°)和 Petralona(106°)小;比现代人(128°–138°)小得多。

前囟点-星点弦(b-ast)与枕骨宽(ast-ast)形成的比值为113.9(表58,第130页),在中国的直立人和欧洲中更新世人的变异范围(分别是88.9–119.8和97.8–119.6)内,也在非洲中更新世人的变异范围(107.1–116.3)内,比中国的早期现代人(121.5–132.7)和现代人(124±4)小得多。

两侧外耳门在通过耳点的矢状面的内侧方大约14毫米(第157页),这项测量在郧县头骨左、右侧分别为17毫米和18毫米,北京直立人为10–15毫米,和县直立人左、右侧分别为15毫米和14毫米,许家窑标本为10毫米。现代人没有超过10毫米的。大荔颅骨在直立人范围内,与现代人很不同。

此外大荔颅骨还有一些测量性特征与中更新世人一致,但是不一定具有指示时代的意义。包括:

全颅高(耳上颅高)为102毫米(表6,第41页),处于北京直立人变异范围(92.7–107毫米)的中上部,欧洲中更新世人(97.5–114毫米)的下部,比 Omo 2(115.7毫米)、Bodo(114毫米)和 Kabwe(105毫米)分别低得多和稍低;比尼人变异范围(106?–117毫米)的下限稍低,比中国早期现代人(108–119毫米)低得多。但是爪哇有些晚更新世的标本如 Sambung 3 和 4(分别为101毫米和100毫米)、Ngandong 7(101毫米)和 Ngawi(98毫米)比大荔的还稍低。

颅横弧(po-b-po 弧)为299毫米(表12,第51页),比中国直立人的变异范围(263–291毫米)的长,在欧洲和非洲中更新世人的变异范围(294–308毫米)下部。比中国早期现代人化石(308–327毫米)短;比欧洲早期现代人(302–340毫米)稍短,却没有超出现代人变异范围(286–344毫米)。

颅横曲度指数(au-au/po-b-po 弧)为47.2(表13,第52页),在中国的直立人变异范围(47.4–53.9)内,比爪哇的直立人 Pithecanthropus(49.2–52.3)和 Kabwe(48.3)都低,比 Ngandong(47.5–57.2)稍低,比 Petralona(44.8)、Amud(41.7)、Shanidar(43.0)和欧洲尼人(41.3–47.1)都高,比中国的和欧洲的早期现代人以及现代人(变异范围分别是:38.9–42.2,36.5–43.6,36.2–41.2)都高得多。

枕骨弦弧指数(l-o/l-o 弧)[按上位的和下位的人字点计算,分别为69.6和71.7(表15,第58页)]特别小,比中国的直立人(72.9–75.8)小,比 Kabwe(75.4)小得多,未超出欧洲中更新世人变异范围(70.5–83.9),与其最低值(Petralona,不同作者得出70.5或73.4)接近。比欧洲尼人(78.4–82.2)、中国和欧洲早期现代人(分别为78.4–86.7和79.0–84.6)以及现代人(75.8–84.7)都小得多。这个指数在中国从中更新世往后,总体上可能有由小变大的趋势,但是欧洲中更新世人变异范围的上部则与欧洲尼人、欧洲早期现代人、中国早期现代人和现代人都有大幅度重叠,可能意味着大荔此项指数的数值缺乏断代的意义。尽管如此,大荔的数值比绝大多数中更新世人都低,比现代人低得多,还是有利于将其归属于中更新世。

前囟角(∠b-g-i)为 50°(表 18，第 67 页)，大于中国直立人(38°–45°)、爪哇直立人 Pithecanthropus (38°和 42.5°)、Kabwe (45°)和 Ehringsdorf (49°)，与 Jebel Irhoud 1 (50°)相等，比 Petralona (54°)小，总之没有超出中更新世人变异范围，而比中国早期现代人(57°–59°)和欧洲早期现代人(55°–62.5°)小得多。不过大荔在 Ngandong 的变异范围(41°–54°)和欧洲尼人的变异范围(38°–50.5°)以及亚洲尼人的变异范围(44°–54°)内。总之大荔颅骨在这项特征上没有超出中更新世人的变异范围中部偏上，表现得比大多数中更新世人类颅骨进步，但是与早期现代人之间仍有不小的距离。

眶间宽(d-d)与两额宽(fm:a-fm:a)构成的比值为 22.8(表 27，第 81 页)，在包括直立人和马坝头盖骨在内的中国其他中更新世人变异范围(20.8–26)内，与 Kabwe 颅骨(22.6)很接近，比 Arago 标本(19.1)大，比 Petralona (28.7)、Atapuerca SH 4 (33.0)和 Atapuerca SH 5 (29.5)都小。比中国早期智人(17.5–20.8)大。不过柳江与南京的颅骨这项指数的数值相等，Arago 与山顶洞 103 号的数值也相等，所以这个项目也可能缺乏时代指标的意义。

此外，大荔还有一些非测量性特征与中更新世人一致，包括：

眶上圆枕粗厚，其眉间部和两侧的眶上部互相连续(图 2，第 5 页和额骨部分)。

前囟点与颅顶点的位置基本上重合(图 3、图 4，第 10、11 页)。北京和南京的直立人、马坝和 Kabwe 的颅骨也都如此。

正中矢状轮廓在枕骨部呈角状弯曲(图 3、图 4，第 10、11 页)，与解剖学上现代智人、尼人的圆钝状过渡的形状显然不同。

颅骨骨壁相当厚，与直立人不相上下(表 39、表 40、表 60、表 70、表 73、表 74)。

蝶骨颞下面位置较眼眶底为低(第 6、165 页)。与北京直立人相似，而在现代人，颞下脊与眶脊通常位于同一水平。

两侧颞骨岩部长轴与正中矢状平面形成略小于 40°的角(第 21 页)，与北京直立人岩部长轴与矢状面构成的角(40°)相近。

左侧眶下裂的外侧壁向下延展颇深，使得眶腔经过垂直向下的通道与颞下窝相通，而不是水平地向外侧通往颞下窝(第 6 页)。

眶上裂和眶下裂狭窄，接近北京直立人而比现代人窄得多(第 7 页)。

2. 大荔颅骨有些特征落在解剖学上现代的智人的变异范围内或与之很接近，与中国直立人和欧洲、非洲中更新世人不同。它们包括：

眉间点-枕外隆凸点弦与人字点-枕外隆凸点弦形成的夹角(∠g-i-l)为 82°(表 20，第 72 页)，落在现代人变异范围(80.2°–88.6°)的下部，比中国直立人(57°–68°)、爪哇的直立人 Pithecanthropus (62°和 62.5°)、欧洲中更新世人(Ehringsdorf，63°)、非洲中更新世人(Kabwe，68°)和欧洲尼人(6 例，59°–69°)都大很多，比西亚尼人(3 例，74°–81°)稍大。

从额骨正中矢状弧上对额骨正中矢状弦的矢高(FRS)与此弦(n-b)计算出的指数为 24.1(表 49，第 119 页)，比中国早期现代人(20.2–23.9)最高值稍高，比中国的直立人(14.2–21.2)、Bodo (18.4)、Kabwe (17.5)和欧洲的中更新世人(16.2–18.9)都高得多。这个指数从中更新世到晚更新世表现呈上升的趋势，因此大荔颅骨应可视为已经达到现代人的水准(图 13)。

在已知的中更新世人数据中，只有大荔颅骨的上二特征达到，或可视为达到现代人的水准或"现代"状态或水准。

3. 大荔颅骨有一些特征与解剖学上现代的智人一致或很接近，比欧洲和非洲中更新世人进步。它们包括：

面骨深度(ba-pr)(又称面颅深度)为 105 毫米(表 21，第 73 页)，在中国早期现代人的变异范围(100.0–113.6 毫米)的中下部，也接近现代人(60 例平均值，97.2 毫米)，比欧洲中更新世人(115–133

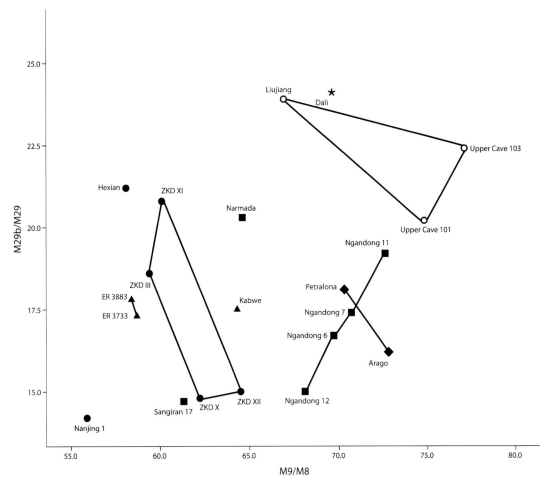

图 13　根据额骨弦矢高与额骨弦的比值和横额顶指数看人类化石间的联系

Figure 13　An illustration of the connections among human fossils based on nasio-bregma subtense/n-b and transverse fronto-parietal index

毫米）和非洲中更新世人（116–121?毫米）的数值都小得多。这一特征早更新世人变异范围相当大：Sangiran 17 最大，为 136 毫米，KNM-ER 1813 最小，为 94?毫米，KNM-ER 3733（118 毫米）、Dmanisi D 2700（100？毫米或 106.5 毫米）和 Dmanisi D 4500（126.7 毫米）的数据居其间。早更新世人与非洲和欧洲的中更新世人的变异范围有重叠，此后到近代有变短的趋势。

　　颅底长与面骨深度的比值（ba-n/ba-pr）为102.6（表21，第73页），在中国早期现代人变异范围（99.3–104.5）内，与现代人的平均值（101.7）很接近，比非洲中更新世人（Bodo，88.4；Kabwe，93.1）和包括Arago、Atapuerca SH、Petralona 的欧洲中更新世人（83.1–94.8）都大得多。Sangiran 17 为 82.6，KNM-ER 3733 为 90.7。早更新世人这一项目的变异范围与非洲和欧洲中更新世人有大幅重叠，或许有稍许变大的趋势，此后到现代人则显示出变大的趋势。

　　面骨深度与最大颅长的比值（ba-pr/g-op）为 50.8（表 21，第 73 页），比 Kabwe（不同作者得出 55.2、56.3 或 57.0）和欧洲中更新世人（55.9–66.8，包括 Arago、Atapuerca SH 和 Petralona）都低得多。后者变异范围下部与中国早期现代人变异范围（52.1–59.9）的上部有重叠。Dmanisi D 2700（64.5）、Sangiran 17（62.3 或 67.3）和非洲早更新世标本（64.8–66.2）十分接近，都与欧洲中更新世人变异范围最上部重叠。唯独 Dmanisi D 4500（75.0）特别大，超出中更新世人的变异范围。这些资料提示这个比值从早更新世到中更新世非洲和欧洲中更新世人之间可能有所下降，也许缺少变化，而到早期现代人下降比较明显。综观更新世全程有确定的下降趋势。大荔颅骨的这些特征应该被视为达到"现代"状态。

上齿槽点角（∠ba-pr-n）为 69.5°（表 36，第 93 页），与现代人的平均值（71.4°±3.1°）很接近，相差不到一个标准差，估计应该不会超出其变异范围，比非洲中更新世人（Bodo，59°；Kabwe，62.1°）和欧洲中更新世人（Atapuerca SH 5，60.9°；Petralona，62.0°）都大。比 KNM-ER 3733（模型，57°）更大得多。总体看来这个角度到现代人急剧变大。

此外，大荔眶下面位置比较接近冠状面，有犬齿窝。都是与现代人一致的特征。

4. 大荔颅骨还有一些特征与欧洲和(或)非洲中更新世人比较接近，而与中国直立人相距较远，其中绝大多数特征在早期现代人或现代人变异范围内或与之接近。这些特征包括：

眉间点-枕外隆凸点弦上的颅骨盖高与此弦的比值为 48.2（表 6，第 41 页），接近欧洲的 Steinheim（47.5），却高于北京（34.9–41.2）和爪哇的直立人 Pithecanthropus（33.3–37.4）以及 Saldanha（45.0）、Jebel Irhoud 1（43.7）和 Kabwe（40.9）。大荔的数值落在 Skhul 的变异范围（41.0–52.6）内，十分接近欧洲早期现代人（49.0–60.6）的下限，接近欧洲尼人（39.2–48.7）的上限，在亚洲尼人的变异范围（47.2–53.4）内。

横额顶指数（ft-ft/eu-eu）为 69.6（表 7，第 43 页），落在欧洲中更新世人变异范围（67.1–77.9）和中国早期现代人的变异范围（66.9–77.1）内，接近港川 II（68.7），而比中国直立人（55.9–64.5）高，比金牛山（77.0）低得多，比非洲中更新世人（57.5–64.3）也高（图 13）。

颅正中矢状弧（n-o）为 379 毫米（表 8、表 9、表 10，第 46、48、49 页），落在欧洲和非洲中更新世人的变异范围（340–380 毫米）、中国和日本早期现代人变异范围（335–388.5 毫米），也达到现代人变异范围（343–398 毫米）的上部。大荔比中国的直立人（321–340?毫米）以及金牛山颅骨（362 毫米）都长得多。Ngandong 5 被估计达到 381 毫米，但是其余 5 例测量和估计所得的数据的范围是 338–356 毫米，全部 6 例的平均值为 353.3 毫米，总体上较大荔的为短。

鼻根点-枕骨大孔后缘点弦与颅全矢状弧形成的颅正中矢状曲度的指数（n-o/n-o 弧）为 37.7（表 10，第 49 页），与欧洲中更新世的 Ehringsdorf（37.1）十分接近。已经进入中国早期现代人（36.4–40.3）和现代人（35.2–39.9）的变异范围。大荔的数值比北京直立人（43.6–44.9?）、和县直立人（38.5）和南京直立人（48.8）以及非洲 Kabwe（40.0）都低（图 14）。

最大额宽（co-co）与枕骨宽（ast-ast）的比值为 103.5（表 17，第 63 页），在欧洲中更新世人变异范围（93.6–108.8）内，却比中国的直立人的最大值（北京直立人 X 号，99.1?）高，也比非洲中更新世人（90.5–95.7）高。大荔的数值落在中国早期现代人变异范围（100–114.0?）内，而且与 Sepúlveda 现代人的平均值（男性 103.0±6.7，女性 105.6±6.8）十分接近。

最小额宽（ft-ft）为 104 毫米（表 46、表 47，第 112、116 页），落在欧洲中更新世人的变异范围（100–117 毫米）的下部，比非洲中更新世人的变异范围（81?–103 毫米）的上限稍高，在中国早期现代人变异范围（83?–110 毫米）、欧洲早期现代人变异范围（91–111 毫米）以及亚洲早期现代人的变异范围（96–110 毫米）内，而且与后两组的平均值（分别为 105±5 毫米和 103±5 毫米）很接近。大荔的此项测值却比中国直立人的（80–93 毫米）长得多。

最小额宽与最大额宽的比值或额骨缩狭指数（ft-ft/co-co）为 87.4（表 46，第 112 页），落在欧洲中更新世人（86.1–100）和非洲中更新世人（81.3–90.2）的变异范围内，也落在中国早期现代人（76.0–90.5）和欧洲早期现代人的变异范围（81.3–87.7）内，比中国直立人的（77.8?–84.3）大（图 15）。

额冠点宽（st-st）为 108 毫米（表 47，第 116 页），落在欧洲中更新世人变异范围（102–130 毫米）的下部和非洲的 Bodo（104 毫米）与 Kabwe（112 毫米）之间，比中国直立人（79–103 毫米）宽。大荔的数值很接近现代人平均值（110.42 毫米）。

以额骨正中矢状轮廓线上距离眉间点-前囟点弦（g-b）最远点到此弦的垂直距离或矢高与眉间点-前囟点弦（g-b）形成的指数是 17.3（表 50，第 121 页），在非洲中更新世人变异范围（13.2–20.4）中部和中国早期现代人变异范围（16.5–21.4）内，却比中国的直立人变异范围（11.4–16.7）的最大值稍高。马坝中更新世人（17.7）与大荔很相近（图 16）。

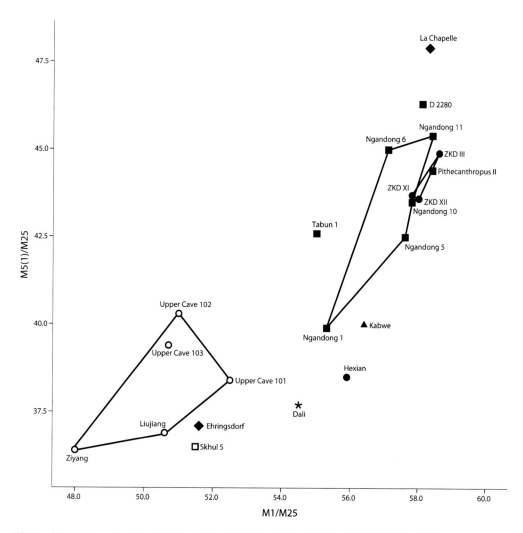

图 14　根据基于 n-o 弦的颅正中矢状曲度和最大颅长与颅正中矢状弧长的比值看人类化石间的联系

Figure 14　An illustration of the connections among human fossils based on cranial median sagittal curvature based on n-o chord and max. cranial length/cranial median sagittal arc

　　顶骨中部矢状弦弧指数为 91.3（表 54，第 127 页），与 Petralona（按照不同作者为 91.7 或 91.8）和现代人标本（90 例）的平均值（89.7）很接近，比 Arago（93.2）稍小，还和印度的 Narmada（89.8）接近，却比北京直立人（95.2-98.5）小得多。

　　顶骨后缘弦 (l-ast)（以下位的人字点为测量标志）为 94 毫米（表 57，第 129 页），在欧洲中更新世人变异范围（74.5-95.6 毫米）内，与其最高值接近，也接近中国早期现代人（79-93 毫米）。却比中国直立人（77-87 毫米）长得多。不过大荔颅骨以上位人字点为测量标志得出的数据为 100 毫米，超出与之比较的所有这几组材料的变异范围，也提示这个测量点不可取。

　　额骨侧面角 (∠m-g-i) 为 74°（表 18，第 67 页），十分接近 Ehringsdorf（73.5°），已经进入现代人的变异范围（70°-96° 或 91.4°-100.3°，分别据 Weidenreich, 1943 和 Suzuki, 1970），却比 Ceprano（60°）、非洲中更新世人（60°-67°）、中国直立人（54°-63°）和爪哇 Trinil 和 Sangiran 的直立人（47.5° 和 55°）都大得多。

　　上面宽 (fmt-fmt) 为 121 毫米（表 26，第 80 页），比欧洲、非洲和西亚中更新世人（123.0±10.4 毫米，4 例）的平均值稍短，很可能不超出其变异范围，大荔的数值落在中国早期现代人（107-122 毫米）的变异范围内，而比中国的直立人（107-114.5 毫米，包括北京 XII 和南京）和欧洲、近东晚旧石器时代早期人 10 例（109.7±4.6 毫米）长得多。

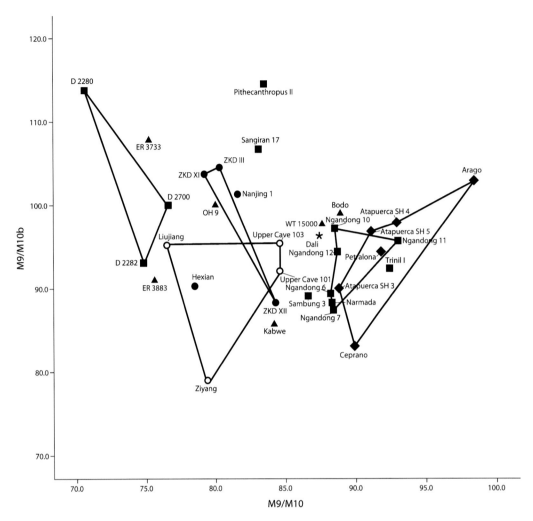

图 15　根据最小额宽与额冠点宽的比值和额骨缩狭指数看人类化石间的联系

Figure 15　An illustration of the connections among human fossils based on least frontal breadth/bistephanic breadth and least frontal breadth/max. frontal breadth

　　两额宽(fm:a-fm:a)为 114 毫米(表 23、表 27，第 76、81 页)，与欧洲、非洲和西亚中更新世人(114.7±8.5 毫米)接近，比北京直立人(XII 号模型，104 毫米)、和县直立人(101 毫米)、南京直立人模型(96 毫米)、马坝颅骨(100?毫米)、中国早期现代人(102-110 毫米)、欧洲和近东的晚旧石器时代早期人平均值(102.5±5.3 毫米)以及现代人(黄种人，男性：96.13-101.56 毫米；女性：91.11-95.67 毫米)都长。

　　以上各条都与解剖学上现代人一致或很接近，而以下两条却与中国早期现代人不同。

　　两眶宽(ek-ek)为 111 毫米(表 24，第 77 页)，在 Atapuerca SH 5 (113 毫米)和 Atapuerca SH 6 (100 毫米)之间，却比 Petralona (124 毫米)短得多，远大于中国直立人(94?-98 毫米)，与中国早期现代人(100-108 毫米)不同。

　　顶骨后缘弦(以下位的人字点为测量标志)与前囟点-星点弦的比值(l-ast/b-ast)为 71.8 (表 57，第 129 页)，在 Atapuerca SH 变异范围(6 例 10 侧，62.7-72.4)的上部，但比中国早期现代人(58.5-64.4)和中国直立人(58.6-69.4)都高。不过大荔颅骨以上位人字点为测量标志得出的数据为 76.3，超出与之比较的所有这几组材料的变异范围。

　　此外，大荔还有一些非测量性特征也与中国直立人不同，而与欧洲和非洲许多中更新世人接近。它们是：

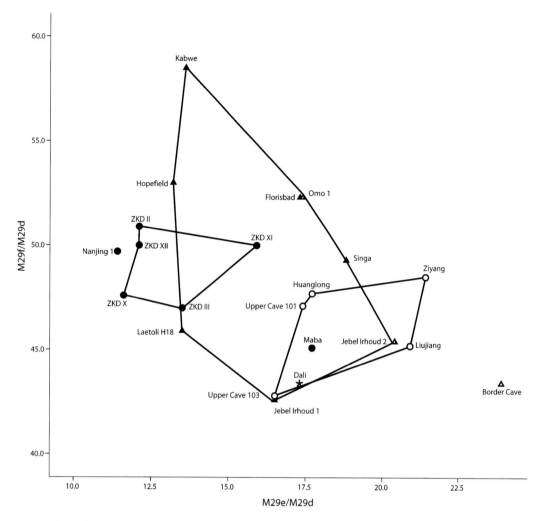

图 16 根据眉间点区段与 g-b 弦的比值和 g-b 弦矢高与 g-b 弦的比值看人类化石间的联系

Figure 16 An illustration of the connections among human fossils based on glabella subtense fraction/g-b chord and glabella-bregma subtense/g-b chord

大荔和马坝颅骨没有眶上突，非洲、欧洲中更新世人眶上突的存在与否有变异，而中国直立人一般都有眶上突。

大荔颅骨的眉脊上缘轮廓的内侧段与外侧段相会成钝角状，两侧眉脊都是中部最厚，与 Petralona、Bodo、Kabwe 等相似，而与中国其他化石眉脊上缘的轮廓成比较均匀的弧形很不相同。

大荔颅骨的梨状孔和眼眶之间的骨面隆起，与 Petralona、Bodo、Kabwe 等相似，而中国的直立人没有表现这样的隆起。

从侧面观察，大荔颅骨前部可见十分显著的、成角状的鼻根点凹陷，其表现与马坝的人类颅骨很相近，在中国直立人中，蓝田、北京周口店和南京直立人标本的正中矢状轮廓线的额骨眉间区段与鼻骨段互相连续，也构成一条甚浅的弧线，缺乏这种角形凹陷，反倒很接近现代人。在欧洲和非洲标本中，KNM-ER 3733、OH 9、Bodo、Petralona 和 Steinheim 等此区形态接近大荔颅骨，而 Kabwe 和 Atapuerca SH 5 则近似现代人。

5. 大荔颅骨处于中更新世人与现代人之间的中间状态，其中有些是位于现代人的变异范围和其他中更新世人的变异范围的重叠区，还有些位于两者的变异范围之外。它们包括：

枕骨高与枕骨宽的比值以上位和下位人字点为测量标志点分别为 102.6 和 100.9。下位人字点可能更符合实际情况(表63，第142页)，比现代人变异范围(101.6–124.5)和中国早期现代人(111.6–120.4)都小，比 Petralona (99.2)、Atapuerca SH 5 (93.8)、Ceprano (82.0)、Kabwe (92.6)、Narmada (83.3)都大。如果这些数据提示这个比值从中更新世到晚更新世有升高的趋势，则 Arago (114.2，据 de Lumley et al., 2008)可能是提前到达现代形态的一个例子，但是这个复原头骨所根据的化石只有面骨和一块顶骨，得出的枕骨数据与其他中更新世标本如此不协调，是值得特别注意的。

脑量 1120 毫升(表38，第96页)，基本上居于直立人和现代人之间。

枕骨大脑窝与小脑窝面积之比大约为 3∶2，介于北京直立人与现代人之间。北京直立人的这个比例大约为 2∶1，现代人的则大约是 1∶2。

枕内隆凸点与枕外隆凸中心的距离是 11 毫米，介于直立人与现代人之间。

后面观的穹顶轮廓线的形状介于中更新世人和早期现代人之间。

经过下颌关节窝最外侧点，与眼耳平面垂直的线，在颅骨内面颅底与侧壁的交界线的稍外侧处通过颅骨壁。现代人的下颌关节窝完全在颅中窝的下方，下颌关节窝的最外侧点位于相当于颅骨壁的内表面，北京和爪哇直立人下颌关节窝的中心与颅骨壁的内侧面相对应，大猩猩关节窝的大部在此矢状面的外侧。

颅骨宽度在乳突上脊处与在颞骨鳞部几乎相等。中国直立人颅骨最宽处都在乳突上脊水平，早更新世和其他中更新世颅骨最大宽一般也在乳突上脊水平，而现代人颅骨最宽位置高得多，一般在顶骨或颞骨鳞部。

大荔颅骨有前囟区隆起，但是相当微弱。

颅骨左侧外面有角圆枕，但是颅骨内面没有与之对应的圆枕。北京直立人内外两面都有圆枕，现代人一般没有角圆枕，早期现代人有少数例外。

枕骨圆枕实际上为一菱形丘状隆起，向两侧尖缩。

颅后点在枕骨枕面与项面过渡地带与枕面的分界处，这样的位置介于直立人与现代人之间，而较偏于前者。

鼓板厚度介于北京直立人与现代人之间。

蝶骨大翼颞面与颞下面之间缓缓过渡，其间没有明显的颞下脊，与北京直立人相近。但是此项目的形状总体上介于北京直立人和现代人之间。

鸡冠不高，横径颇大，不像现代人那样近似薄片状。而北京直立人和 Ngandong 的化石都没有这个结构。

颅骨内面脑膜中动脉沟印迹分支形式与北京直立人最晚的颅骨 V 号比较相似。整体看来，大荔颅骨脑膜中动脉分支的印迹比北京直立人的丰富。

左侧横窦沟外侧段沿着顶乳缝走行，右侧横窦沟外侧段经过顶骨。这样的情况介于尼人和包括北京直立人在内的其他非现代人与现代人之间，而比较接近现代人。前者的横窦沟倾向于由枕骨直接连到颞骨上的乙状窦沟，而不经过顶骨，后者经过顶骨的后下角。大荔颅骨这样的特征是与小脑相对于大脑枕叶发育的程度有联系的。

6. 大荔颅骨还有一些特征也与解剖学上现代的智人一致或接近。它们包括：

以最大颅长(g-op)为分母计算的前囟位指数为 39.5 (表4，第39页)，既在中国早期现代人范围(33.7–44.2)的上部，又在中国直立人变异范围的中部(37–42)，却比欧洲早期现代人(28–37)稍高。

鼻根点-枕外隆凸点(n-i)弦弧指数为 189.9 (表11，第50页)，介于 Oberkassel 男性(181.2)与女性(203.7)之间，接近日本中世纪人的平均值(200.0)，高于尼人(145.1–178.1)。

眉间点-前囟点弦的眉间点区段与该弦形成的比值(M29f/M29d)为 43.4 (表52，第124页)，在中国早期现代人变异范围(42.8–48.5)和非洲中更新世人的变异范围(42.6–58.5)内，居于 Jebel Irhoud 1 (42.6)和 Jebel Irhoud 2 (45.4)之间，而 Florisbad (52.3)、Hopefield (53.0)、Kabwe (58.5)、Laitoli H 18 (45.9)、Omo 1 (52.3)则较大荔的为高。大荔与马坝(45.1)相差不大，比中国的直立人(47.0–50.9)

和欧洲中更新世人（Arago，50.7；Ceprano，60.8）低得多（图 16）。

颞鳞与耳上颅高相比的相对高度比值为 45.6（155 页），在早期现代人的变异范围（41.4–49.1，包括 Skhul 5、Skhul 9 和 Oberkassel）内和近代日本人变异范围（37.1–49.6，平均为 42.6）内。大荔的这个比值比北京直立人（31.0–38.0，包括 III、X、XI 和 XII 号头骨）和尼人（32.2–39.3，包括 La Chapelle、Gibraltar、Tabun 1、Shanidar 和 Amud）都高。

颞鳞高长指数为 64.6（表 72，第 153 页），接近现代日本人的平均值（男：68.1；女：66.7），在其变异范围（男：57.5–87.7；女：56.4–77.0）内，高于包括北京与和县的中国直立人（分别是 45.2–57.3 和 60），低于 Skhul（68.6–81.3）和 Atapuerca SH（69.3–79.7）。

鼻根点角（∠ba-n-pr）为 68.5°（表 36，第 93 页），与现代人平均值（69.6°±3.5°）很接近，相差不到半个标准差。大荔的鼻根点角与 Petralona（69.3°）接近，比 Kabwe（71.5°）稍微小一点，比 Bodo（76°）、Atapuerca SH 5（76.2°）以及尼人的（73.6°±3.5°）小，而比早更新世的 KNM-ER 3733（81°）小得多。

鼻齿槽斜坡虽然有残损和移位，但是可以估计高度稍大于 20 毫米（第 8 页）。尼人和现生东亚人的平均值分别为 24.2 毫米和 16.9 毫米。巢县、长阳的鼻齿槽斜坡高度分别为 28.4 毫米和 24.5 毫米，因此大荔的数据低于这些化石人类而高于现生东亚人的平均值，可能不超出现生东亚人的变异范围。

枕骨宽与最大颅宽的比值（M12/M8）为 76.7（表 17，第 63 页），在中国早期现代人变异范围（76.0–84.6）内，不超出中国直立人的变异范围（69.3–104.9?），与 Stringer 等测量得的 Petralona 的数值（76.6，据 Stringer et al., 1979）、Sepúlveda 人女性的平均值（77.8±3.0）、Dmanisi D 2280（76.5）\Sangiran 17（77.0）都很接近。从这个项目我们应该想到不是每一项达到现代人状态的特征都具有演化的意义（图 17）。

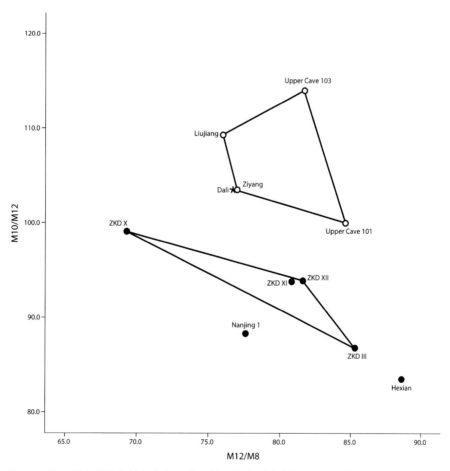

图 17　根据最大额宽与枕骨宽的比值和枕骨宽与最大颅宽的比值看人类化石间的联系

Figure 17　An illustration of the connections among human fossils based on max. frontal breadth/occipital breadth and occipital breadth/max. cranial breadth

7. 大荔颅骨有些特征处于中国直立人与现代人之间的中间状态，而且与欧洲和（或）非洲中更新世人接近。 这些特征包括：

鼻枕长（n-op）与颅正中矢状弧长（n-o）的比值是 51.8（表 9，第 48 页），远小于北京直立人（55.7–57.3）和南京的直立人（61.3），稍小于和县的直立人（53.2），比中国早期现代人（47.2–51.0）的最高值稍高，在欧洲中更新世人的变异范围（49.5–54.4）内，比 Kabwe（54.2）稍低。

最大额宽与最大颅宽的比值（co-co/eu-eu）为 79.3（表 17，第 63 页），介于中国的直立人（68.5–76.9?）与中国早期现代人（79.7–93.1）之间，虽然不在两者的变异范围之内，却比较接近早期现代人，而且在 Sepúlveda 人的变异范围（男，41 例，72.9–90.1；女，57 例，77.7–90.8）内。大荔的数值在欧洲中更新世人变异范围（75.0–87.9）中部，很接近其平均值（6 例，79.7），也在非洲中更新世人的变异范围（74.7–81.6）和欧洲尼人（75.5–83.4）的变异范围内，与后者的平均值（11 例，80.6±2.6）也接近，而比旧石器时代晚期人的平均值（男，87.9；女，85.2）小得多。

复原颅骨的两顶结节间距为 139 毫米（33 页），其与最大颅宽构成的顶结节指数为 93.0。此指数在直立人为 75 上下，在现代人约为 100，大荔与欧洲中更新世人 Ceprano（93.1）和 Petralona（91.3）接近，介于中国直立人与现代人之间，而偏向于现代人。

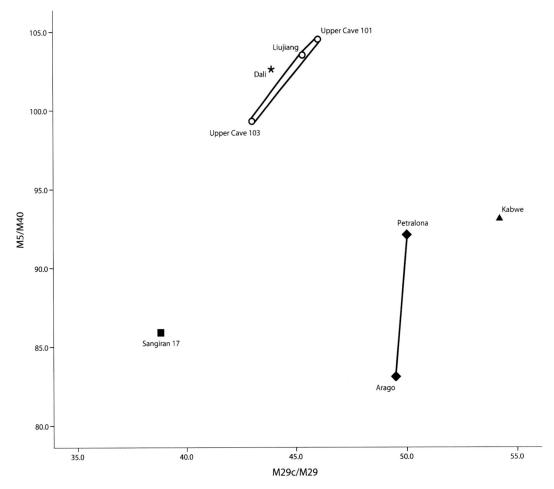

图 18　根据颅底长与面骨深度的比值和鼻根点区段与额骨弦的比值看人类化石间的联系

Figure 18　An illustration of the connections among human fossils based on basion-nasion length/basion-prosthion length and nasion-subtense fraction/frontal chord

8. 大荔颅骨有一些特征与中国其他许多人类化石一致或接近，在这些特征中多数与解剖学上现代的智人一致或接近，这些特征与欧洲和（或）非洲大多数中更新世人化石相距较远。它们包括：

额骨角（M32(5)）为 128°（表 19，第 69 页），在中国的直立人变异范围（125°–146°）内，与欧洲和近东"晚旧石器时代早期人"平均值（128.1°±4.1°）很接近，而比非洲中更新世人（133.2°–140°）、欧洲中更新世人（Atapuerca SH，139.8°–145.8°；Ceprano，138°）的小得多。

额骨正中矢状弦鼻根点区段（M29c）与额骨正中矢状弦（n-b，M29）的比值为 43.9（表 51，第 122 页），在中国早期现代人变异范围（43.0–46.0）内而与其下限很接近，在中国的直立人变异范围（39.3–51.3）内、比马坝头盖骨（47.4）稍低。大荔颅骨与 Jebel Irhoud 1（44.9）和 Narmada（45.8）相差不大，却比非洲其他中更新世人（47.0–54.2）和比欧洲中更新世人 Petralona（50.0）、Arago（49.5）的低得多。中国直立人的变异范围与国外中更新世人有重叠（图 18）。

枕骨角（OCA）为 96°（表 19，第 69 页），在中国直立人变异范围（95°–108°）内，接近其下端，比 Atapuerca SH（106.5°–126.1°）最低值小得多。特别值得注意的是，大荔的枕骨角甚至比非洲早更新世人（101°–118°）、Dmanisi（107°–117°）以及 Sangiran（100°–105°）小。

鼻额矢高除以两额宽形成的比值（M43b/M43a）为 16.5（表 23，第 76 页），在中国直立人的变异范围（13.9–18.3）和中国早期现代人的变异范围（12.8–23.8）内，而欧洲中更新世人的变异范围是17.3–19.6，比大荔的稍高（图 19）。

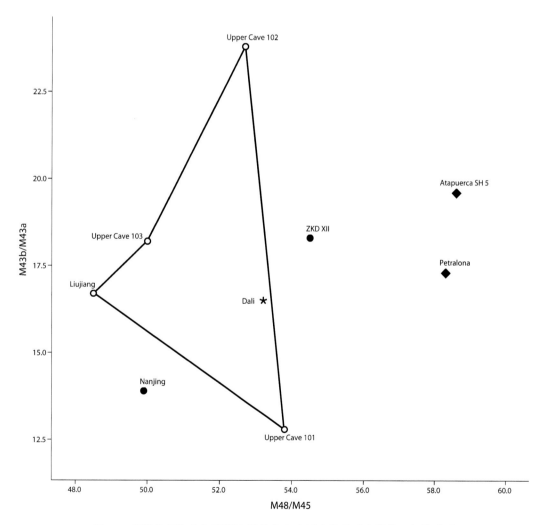

图 19　根据鼻额矢高与两额宽的比值和上面高指数看人类化石间的联系

Figure 19　An illustration of the connections among human fossils based on nasio frontal subtense/bifrontal breadth and upper facial index

上面高指数(n-pr/zy-zy)为53.2（表25，第78页），在中国早期现代人的变异范围(48.5–53.8)内，与北京直立人 XII 号复原头骨(54.5)、南京直立人(49.9)、金牛山的人类化石(50.1)差距不大，比非洲中更新世人(54.2–64.8)和除 de Lumley 报告的 Arago (52.6)以外的欧洲中更新世人(55.3–61.2)都低，而 Arago 的两颧宽的复原不是不值得质疑的(图19)。

眶间前宽(mf-mf)为21.5毫米（表26、表31，第80、87页），与中国早期现代人(19.1–21.2毫米)、北京直立人(XII 号模型，21 毫米)和马坝头盖骨(20.8 毫米)接近，比欧洲、非洲和西亚中更新世人(29.5±2.2 毫米)短得多，比尼人(24.2±7.5 毫米)短，但是与欧洲和近东晚旧石器时代早期人(23.4±2.9毫米)接近。相比于这些欧洲的标本，南京直立人的数据(17 毫米)虽然较短，还是与中国的资料比较一致的(图 20)。

眶间宽(d-d)为26毫米（表26、表27，第80、81页），与马坝(26毫米)相等，与北京直立人 XII (25毫米)很接近，比中国早期现代人(19.1–21.2毫米)和南京直立人(20毫米)长，比欧洲、非洲和西亚中更新世人(32.9±3.6毫米)则短得多，较尼人(28.5±8.0毫米)为短，但较 Arago (21 毫米)为长。

两颧宽(zm-zm)为 103?毫米（复原头骨）(表28，第82页)。既在中国早期现代人变异范围(97.1–106.4毫米)内，可能在现代人(94.5毫米±5.4毫米)变异范围的上部，与北京复原头骨(XII，103毫米)一致，又与南京直立人(复原头骨，100?毫米)接近，而比 Arago 21 (112毫米)和 Petralona［按照 Stringer 等(1979)和 de Lumley 等(2008)分别为 128.4毫米和 119毫米］短得多(图 20)。

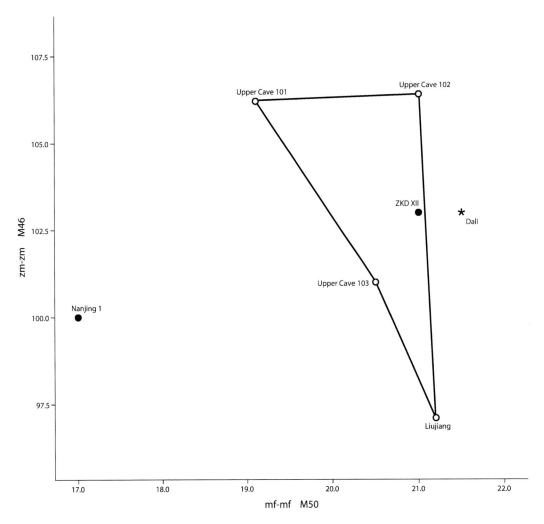

图 20　根据两颧宽和眶间前宽看人类化石间的联系

Figure 20　An illustration of the connections among human fossils based on bimalar breadth and anterior interorbital breadth

右侧眶下孔与眼眶下缘的距离为 8.3 毫米(第 87 页),与南京直立人眶下孔距眶缘的距离 7.5 毫米相近,都与中国现代人(3.5–10.2 毫米,平均值 7.6 毫米,据笔者)接近。大荔的数据与 Atapuerca(14.1–17.7 毫米)及 Petralona(16.4 毫米)相差颇大。

此外大荔颅骨还有不少非测量性特征与东亚大多数人类化石一致,而与欧洲、非洲中更新世人相去较远。它们是:

大荔额鳞中部偏下处,有呈脊状的正中矢状隆起(第 99 页)。中国中更新世人类化石此构造一般都呈脊状,底面较狭,只有南京 2 号中更新世头盖骨例外,而欧洲和非洲标本这个隆起的底面宽,相比之下隆起的程度较弱,与南京 2 号类似。

大荔左侧顶骨与枕骨之间有一块缝间骨残片(第 16 页)。纵长 24 毫米,横宽 18 毫米,可能是一块印加骨的残余。北京直立人中有相当高的印加骨出现率,许家窑、丁村和石沟顶骨后上角的形态都显示很可能具有印加骨或三角形的顶枕间骨。在欧洲和非洲发现的中更新世人类化石中除了 Petralona 颅骨在顶骨和枕骨之间有一块宽约 3 厘米不规则形的缝间骨以外鲜有类似的情形。这些资料提示,可能印加骨或比较大的缝间骨在东亚中更新世人群有比旧大陆西部较高的出现率,后来由于遗传漂变,具有较高顶枕间骨出现率的一股人群经过北极地区去了美洲,发展出因纽特人和美洲印第安人,另一股向西南迁徙的人群发展为中国西藏人和尼泊尔人。他们中也有相对较高的出现率。

大荔两侧的额鼻缝和额上颌缝合成向下张开角度很大的倒 V 字形(第 7 页),与中国其他更新世人类化石的微向上凸的弧线形比较接近。

大荔颅骨侧面观显示鼻骨侧面观轮廓的上段和中段结合成浅弧形,下段有少许缺损,鼻骨总的侧面角比较接近垂直(第 9 页),与除南京直立人和涞水以外的所有中国化石人类一致。

大荔的颧齿槽脊弯曲,与中国其他人类化石一致,而欧洲和非洲中更新世人类化石此脊多近直线形。

9. 大荔颅骨有一项特征与中国直立人和非洲中更新世人 Kabwe 比较接近,而与欧洲中更新世人相距较远。

眶间宽与两额宽构成的比值(d-d/fm:a-fm:a)为 22.8(表 27,第 81 页),在中国的直立人的变异范围(北京直立人 XII 模型,24.0;南京直立人模型,20.8)内,与 Kabwe(22.6)很接近,比 Petralona(28.7)和 Atapuerca SH 4 以及 Atapuerca SH 5(分别是 33.0 和 29.5)都小得多,比马坝标本(26)小,而中国早期现代人(17.5–20.8)比除南京直立人以外的上述中更新世人都小。不过 Arago(19.1)不超出这个范围。

10. 大荔颅骨有两项特征很罕见,似乎是自身独有的。它们是:

枕骨下鳞与 g-i 夹角(∠g-i-o 角)特别小,只有 21°(表 20,第 72 页),比中国的直立人(北京,37°–44°;南京直立人复原头骨,49°)、尼人(31°–54°)和现代人(31°–40°)都小得多。

从颞鳞前上部向前伸出一个长约 10 毫米、高约 7 毫米的长方形突出部,插入顶骨与蝶骨之间,而与额骨相接。这样额骨与颞骨相接的翼区呈斜置的 Π 形。

上述第 1 组特征和其他各组中另一些特征与大荔颅骨的地层归属和测年数据互为印证,从形态上确认大荔颅骨属于中更新世。一般而言,中更新世人类颅骨的测量性和非测量性特征的数据与现代人的数据都有较大差距,两组的变异范围不重叠,但是本书第 2、3、6 组的特征、第 4、8 组的多数特征、第 5、7 组的部分特征显示大荔颅骨的脑颅和面颅都有多项测量性和非测量性特征的数据落在现代人相应特征的变异范围内或与之很接近,即达到人类演化中"现代"的状态或水准,或与之很接近。这样的事实指示现代人起源中形态特征的"现代化"过程不仅可以见于大荔颅骨的面骨而且也见于其脑颅。比较资料还显示大荔颅骨在其中的一些特征上甚至表现出比其他中更新世人更进步,与解剖学上现代的智人更加接近。第 8 组和其他一些特征显示大荔颅骨与中国许多化石相似,第 2、3、8 组特征、

第6、8组部分特征与欧洲、非洲中更新世人差距明显,这些特征提示大荔颅骨是中国古人类连续进化中的一个环节,不应该被纳入欧洲和非洲多数中更新人所属的小分类单元(比如有些学者提议的海德堡人)。大荔颅骨的第8、9组特征、第1、6组的部分特征与中国中更新世直立人一致或接近,提示大荔颅骨所代表的古人群与中国中更新世直立人有比较密切的亲缘关系。而另外第2、4、7组特征、第1、5、6组的部分特征与中国中更新世直立人显然不同,提示大荔古人群与中国中更新世的直立人有相当大的差别,缺乏足够理由将其归属于同一个亚种或古物种。笔者推测,早更新世的直立人可能发出一个分支,其在中国的后代与中更新世直立人已经发展出显明的形态差异,却并存于东亚这片土地上。大荔就是这一分支的一个代表。

上述比较研究还显示,中更新世人类有多项特征变异范围的幅度相当大,意味着其呈现相当高的多样性,提示在中更新世很可能生存过若干支形态有同也有异的演化世系,他们之间没有完全隔离而是互相之间具有程度不等的关联。特别值得注意的是,亚洲和欧洲的许多中更新世人颅骨也有特征落在现代人变异范围内或很接近,而不是与现代人截然不同。所有这些现象提示人类演化是十分复杂的过程,不是像许多学者认为的现代人只与非洲的中更新世人群体有连续的关系。

资料还显示,在中更新世化石中具有"现代"状态或水准的那些特征大多在更新世表现出比较确定的从原始到进步的演化趋势,数据或由大到小或由小到大。有的特征仅在一部分中更新世颅骨表现呈"现代"的状态,而在其他中更新世颅骨表现比较原始(与早更新世颅骨相似)的状态。笔者将这一类特征称为"有特殊演化意义的特征"。

大荔颅骨的眉间点-枕外隆凸点弦与人字点-枕外隆凸点弦形成的夹角($\angle$g-i-l)在现代人变异范围内,比中国和爪哇的直立人、非洲和欧洲中更新世人(Kabwe 和 Ehringsdorf)都大得多(具体数据参见上文,此处不赘述,下同)。大荔颅骨的从额骨正中矢状弧上对额骨正中矢状弦的矢高(FRS)与此弦(n-b)计算出的指数比中国早期现代人最高值稍高,比中国的直立人、Kabwe 和欧洲中更新世人高得多,根据演化趋势,大荔颅骨的这个特征应该可视为已经达到现代人的状态。大荔的颅底长与面骨深度的比值(ba-n/ba-pr)在中国早期现代人变异范围内,与现代人的平均值很接近,比非洲和欧洲中更新世人、Dmanisi D 2700、D 4500、Sangiran 17 和 KNM-ER 3733 都大得多。大荔的上齿槽点角($\angle$ba-pr-n)与现代人的平均值很接近,比非洲和欧洲的中更新世人和 KNM-ER 3733 都大。就这4项特征而言目前只有大荔颅骨是达到现代人状态的中更新世颅骨。除 g-i-l 角缺乏早更新世数据外,大荔颅骨以外的其他中更新世人的其余3项特征的数据都基本上维持在早更新世的水准或差距不明显。这一些特征在演化上的特殊意义,可能意味着现代人的上述4项(至少可达3项)特征"现代"状态的形成与大荔古人群有比较密切的关系,考虑其基因来源是否与大荔古人群有关,似乎不是不合理的选项。而已知的其他中更新世人群的形态信息则没有能提供这样联系的证据。如此的格局看来对现代人不只起源于非洲,而是起源于多地区的假说是有利的。

大荔以外的中更新世颅骨中有一些也有少量特征表现为"现代"的状态,不过,每个颅骨的此类特征数量都比大荔的少。

有些已经达到"现代"状态的特征为大荔和另外的几个中更新世颅骨共享,而这些特征在其他中更新世颅骨上还停留在比较原始的状态,换句话说,仍旧与早更新世人处于相同或接近的状态,这一类特征在演化上也具有特殊的意义。它们提示大荔和其他一些中更新世人共享的特征的"现代"状态不是由于共祖的原因而是属于衍生的性质。下面举两个例子说明这种情况。大荔颅骨最大额宽(co-co)与枕骨宽(ast-ast)的比值落在中国早期现代人变异范围内,而且与 Sepúlveda 现代人的平均值十分接近,这个平均值落在欧洲中更新世人变异范围内,后者与中国早期现代人的大幅度重叠。而 Kabwe 和中国的直立人该比值都较小,基本上保持在早更新世人的原始水平。大荔的横额顶指数(ft-ft/eu-eu)落在中国早期现代人的变异范围内,接近港川 II,欧洲中更新世人变异范围与中国早期现代人大幅度重叠。而中国直立人和 Kabwe 该指数则较小,基本上保持在早更新世人的水平。这些资料意味着大荔和欧洲中更新世人都可能与现代人中此二特征"现代"状态的形成有着比较密切的关系。因为其他中更新世人(Kabwe 和中国直立人)此二特征仍旧保留在比较原始状态,大荔古人群和欧洲中更新世人此二特征的"现代"状态最可能属于衍生的性质，而不是从早更新世的共同祖先遗传所得。大荔和欧洲中更新世人共享这些特征的"现代"状态可能基于其间的基因交流，从而大荔和欧洲中更新世人可以被认为属于同一物种——智人，也许认为大荔古人群和欧洲的中更新世人分属于不同的亚种可能是比较合理的选择。

或许有人会质疑在那样远古的时代人类是否有能力跨越长距离进行基因交流。事实上那时的人吃尽一处的食物就迁移到另地觅食，一年迁移一公里不算多，不难理解在人类进化长河中曾经相距数千里的人群可以有机会相遇。近年古 DNA 研究报道，生存于欧洲西端西班牙的 40 万年前的 Atapuerca SH 的古人类与远在南西伯利亚的 Denisovan 的祖先曾经发生基因交流（Meyer et al., 2016），更是为上述的质疑提供了正面的释疑。

笔者愿就亚、欧早期古人类的进化图景做一简略推测，希望会对思考人类进化有所启示。智人是一个进化种，在更新世之初出现于亚洲西南部（如 Dmanisi）或从非洲进入亚洲，大部分向东迁徙，广泛分布于东亚和东南亚,这个人群目前流行的称谓是直立人（实际上可以被认为是一个古生物种或形态种，它们与现生生物的种有所不同，它们与相近的古生物种和形态种之间可以有基因交换），上面部比较扁平、低矮、颧齿槽脊弯曲、铲形门齿出现率颇高是其主导的特征。肯尼亚所谓的匠人和坦桑尼亚的 OH 10 等可能是其在非洲的代表，欧洲意大利 Ceprano 和法国 Arago 的人类化石已经被有关学者认为也属于直立人（Ascenzi et al., 2000; de Lumley, 2015），可能是从亚洲向西迁徙在欧洲分布不广的群体。早更新世的直立人还发出一个分支，它在发展到中更新世的时候产生了以大荔颅骨为代表古人群，与东亚现代人中"现代"特征的形成可能具有密切的关系。在早更新世中期或晚期又有一支古人类出现于非洲，经过亚洲西南部，向西迁徙，分布于欧洲，有些化石被一些学者称为海德堡人（也是古生物种）。上面部在水平方向上比直立人向前突出，上面高较长，颧骨齿槽脊较欠弯曲等是这一支人群的主导特征，埃塞俄比亚的 Bodo 可能是这一支在非洲的一员；欧洲的 Petralona 可能是其在欧洲的成员；还有一支以 Atapuerca 为代表，后来发展为尼安德特人的进化链；Swanscombe 可能代表另外的支系。到中更新世，智人在非洲和亚欧大陆的分布已经相当广泛，呈现出高度的多样性。

北非摩洛哥的 Jebel Irhoud 标本的多变量分析表明其 10 号标本的多种复原和 1 号标本都落在现代人的变异范围内，甚至被认为是"非洲智人演化的早期阶段中的年代最可靠的证据"（Hublin et al., 2017）。Jebel Irhoud 10 在低矮的上面高、比较大的鼻面角和弯曲的颧齿槽脊等方面与大荔颅骨相当接近，都与现代人一致，而 Jebel Irhoud 10 的眉脊和枕圆枕都比大荔的薄得多，其眉脊还有分解为内侧和外侧眉弓的趋向，都比大荔颅骨接近现代人，更加进步。其上齿槽点角较小，看似没有犬齿窝，比较接近古老类型。大荔有介于 209±23 千年前和 349+53/−38 千年前之间的多项测年数据，Jebel Irhoud 过去虽然报道过用人化石以铀系/电子自旋共振法测出的年代为 160±16 千年前，近年却测出了热释光年代为 315±34 千年前的数据。两处化石年代很可能相近而形态差异却不小，地理距离遥远却还共同具有一些"现代"特征。笔者估计，他们相近的特征不大可能由于相互间的传承，更可能是趋同进化的结果。在已经出土的中更新世化石中，这两个古人群是与现代人最接近的中更新世人，可能分别代表亚欧和非洲对现代人起源关系最为密切的最早群体，为现代人多地区进化假说增添了有力的实证。

本书的比较研究指示，在距今大约 30 万年无论面骨还是脑颅都已经有相当多的特征达到"现代"的状态。面骨的现代化可能与进食和咀嚼食物所需肌力强度的弱化有较大的关系；而脑颅的现代化可能与脑的现代化有密切的关系；两者都可能与语言的进化有关系。这些都应在古人的行为上有所反映，笔者盼望这样的猜想能有机会在考古学研究中得到检验和阐明。

本书呈现大量数据表明在大荔颅骨和其他一些中更新世颅骨中，已经达到"现代"状态的特征与保留原始状态的特征并存，提示在现代人起源过程中，原始的和"现代"的特征在许多化石上呈现镶嵌的现象。"现代"特征最初是在一部分古老型人类化石中出现，然后逐渐增多。也就是说，没有任何证据表明所有"现代"特征是一揽子同时在比 4 万年更早的某一个化石中出现的！形态学证据支持现代人起源是一段漫长的过程，而不是一个在短时间中迅疾完成的事件。就已有的证据（大荔和 Jebel Irhoud）而言，这个过程至少长达三四十万年，涉及的化石既包含古老型人类也包含现代型人类。

Qafzeh、Skhul 和 Herto 的颅骨被古人类学者接受为解剖学上现代的智人的早期标本，但实际上都有或多或少的特征显示着古老的形态，这些标本中没有一具颅骨已经显示出充分"现代"的状态。实际上不可能在古老型人类与早期现代人之间划出一条明确的界限。

关于金牛山、巢县、马坝、许家窑、许昌等的标本、近年出土的安徽东至人类化石和不久前报道的从哈尔滨江中挖出的人类颅骨化石，都不宜简单地归属于智人直立亚种，其中大部分曾经吸收过来自欧洲的基因，可能大多属于不同于大荔颅骨的进化支系。从照片看，哈尔滨颅骨似乎可能与大荔颅骨有着比较其他化石密切的关系。总之，诸多化石的形态显示中国存在过以直立人、大荔与其他一些古人类为代表的演化支系，表现着高度的多样性，构成既有连续又有基因交流的网状进化的格局。

上文已述及，Ceprano 和 Arago 都被有关学者认为属于直立人这个古生物种，Petralona 头骨通常被认为属于海德堡人古生物种，而 Atapuerca、Swanscombe、Steinheim 等与这些都有相当可观的差异，不能简单地被归属于前两个分类单元，也不能被归属于一个分类单元。没有理由将非洲的 Jebel Irhoud、Omo 1、Omo II、Herto、Ngaloba 和 Kabwe 归属于一个世系，因此比较合理的考虑是，欧洲和非洲古人类进化格局可能也呈网状，与中国的化石共同展现出古人类的多样性。

最后，笔者清楚地理解，由于本书比较研究中收集到的能进行对比的标本的测量性和非测量性资料不够多，可能会影响本书中推论的可信度，其中一些难以提供很强的说服力，甚至可能产生误判。笔者期待新化石的发现和新研究对这些推论做出检验，确认、修订甚至修正。

致谢

本书中大荔地理位置图由徐欣和崔娅铭绘制，大荔颅骨前面观、侧面观、顶面观和后面观由杨明婉绘制，其余都是徐勇的作品，显示大荔颅骨整体的照片均由周伟拍摄，显示局部结构的照片则由徐欣拍摄，基于测量性数据形成的人类化石间的联系图由徐欣绘制。笔者对他们的辛勤劳动表示衷心的感谢。

参 考 文 献

布劳尔·冈特. 1990. 若干有争议的直立人头骨特征在周口店和东非人科成员中的出现情况. 人类学学报, 9: 351–358

陈铁梅, 原思训, 高世君. 1984. 铀子系法测定骨化石年龄的可靠性研究及华北地区主要旧石器地点的铀子系法年代序列. 人类学学报, 3: 259–269

董光荣, 高尚玉, 李保生. 1981. 河套人化石的新发现. 科学通报, 26(19): 1192–1194

杜抱朴, 周易, 孙金慧等. 2014. 山西襄汾石沟砂场发现人类枕骨化石. 人类学学报, 33(4): 437–447

郭士纶, 刘顺生, 孙盛芬等. 1991. 北京猿人遗址第四层裂变径迹法年代测定. 人类学学报, 10: 73–77

黄培华, 金嗣炤, 梁任义等. 1991. 北京猿人第一个头盖骨及其遗址堆积年代的电子自旋共振测年研究. 人类学学报, 10: 107–115

黄象洪. 1989. 贵州普定穿洞出土的一化石智人颅盖骨. 人类学学报, 8: 379–381

贾兰坡, 卫奇, 李超荣. 1979. 许家窑旧石器时代文化遗址——1976 年发掘报告. 古脊椎动物与古人类, 17(4): 277–293

李天元. 2001. 郧县人. 武汉: 湖北科学技术出版社. 1–218

李天元, 王正华, 李文森, 冯小波, 武仙竹. 1994. 湖北郧县曲远河口人类颅骨的形态特征及其在人类演化中的位置. 人类学学报, 13: 105–116

刘俊先, 张兴和. 1994. 中国正常人体测量值. 北京: 中国医药科技出版社. 26

刘武, 吴秀杰, 邢松. 2019. 更新世中期中国古人类演化区域连续性与多样性的化石证据. 人类学学报, 38: 473–490

洛树东, 侯施沾, 傅成钧, 周志淳. 1983. 国人顶间骨的观察. 人类学学报, 2(3): 247–252

吕遵谔. 1989. 金牛山人的时代及其演化的地位. 辽海文物学刊, (1)(总第 7 期): 44–55

吕遵谔, 黄蕴平, 李平生等. 1989. 山东沂源猿人化石. 人类学学报, 11(4): 301–313

邱中郎, 顾玉珉, 张银运, 张森水. 1973. 周口店新发现的北京猿人化石及文化遗物. 古脊椎动物与古人类, 11: 109–131

史纪伦, 张炳常. 1953. 中国成人头骨之翼上骨及额颞缝的观察. 解剖学报, 1: 111–116

王令红, 冈特·布罗尔. 1984. 陕西黄龙人头盖骨的多元分析比较研究. 人类学学报, 3(4): 313–321

王永焱, 薛祥煦, 岳乐平, 赵聚发, 刘顺堂. 1979. 陕西大荔人化石的发现及其初步研究. 科学通报, 24: 303–306

吴定良. 1960. 中国猿人眉间凸度的比较研究. 古脊椎动物与古人类, 2(1): 22–24

吴茂霖. 1980. 许家窑遗址 1977 年出土的人类化石. 古脊椎动物与古人类, 18(3): 229–238

吴茂霖 1983. 1981 年发现的安徽和县猿人化石. 人类学学报, 2(2): 109–115

吴茂霖. 1986. 许家窑人颞骨研究. 人类学学报, 5(3): 220–226

吴茂霖. 1989. 中国晚期智人. 见: 吴汝康, 吴新智, 张森水主编. 中国远古人类. 北京: 科学出版社

吴汝康. 1957. 四川资阳人类头骨化石的研究. 见: 裴文中, 吴汝康主编. 资阳人. 北京: 科学出版社. 13–28

吴汝康. 1958. 河套人类顶骨和股骨化石. 古脊椎动物学报, 2: 208–212

吴汝康. 1959. 广西柳江发现的人类化石. 古脊椎动物与古人类, 1: 97–104

吴汝康. 1966. 陕西蓝田发现的猿人头骨化石. 古脊椎动物与古人类, 10(1): 1–16

吴汝康. 1987. 眶上圆枕的形成及其意义. 人类学学报, 6(2): 162–166

吴汝康. 1988. 辽宁省营口金牛山人化石头骨的复原及其主要性状. 人类学学报, 7(2): 97–101

吴汝康, 董兴仁. 1982. 安徽和县猿人化石的初步研究. 人类学学报, 1: 2–13

吴汝康, 彭如策. 1959. 广东韶关马坝发现的早期古人类型人类化石. 古脊椎动物学报, 3(4): 176–182

吴汝康, 吴新智, 张振标. 1984. 人体测量方法. 北京: 科学出版社. 1–172

吴汝康, 任美锷等. 1985. 北京猿人遗址综合研究. 北京: 科学出版社. 1–267

吴汝康, 吴新智, 张森水. 1989. 中国远古人类. 北京: 科学出版社. 1–437

吴汝康, 张银运, 吴新智. 2002. 第一节 南京直立人 1 号头骨. 见: 吴汝康, 李星学, 吴新智, 穆西南主编. 南京直立人. 南京: 江苏科学技术出版社. 35–67

吴新智. 1961. 周口店山顶洞人化石的研究. 古脊椎动物与古人类, 3: 181–203

吴新智. 1981. 陕西大荔县发现的早期智人古老类型的一个完好头骨. 中国科学, (2): 200–206

吴新智. 1988. 中国和欧洲早期智人的比较. 人类学学报, 7: 287–293

吴新智. 1989. 早期智人. 见: 吴汝康, 吴新智, 张森水主编. 中国远古人类. 北京: 科学出版社

吴新智. 1999. 20 世纪的中国人类古生物学研究与展望. 人类学学报, 18(3): 165–175

吴新智. 2008. 再论南京直立人高鼻梁的成因. 人类学学报, 27: 191–199

吴新智. 2009. 大荔颅骨的测量研究. 人类学学报, 28: 217–236

吴新智. 2014. 大荔颅骨在人类进化中的位置. 人类学学报, 33: 405–426

吴新智, 布罗厄尔. 1994. 中国和非洲古老型智人颅骨特征的比较. 人类学学报, 13(2): 93–103

吴新智, 尤玉柱. 1979. 大荔人遗址的初步观察. 古脊椎动物与古人类, 17: 294–303

徐福男. 1955. 国人颞骨鳞部有关骨缝样式的观察. 解剖学报, 1: 117–122

许泽民. 1966. 殷墟西北岗组头骨与现代台湾海南系列头骨的颅顶间骨的研究. 原载历史语言研究所集刊第三十六本下册, 转引自中国社会科学院历史研究所中国社会科学院考古研究所编著. 安阳殷墟头骨研究. 北京: 文物出版社. 158–179

颜訚. 1972. 大汶口新石器时代人骨的研究报告. 考古学报, (1): 91–122

尹功明, 孙瑛杰, 业渝光, 刘武. 2001. 大荔人所在层位贝壳的电子自旋共振年龄. 人类学学报, 20(1): 34–38

尹功明, 赵华, 尹金辉, 卢演俦. 2002. 大荔人化石地层的年龄. 科学通报, 47: 938–942

于景龙. 2006. 国人顶间骨与前顶间骨的观测. 解剖学杂志, 29(5): 595, 616

原思训, 陈铁梅, 高世君等. 1991. 周口店遗址骨化石的铀系年代研究. 人类学学报, 10: 189–193

云南省博物馆. 1977. 云南丽江人类头骨的初步研究. 古脊椎动物与古人类, 15: 157–161

张银运. 1998. 颜面扁平度的变异和山顶洞人类化石的颜面扁平度. 人类学学报, 17(4): 247–254

张振标. 1981. 我国新石器时代居民体质特征分化趋势. 古脊椎动物与古人类, 19: 87–97

张振标. 1989. 第五章 中国新石器时代人类遗骸. 见: 吴汝康, 吴新智, 张森水主编. 中国远古人类. 北京: 科学出版社. 62–60

张振标, 陈德珍. 1984. 下王岗新石器时代居民的种族类型. 史前研究, (1): 69–76

赵一清. 1955. 中国人脑膜中动脉在颅内的分布类型与颅外测定. 解剖学报, 1: 317–330

周文莲, 吴新智. 2001. 现代人头骨面部几项非测量性状的观察. 人类学学报, 20(4): 288–294

Abbate E, Albianelli A, Azzaroll A, Benvenuti M, Tesfamariam B, Bruni P, Cipriani N, Clarke R J et al. 1998. A one-million-year-old *Homo* cranium from the Danakil (Afar) Depression of Eritrea. Nature, 393: 458–460

Ahern J C M, Lee S-H, Hawks J D. 2002. The late Neandertal supraorbital fossils from Vindija Cave, Croatia: a biased sample? Journal of Human Evolution, 43: 419–432

Andrews P. 1984. An alternative interpretation of the characters used to define *Homo erectus*. Courier Forschungsinstitut Senckenberg, 69: 167–175

Antón S C. 1999. Cranial growth in *Homo erectus*: How credible are the Ngandong juveniles? American Journal of Physical Anthropology, 108: 223–236

Antón S C. 2002. Evolutionary significance of cranial variation in Asian *Homo erectus*. American Journal of Physical Anthropology, 118: 301–323

Antón S C. 2003. Natural history of *Homo erectus*. Yearbook of Physical Anthropology, 46: 126–170

Antón S C, Franzen J L. 1997. The occipital torus and developmental age of Sangiran-3. Journal of Human Evolution, 33: 599–610

Antón S C, Márguez S, Mowbray K. 2002. Sambungmacan 3 and cranial variation in Asian *Homo erectus*. Journal of Human Evolution, 43: 555–562

Arsuaga J-L, Gracia A, Martínez I, Bermúdez de Castro J M, Rosas A, Villaverde V, Fumanal M P. 1989. The human remains from Cova Negra (Valencia, Spain) and their place in European Pleistocene human evolution. Journal of Human Evolution, 18: 55–92

Arsuaga J-L, Carretero I, Martínez I, Gracia A. 1991. Cranial remains and long bones from Atapuerca/Ibeas (Spain). Journal of Human Evolution, 20: 191–230

Arsuaga J-L, Martínez I, Gracia A, Carretero J M, Carbonell E. 1993. Three new human skulls from the Sima de los Huesos Middle Pleistocene site in Sierra de Atapuerca, Spain. Nature, 362: 534–536

Arsuaga J-L, Martínez I, Gracia A, Lorenzo C. 1997. The Sima de los Huesos crania (Sierra de Atapuerca, Spain). A comparative study. Journal of Human Evolution, 33: 219–281

Arsuaga J-L, Martínez I, Lorenzo C, Gracia A, Muñoz A, Alonso O, Gallego J. 1999. The human cranial remains from Gran Dolina Lower Pleistocene site (Sierra de Atapuerca, Spain). Journal of Human Evolution, 37: 431–457

Arsuaga J-L, Villaverde V, Quam R, Gracia A, Lorenza C, Martínez I, Carretero J-M. 2002. The Gravettian occipital bone from the site of Malladetes (Barx, Valencia, Spain). Journal of Human Evolution, 43: 381–393

Ascenzi A, Biddittu I, Cassoli P F, Segre A G, Segre-Nakldini E. 1996. A calvarium of late *Homo erectus* from Ceprano, Italy. Journal of Human Evolution, 31: 409–423

Ascenzi A, Mallegni F, Manzi G, Segre A G, Naldini E S. 2000. A re-appraisal of Ceprano calvaria affinities with *Homo erectus* after the new reconstruction. Journal of Human Evolution, 39: 443–450

Asfaw B. 1983. A new hominid parietal from Bodo, Middle Awash Valley. American Journal of Physical Anthropology, 61: 367–371

Asfaw B, Gilbert W H, Beyene Y, Hart W K, Renne R, WoldeGabriel G, Vrba E S, White T D. 2002. Remains of *Homo erectus* from Bouri, Middle Awash, Ethiopia. Nature, 416: 317–320

Athreya S, Wu X Z. 2017. A multivariate assessment of the Dali hominin cranium from China: Morphological affinities and implications for Pleistocene evolution in East Asia. American Journal of Physical Anthropology, 164(4): 679–701

Baba H, Aziz F, Kaifu Y, Suwa G, Kono R T, Jacob T. 2003. *Homo erectus* calvarium from the Pleistocene of Java. Science, 299: 1384–1388

Balzeau A. 2006. Are thickened cranial bones and equal participation of the three structural bone layers autapomorphic traits of *Homo erectus*? Bulletins et Mémoires de la Société d'Anthropologie de Paris n.s., 18(3-4): 145–163

Bastir M, Rosas A, Kuroe K. 2004. Petrosal orientation and mandibular ramus breadth: evidence for an integrated petroso-mandibular developmental unit. American Journal of Physical Anthropology, 123: 340–350

Bermúdez de Castro J M, Arsuaga J L, Carbonell E, Rosas A, Martínez I, Mosquera M. 1997. A hominid from the Lower Pleistocene of Atapuerca, Spain: possible ancestor to Neanderthals and modern humans. Science, 276: 1392–1395

Bermúdez de Castro J M, Martinón-Torres M, Carbonell E, Sarmiento S, Rosas A, van der Made J, Lozano M. 2004. The Atapuerca sites and their contribution to the knowledge of human evolution in Europe. Evolutionary Anthropology, 13: 25–41

Black D. 1930. On an adolescent skull of *Siananthropus pekinensis* in comparison with an adult skull of the same species and with other hominid skulls, recent and fossil. Palaeontologia Sinica, Series D, Vol. 7, Fasc. 2, pp.1–144

Bräuer G, Leakey R E. 1986. The ES-11693 cranium from Eliye Springs, West Turkana, Kenya. Journal of Human Evolution, 15: 289–312

Bräuer G, Mbua E. 1992. *Homo erectus* features used in cladistics and their variability in Asian and African hominids. Journal of Human Evolution, 22: 79–108

Bräuer G, Gorden C, Gröning F, Kroll A, Kupczik K, Mibua E, Pommert A, Schieman T. 2004. Virtual study of the endocranial morphology of the matrix-filled cranium from Eliye Springs, Kenya. The Anatomical Record, Part A, 276: 113–133

Bromage T G, Dean M C. 1985. Re-evaluation of the age at death of immature fossil hominids. Nature, 317: 525–527

Brooks S T. 1955. Skeletal age at death: the reliability of cranial and pubic age indicators. American Journal of Physical Anthropology, 13: 567–589

Brothwell D R. 1960. Upper Pleistocene human skull from Niah Caves, Sarawak. Sarawak Museum J, 9: 323–349

Clarke R J. 1990. The Ndutu cranium and the origin of *Homo sapiens*. Journal of Human Evolution, 19: 699–736

Clarke R J. 2000. A corrected reconstruction and interpretation of the *Homo erectus* calvaria from Ceprano, Italy. Journal of Human Evolution, 39: 433–442

Condemi S. 1992. Les Hommes Fossiles de Saccopastore et leurs Relations Phylogénitiques. Cahiers de Paléontologie. Paris CNRS

Conroy G C, Jolly C J, Cramer D, Kalb J E. 1978. Newly discovered fossil hominid skull from the Afar depression, Ethiopia. Nature, 276: 67–70

Conroy G C, Weber G W, Seidler H, Recheis W, Nedden D Z, Mariam J H. 2000. Endocranial capacity of the Bodo cranium determined from three-dimensional computed topography. American Journal of Physical Anthropology, 113: 111–118

Cui Y, Zhang J. 2013. Stature estimation from foramen magnum region in Chinese population. Journal of Forensic Sciences, 58(5): 1127–1133

Curnoe D. 2007. Modern human origins in Australasia: testing the predictions of competing models. HOMO-Journal of Comparative Human Biology, 58(2): 117–157

Curnoe D, Ji X P, Herries A I R, Bae K,Taçon P S C, Bao Z D, Fink D, Zhu Y S, Hellstrom J, Yun L, Cassis G, Su B, Wroe S, Hong S, Parr W C H, Huang S M, Rogers N. 2012. Human remains from the Pleistocene-Holocene transition of Southwest China suggest a complex evolutionary history for East Asians. PLoS ONE, 7: 1–28

Delson E, Eldredge N, Tattersall I. 1977. Reconstruction of hominid phylogeny: a testable framework based on cladistic analysis. Journal of Human Evolution, 6: 263–268

de Lumley M-A. 2015. L'homme de Tautavel. Un *Homo erectus* européen évolué. *Homo erectus tautavelensis*. L'Anthropologie, 119: 303–348

de Lumley M-A, Sonakia A. 1985. Première découverte d'un *Homo erectus* sur le continent indien à Hathnora, dans la moyenne vallée de la Namarda. L'Anthropologie (Paris), 89(1): 13–61

de Lumley M-A, Grimaud-Hervé D, Li T Y, Feng X B, Wang Z H. 2008. Les cranes d'*Homo erectus* du site de l'homme de Yunxian Quyuanhekou, Quingqu, Yunxian I et Yunxian II, Province du Hubei, République Populaire de Chine. In: de Lumley H, Li T Y eds. Le site de l'homme de Yunxian: Quyuanhekou, Quingqu, Yunxian, Province du Hubei. Paris: CNRS Éditions

Deol M S, Truslove G M. 1957. Genetical studies on the skeleton of the mouse. XX. Maternal physiology and variation in the skeleton of C57BL mice. Journal of Genetics, 55: 288–312

Endo B. 1966. Experimental studies on the mechanical significance of the form of the human facial skeleton. Journal of the Faculty of Science of the University of Tokyo (Section V, Anthropology), 3: 1–106

Franciscus R G. 2003. Internal nasal floor configuration in *Homo* with special reference to the evolution of Neanderthal facial form. Journal of Human Evolution, 44: 701–729

Franciscus R G, Trinkaus E. 1988. Nasal morphology and the emergence of *Homo erectus*. American Journal of Physical Anthropology, 75: 517–527

Frayer D W, Wolpoff M H, Thorne A G, Smith S H, Pope G G. 1993. Theories of modern human origins: The paleontological test. American Anthropologist, 95(1): 14–50

Gilbert W H, White T, Asfaw B. 2003. *Homo erectus*, *Homo ergaster*, *Homo "cepranensis"*, and the Daka cranium. Journal of Human Evolution, 45: 255–259

Grimaud D. 1982. Le parietal de l'Homme de Tautavel. 1er Congrès International de Paléontologie Humaine (1982). Préstirage, 62–88. Nice: CNRS

Groves C P, Lahr M M. 1994. A bush not a ladder: Speciation and replacement in human evolution. In: Freedman L et al. eds. Perspectives in Human Biology. No. 4, The Center for Human Biology. The University of Western Australia.1–11

Grün R, Huang P H, Wu X Z, Stringer C B, Thorne A G, McCulloch M. 1997. ESR analysis of teeth from the paleoanthropological site of Zhoukoudian, China. Journal of Human Evolution, 32: 83–91

Haile-Selassie Y, Asfaw B, White T D. 2004. Hominid cranial remains from Upper Pleistocene deposits at Aduma, Middle Awash, Ethiopia. American Journal of Physical Anthropology, 123: 1–10

Halloway R L, Broadfield D C, Yuan M. 2004. The Human Fossil Record, Vol. 3: Brain Endocasts—the Paleoneurological Evidence. Hoboken, N J: Wiley-Liss

Hanihara T, Ishida H. 2001. Os incae: variation in frequency in major human population groups. Journal of Anatomy, 198: 137–152

Hinton R J, Carlson D S. 1979. Temporal changes in human temporomandibular joint size and shape. American Journal of Physical Anthropology, 50: 325–334

Howells W W. 1973. Cranial variation in man: a study by multivariate analysis of patterns of difference among recent human populations. Papers of the Peabody Museum of Archaeology and Ethnology, Harvard University, Volume 67, Cambridge, Massachusetts, USA

Hublin J J. 1982. Les Anténeandertaliens: Présapiens ou Préneandertaliens? Geobios Memoir Special 6: 345–357

Hublin J J, Ben-Neer A, Bailey S E et al. 2017. New fossils from Jebel Irhoud, Morocco and the pan-African origin of *Homo sapiens*. Nature, 546: 289–292

Hylander W L, Picq P G, Johnson K R. 1991. Function of the supraorbital region of Primates. Archives Oral Biology, 36(4): 273–281

Indriati E, Swisher III CC, Lepre et al. 2011. The age of the 20 meter Solo River terrace, Java. PloS ONE, 6(6): e21562, 1–10

Ivanhoe F. 1979. Direct correlation of human skull vault thickness with geomagnetic intensity in some northern hemisphere populations. Journal of Human Evolution, 8: 433–444

Jacob. T. 1966. The sixth skull cap of *Pithecanthropus erectus*. American Journal of Physical Anthropology, 25: 243–260

Kennedy G E. 1985. Bone thickness in *Homo erectus*. Journal of Human Evolution, 14: 699–708

Kennedy G E. 1986. The relationship between auditory exostoses and cold water: a latitudinal analysis. American Journal of Physical Anthropology, 71: 401–415

Kennedy K A R, Sonakia A, Chiment J, Verma K K. 1991. Is the Narmada hominid an Indian *Homo erectus*? American Journal of Physical Anthropology, 86(4): 475–496

Lee S-H, Wolpoff M H. 2003. The pattern of evolution in Pleistocene human brain size. Paleobiology, 29(2): 186–196

Lorenzo C, Carretero J M, Arsuaga J L, Gracia A, Martínez I. 1998. Intrapopulational body size variation and cranial capacity variation in Middle Pleistocene humans: The Sima de los Huesos sample (Sierra de Atapuerca, Spain). American Journal of Physical Anthropology, 106: 19–33

Manzi G, Sperduti A, Passarello P. 1991. Behaviour-induced auditory exostoses in imperial Roman society: Evidence from coeval urban and rural communities near Rome. American Journal of Physical Anthropology, 851: 253–260

Manzi G, Bruner E, Passarello P. 2003. The one-million-year-old *Homo* cranium from Bouri (Ethiopia): a reconsideration of its *H. erectus* affinities. Journal of Human Evolution, 44: 731–736

Manzi G. 2004. Human evolution at the Matuyama-Brunhes boundary. Evolutionary Anthropology, 13: 11–24

Márquez S, Mowbray K, Sawyer G J, Jacob T, Silvers A. 2001. New fossil hominid calvaria from Indonesia-Sambungmacan 3. The Anatomical Record, 262: 344–368

Marston T. 1937. The Swanscombe skull. Journal of the Royal Anthropological Institute of Great Britain and Ireland, 67: 339–406

Martin R, Knussmann R. 1988. Anthropologie Handbuch der vergleichenden Biologie des Menschen. Gustav Fischer Verlag Stuttgart. 160–185

Martin R, Saller K. 1957. Anthropologie Handbuch der vergleichenden Biologie des Menschen. Gustav Fischer Verlag Stuttgart

Martínez I, Arsuaga J L. 1997. The temporal bones from Sima de los Huesos Middle Pleistocene site (Sierra de Atapuerca, Spain). A phylogenetic approach. Journal of Human Evolution, 33: 283–318

McCown T D, Keith A. 1939. The Stone Age of Mount Carmel: The Fossil Human Remains from the Levalloiso-Mosterian, Vol. 2. Oxford: Clarendon Press

Meindl R S, Lovejoy C O. 1985. Ectocranial suture closure: A revised method for the determination of skeletal age at death and blind tests of its accuracy. American Journal of Physical Anthropology, 68: 57–66

Meyer M, Arsuaga J L, de Filippo C et al. 2016. Nuclear DNA sequences from the Middle Pleistocene Sima de los Huesos hominins. Nature, 531(7595): 504–507

Ossenberg N S. 1970. The influence discontinuous of artificial cranial deformation on morphological traita. American Journal of Physical Anthropology, 33: 357–372

Pérez P-J, Gracia A, Martínez I, Arsuaga J L. 1997. Paleopathological evidence of the cranial remains from the Sima de los Huesos Middle Pleistocene site (Sierra de Atapuerca, Spain). Description and preliminary inferences. Journal of Human Evolution, 33: 409–421

Perizonius W R K. 1984. Closing and non-closing sutures in 256 crania of known age and sex from Amsterdam (A.D. 1883–1909). Journal of Human Evolution, 13: 201–216

Pope G G. 1991. Evolution of the zygomaticomaxillary region in the genus Homo and its relevance to the origin of modern humans. Journal of Human Evolution, 21: 189–213

Rak Y. 1986. The Neanderthal: A new look at an old face. Journal of Human Evolution, 15: 151–164

Rak Y, Kimbel W H, Hovers E. 1994. A Neanderthal infant from Amud Cave, Israel. Journal of Human Evolution, 26: 313–324

Rak Y, Kimbel W H, Hovers E. 1996. On Neanderthal autapomorphies discernible in Neanderthal infants: a responsible to Creed-Miles et al. Journal of Human Evolution, 30: 155–158

Ravosa M J. 1986. Browridge development and the position of the orbits relative to the neumranium. American Journal of Physical Anthropology, 69: 253–254

Ravosa M J. 2010. Browridge development in Cercopithecidae: A test of two models. American Journal of Physical Anthropology, 76(4): 535–555

Richards G D, Plourde A M. 1995. Reconsideration of the 'Infant', Amud-7. American Journal of Physical Anthropology, 20(Sup): 180–181

Rightmire G P. 1983. The Lake Ndutu cranium and Early Homo sapiens in Africa. American Journal of Physical Anthropology, 61: 245–254

Rightmire G P. 1985. The tempo of change in the evolution of the Mid-Pleistocene Homo. In: Delson E ed. Ancestor: The Hard Evidence. New York: AlanR Liss. 155–264

Rightmire G P. 1990. The Evolution of Homo erectus. Cambridge: Cambridge University Press

Rightmire G P. 1995. Geography, time and speciation in Pleistocene Homo. South African Journal of Science, 91: 450–454

Rightmire G P. 1996. The human cranium from Bodo, Ethiopia: evidence for speciation in the Middle Pleistocene. Journal of Human Evolution, 31: 21–39

Rightmire G P. 1998. Human evolution in the Middle Pleistocene: The role of Homo heidelbergensis. Evolutionary Anthropology, 6(6): 218–227

Rightmire G P. 2004. Brain size and encephalization in Early to Mid-Pleistocene Homo. American Journal of Physical Anthropology, 124: 109–123

Rightmire G P. 2013. Homo erectus and Middle Pleistocene hominins: Brain size, skull form and species recognition. Journal of Human Evolution, 65: 223–252

Rightmire G P. 2017. Chapter 17 Middle Pleistocene Homo crania from Broken Hill and Petralona: Morphology, metric comparisons, and evolutionary relationships. In: Marm A, Hovers E eds. Human Paleontology and Prehistory, Contributions in Honor of Yoel Rak. Swizerland: Springer International Publishing AG

Rightmire G P, Lordkipanidze D, Vekua A. 2006. Anatomical descriptions, comparative studies and evolutionary significance of the hominin skulls from Dmanisi, Republic of Georgia. Journal of Human Evolution, 50: 115–141

Rightmire G P, de León M S P, Lordkipanidze D et al. 2017. Skull 5 from Dmanisi: Descriptive anatomy, comparative studies and evolutionary significance. Journal of Human Evolution, 104: 50–79

Rosenberg K R, Zune L, Ruff C R. 2006. Body size, body proportions, and encephalization in a Middle Pleistocene archaic human from northern China. Proceedings of National Academy of Sciences (US), 103: 3552–3556

Ruff C B, Trinkaus E, Holliday T W. 1997. Body mass and encephalization in Pleistocene *Homo*. Nature, 387: 173–176

Russel M D. 1983. Brow ridge development as a function of bending stress in the supraorbital region. American Journal of Physical Anthropology, 60: 248

Russel M D. 1985. The supraorbital torus: "a most remarkable peculiarity". Current Anthropology, 26: 337–360

Sakura H, 佐倉朔. 1981. Pleistocene human bones found at Pinza-Abu (Goat Cave) Miyako Island—A short report. Bulletin of the National Science Museum, Tokyo, Series D, 7: 1–6

Seidler H, Falk D, Stringer C, Wilfing H, Mller G, Nedden D et al. 1997. A comparative study of stereolithographically modelled skulls of Petralona and Broken Hill: implications for future studies of Middle Pleistocene hominid evolution. Journal of Human Evolution, 33: 691–703

Shen G J, Teh-Lung Ku, Cheng H, Edwards R L, Yuan Z X, Wang Q. 2001. High-precision U-series dating of Locality 1 at Zhoukoudian, China. Journal of Human Evolution, 41: 679–688

Sherwood R J, Rowley R B, Ward S C. 2002. Relative placement of the mandibular fossa in great apes and humans. Journal of Human Evolution, 43: 57–66

Simmons T, Falsetti A B, Smith F H. 1991. Frontal bone morphometrics of southwest Asian Pleistocene hominids. Journal of Human Evolution, 20: 249–259

Sládek V, Trinkaus E, Šefčáková A, Halouzka R. 2002. Šaľa 1 frontal bone. Journal of Human Evolution, 43: 787–815

Smith B H. 1991. Dental development and evolution of life history in hominidae. American Journal of Physical Anthropology, 86(2): 157–174

Smith F H, Falsetti A B, Donnelly S M. 1989. Modern human origins. Yearbook of Physical Anthropology, 32: 35–68

Smith S H, Ranyard G. 1980. Evolution of the supraorbital region in upper Pleistocene fossils hominids from south-central Europe. American Journal of Physical Anthropology, 53: 589–610

Spitery J. 1982. Le frontal de l'homme de Tautavel. In: L'*Homo erectus* et al Place de L'Homme de Tautavel parmi les Hominidés Fossiles. 1er Congrès International de Paléontologie Humaaone, Colloque international du CNRS, Nice. 21–61

Spoor F, Leakey M G, Gathogo P N, Brown F H, Anton S C, McDougall I, Kiarie C, Manthi F K, Leakey L N. 2007. Implications of new early *Homo* fossils from Ileret, east of Lake Turkana, Kenya. Nature, 448: 688–691

Steele D G, Bramblett C A. 1988. The Anatomy and Biology of the Human Skeleton. Texas A & M University Press, College Station

Stringer C B. 1983. Some further notes on the morphology and dating of the Petralona hominid. Journal of Human Evolution, 12: 731–742

Stringer C B. 1984. The definition of *Homo erectus* and the existence of the species in Africa and Europe. Courier Forschungsinstitut Senckenberg, 69: 131–143

Stringer C B. 1991. *Homo erectus* et "*Homo sapiens* archaïque", peut-on définir *Homo erectus*？ In: Hublin J J, Tillier A M eds. Aux Origins D'*Homo sapiens*. Paris: Presses Universitaires de France. 51–74

Stringer C B. 2002. Modern human origins. Philosophical Transactions of the Royal Society, B 357: 563–479

Stringer C B, Howell F C, Melentis J K. 1979. The significance of the fossil hominid skull from Petralona, Greece. Journal of Archaeological Science, 6: 235–253

Stringer C B, Hublin J J, Vandermeersch B. 1984. The origin of the anatomically modern humans in Western Europe. In: Smith F

H, Spencer F eds. The Origin of Modern Humans: A World Survey of the Fossil Evidence. New York: Alan R Liss. 51–135

Suzuki H. 1970. The skull of Amud man. In: Suzuki H, Takai F eds. The Amud Man and His Cave Site. The University of Tokyo. 123–206

Suzuki H. 1982. Skulls of the Minatogawa Man. In: Suzuki H, Hanihara K eds. The Minatogawa Man: The Upper Pleistocene Man from the Island of Okinawa. Tokyo: University of Tokyo Press

Tattersall I, Sawyer G J. 1996. The skull of *Sinanthropus* from Zhoukoudian, China: a new reconstruction. Journal of Human Evolution, 31: 311–314

Terhune C E, Deane A S. 2008. Temporal squama shape in fossil hominins: Relationships to cranial shape and a determination of character polarity. American Journal of Physical Anthropology, 137(4): 397–411

Tobias P V. 1991. The Skulls, Endocasts and Teeth of *Homo habilis* Olduvai Gorge Vol. 4. Cambridge: Cambridge University Press

Trinkaus E. 1983. The Shanidar Neanderthals. New York: Academic Press

Vallois H V. 1969. Le temporal Néanderthalien H 27 de La Quina. L'Anthropologie, 73: 365–400, 525–544

Vinyard C J, Smith D. 1997. Morphometric relationships between the supraorbital region and frontal sinus in Melanesian crania. Homo, 48(1): 1–21

Walker A, Leakey R (eds). 1993. The Nariokotome *Homo erectus* skeleton. Cambridge: Harvard University Press

Weidenreich F. 1943. The skull of *Sinanthropus pekinensis*: A comparative study on a primitive hominid skull. Palaeontologia Sinica, New Series D, No. 10

White T D, Asfaw B, DeGusta D, Gilbert H, Richards G D, Suwa G, Howell F C. 2003. Pleistocene *Homo sapiens* from Middle Awash, Ethiopia. Nature, 423: 742–752

Wolpoff M H. 1980. Cranial remains of Middle Pleistocene European hominids. Journal of Human Evolution, 9: 339–358

Wolpoff M H. 1995. Human Evolution. New York: McGraw-Hill Inc

Wood B A. 1984. The origin of *Homo erectus*. Courier Forschungsinstitut Senckenberg, 69: 99–111

Wu X J, Maddux S D, Pan L, Trinkaus E. 2012. Nasal floor variation among eastern Eurasian Pleistocene *Homo*. Anthropological Science, 120: 217–226

Wu X J, Crevecoeur I, Liu W, Xing S, Trinkaus E. 2014. Temporal labyrinths of eastern Eurasian Pleistocene humans. Proceeding of National Academy of Sciences, 111(29): 10509–10513

Wu X Z, Athreya S. 2013. A description of the geological context, discrete traits, and linear morphometrics of the Middle Pleistocene hominin from Dali, Shaanxi Province, China. American Journal of Physical Anthropology, 150: 141–157

Wu X Z, Bräuer G. 1993. Morphological comparison of archaic *Homo sapiens* crania from China and Africa. Zeitschrift für Morphologie und Anthropologie, 79: 241–259

Yin G M, Bahain J-J, Shen G J, Tissoux H, Falguères C, Dolo J-M, Han F, Shao F. 2011. ESR/U-series study of teeth recovered from the paleoanthropological stratum of Dali Man site (Shaanxi Province, China). Quaternary Geochronology, 6: 98–105

Zhang Y Y. 1998. Variation of upper-facial flatness, referring to the human crania from Upper Cave in Zhoukoudian. Acta Anthropologica Sinica, 17: 247–254

PALAEONTOLOGIA SINICA

Whole Number 201, *New Series D, Number* 13

Edited by

Nanjing Institute of Geology and Palaeontology
Institute of Vertebrate Paleontology and Paleoanthropology

Chinese Academy of Sciences

Middle Pleistocene Human Skull from Dali, China

by

Wu Xinzhi

(*Institute of Vertebrate Paleontology and Paleoanthropology, Chinese Academy of Sciences,*
College of Earth and Planetary Sciences, University of Chinese Academy of Sciences)

With 20 Figures and 76 Tables

SCIENCE PRESS
Beijing, 2020

Middle Pleistocene Human Skull from Dali, China

Wu Xinzhi

(*Institute of Vertebrate Paleontology and Paleoanthropology, Chinese Academy of Sciences,*
College of Earth and Planetary Sciences, University of Chinese Academy of Sciences)

Summary

The human fossil skull studied in this book belongs to a male individual of about 25–49 years old. It was unearthed from Middle Pleistocene stratum at Dali County, Shaanxi Province. The chronometric dating with several techniques yields several dates: the latest and earliest dates are 209±23 ka and 349+53/–38 ka respectively.

The present author and S. Athreya have published several papers researching the morphology of this skull (Wu, 1981, 2009, 2014; Wu and Athreya, 2013; Athreya and Wu, 2017). These papers consider that this skull belongs to archaic type of *Homo sapiens*, and it could be inferred as one of the links in the continuous evolutionary lineage of China and that the ancestor of the human population represented by Dali cranium had gene exchange with the humans in the western part of the Old World. The multivariate analyses (Athreya and Wu, 2017) show that when just the facial skeleton is considered Dali aligns with Middle Paleolithic *H. sapiens* and is clearly more derived than African or Eurasian Middle Pleistocene *Homo*. When just the neurocranium is considered, Dali is most similar to African and Eastern Eurasian but not Western European Middle Pleistocene *Homo*. When both sets of variables are considered together, Dali exhibits a unique morphology that is most closely aligned with the earliest *H. sapiens* from North Africa and the Levant.

On the basis of the data from detailed description and comparative study presented in the Chinese text, the present author classified various features into several groups according to the relation between Dali cranium and comparative specimens. In the Chinese text, all table captions and headings are expressed in both Chinese and English. To help the readers who wish to identify data sources cited in this summary, table and page numbers of the Chinese text are included, where the comparative data are presented.

It should be specially emphasized that the comparative data are so limited that it is possible the variation ranges (v.r.) mentioned of many groups in this book are narrower than the actual ones and to create some false impressions leading to misinterpretations. The author expects that the possible misjudgment will be corrected by new data based on new findings and data published in future.

1. Some features of Dali cranium are concordant with those of other crania of Middle Pleistocene humans (MPH) and different from those of anatomically modern *Homo sapiens* (a.m.HS, including early modern humans [EMH] and modern man, similarly hereafter) so the morphology of Dali cranium is consistent with its geological and chronometric data. They include:

The height/length index I (ba-b/g-op) is 57.1 (Table 3, p. 36) and is within the v.r. of Early Pleistocene humans of Africa (50.4–67.5, see source of data in the Table in the Chinese text referred to this item, same below) and of Dmanisi (54.7–65.35). It is slightly higher than that of the reconstructed skull from Yunxian (55.28) and slightly lower than that of the skull from *Homo sapiens erectus* (HSE) of Zhoukoudian (ZKD) reconstructed by Weidenreich (59.9). It is slightly lower than those of Kabwe (60.2) and Jebel Irhoud 1 (63.1) and lower than most of European MPH (59.5–69.9, including Arago, Atapuerca SH 4, 5, 6, Ceprano, Petralona, Steinheim, Swanscombe) except Ehringsdorf (55.9). It is lower than those of Neanderthals (60.0–66.8) and much lower than those of EMH of Europe (65.4–74) and East Asia (65.3–77.7) as well as Ngandong (57.6–63.8). The value of this index tends to become higher in Pleistocene, Dali skull appears more primitive than most of MPH skulls.

The height/length index II (po-b ht/g-op) is 49.6 (Table 3, p. 36) falling within the v.r. of Dmanisi (46.38–53.59) and HSE from ZKD (49.0–53.3). It is slightly lower than that of HSE from Hexian (50.0). It is lower than that of Kabwe (52.3), MPH of Europe (51.02–65.1) and Neanderthals (51.5–65.56). It is much lower than those of EMH of Europe (58–62.3) and China (57.1–72.5). The value of this index has a tendency to become higher in Pleistocene, and Dali skull appears more primitive than most of MPH skulls.

The ratio of g-op to the arc n-o is 54.5 (Table 8, p. 46), this is close to those of HSE of China (55.9–58.6), Jinniushan (56.9), Atapuerca SH (54.4–54.5), Petralona (56.0) and Kabwe (56.4), but it is higher than that of Ehringsdorf (51.6). This ratio of Dali cranium is higher than those of EMH of China (47.2–52.5) and Minatogawa of Japan (50.4–50.8). The magnitude of this index of Dali cranium falls in the v.r. of MPH and is in its middle part.

The frontal chord (n-b) is 114 mm (Table 14, p. 54). It is longer than the parietal chord. The frontal chords in all human fossils of Early and Middle Pleistocene are longer than the parietal chord with a few exceptions such as the specimens from Dmanisi D 4500, Yunxian (EV 9002), Hexian, Atapuerca SH 6 and Ehringsdorf, while the frontal chords of Neanderthals and EMH are shorter than the parietal chords with a few exceptions such as those from Neanderthal, La Quina, Shanidar, Chuandong 1, and Maludong. The frontal chord of Dali is similar to those of most of MPH.

Occipital arc (l-o) is 127 mm which is longer than the parietal arc (115 mm) (Table 14, p. 54). The occipital arcs of HSE of China and most of MPH of Europe are longer than the parietal arcs except that of Ehringsdorf, while the occipital arcs of most of Neanderthals and EMH are shorter than the parietal arc except that of Shanidar. The occipital arc of Dali is similar to those of most of MPH.

The angle l-i-o is 105° (Table 20, p. 72) and is within the v.r. of HSE of China (98°–106°) and between Pithecanthropus I (108°) and II (103°) of Java. It is smaller than those of MPH of Europe (107°–129.1°), bigger than that of Kabwe (99°), smaller than 8 specimens of Neanderthals but slightly larger than that of Gibraltar (97°). This angle of Dali is much smaller than those of modern man (117°–127.3°).

The angle l-op-o is 98° (p. 73). It equals the lowest value of HSE of China (ZKD XII, 98°; Nanjing 1, 108°) and the lowest value of Ngandong (98°–103°). It is lower than those of Sangiran (99°–103°) and Petralona (106°), and much smaller than those of modern man (128°–138°).

The ratio of bregma-asterian chord to occipital breadth (ast-ast) is 113.9 (Table 58, p. 130) and within the v.r. of HSE of China (88.9–119.8), MPH of Europe (97.8–119.6) and MPH of Africa (107.1–116.3). It is much lower than those of EMH of China (121.5–132.7) and modern man (124±4).

The auricular orifices of left and right sides are located about 14 mm medial to the sagittal plane passing the point au (p. 157). This is shorter than those of Yunxian EV 9002 (left, 17 mm; right, 18 mm) and falls within the v.r. of HSE from ZKD (10–15 mm) and Hexian (left, 15 mm; right, 14 mm). This distance in modern man is never longer than 10 mm.

Besides, the data of following items of Dali cranium are concordant with those in other MPH, but the data of these items are not necessarily significant for the dating of Dali.

Auricular height is 102 mm (Table 6, p. 41). This is within the v.r. of HSE from ZKD (92.7–107 mm) and MPH of Europe (97.5–114 mm), and shorter than those of Omo 2 (115.7 mm), Bodo (114 mm), Kabwe (105 mm) and Neanderthals (106?–117 mm). It is much shorter than those of EMH of China (108–119 mm). However, some Upper Pleistocene specimens of Java such as Sambungmacan 3 and Sambungmacan 4 (101 mm and 100 mm respectively), Ngandong 7 (101 mm) and Ngawi (98 mm) are slightly shorter than that of Dali.

The transverse cranial arc (arc po-b-po) is 299 mm (Table 12, p. 51). This is within the v.r. of HSE of China (263–290 mm) and that of MPH of Euro-Africa (294–308 mm). It is shorter than the v.r. of EMH of China (308–327 mm) and EMH of Europe (302–340 mm), but it is not out of the v.r. of modern man (286–344 mm).

The transverse cranial curvature (au-au/arc po-b-po) is 47.2 (Table 13, p. 52), which is within v.r. of HSE of China (47.4–53.9) and slightly lower than those of Pithecanthropus of Java (49.2–52.3), Ngandong (47.5–57.2) and Kabwe (48.3). It is higher than Petralona (44.8), Amud (41.7), Shanidar (43.0) and Neanderthals of Europe (41.3–47.1). It is much higher than those of EMH of Europe (36.5–43.6), China (38.9–42.2) and modern man (36.2–41.2).

The chord/arc index of occipital bone (l-o/arc l-o) is 71.7 (Table 15, p. 58). This is smaller than those of HSE of China (72.9–75.8), that of Kabwe (75.4) and within the v.r. of MPH of Europe (70.5–83.9). It is much smaller than those of EMH of China (78.4–86.7), EMH of Europe (79.0–84.6), modern man (75.8–84.7) and those of Neanderthals of Europe (76.5–84.5). The above mentioned data of China seem to indicate that this index became higher from Middle Pleistocene through recent time. But that the v.r. of MPH of Europe overlaps in large scale those of Neanderthals of Europe、EMH of Europe and China as well as that of modern man may indicate insignificance of this index for dating. In spite of these, the extremely low figure is still in favor of attributing Dali cranium to Middle Pleistocene.

The bregmatic angle (∠b-g-i) is 50° (Table 18, p. 67). This is larger than those of HSE of China (38°–45°), Pithecanthropus from Java (38° and 42.5°) and Kabwe (45°) as well as Ehringsdorf (49°). It equals the magnitude of Jebel Irhoud 1 (50°) and is smaller than that of Petralona (54°). Dali's magnitude is much smaller than those of EMH of China (57°–59°) and EMH of Europe (55°–62.5°), but that of Dali is within the v.r. of Ngandong (41°–54°) and Neanderthals of Europe (38°–50.5°) and Asia (44°–54°). In short Dali is more progressive than most MPH skulls and much more primitive than EMH.

The ratio of inter-orbital breadth (d-d) to bifrontal breadth (fm:a-fm:a) is 22.8 (Table 27, p. 81). This is within the v.r. of other MPH of China (20.8–26, including HSE from ZKD and Maba) and is very close to that of Kabwe (22.6), larger than that of Arago (19.1) and much smaller than those of Atapuerca SH 4 (33.0), Atapuerca SH 5 (29.5) and Petralona (28.7). It is larger than those of EMH of China (17.5–20.8). However, that of EMH from Liujiang is equal to that of HSE from Nanjing, that of EMH Upper Cave 103 equals to that of Arago, so this ratio may not be significant to indicate the chronological position of the specimen.

In addition, Dali cranium has some non-metric features concordant with those in other MPH. They are:

The supraorbital torus is very robust, whose glabellar portion continues with the supraorbital portion of two sides (Figure 2).

The bregma fundamentally corresponds to the vertex in position (Figures 3, 4). This feature is also present in Maba and Kabwe crania as well as the crania of HSE from ZKD and Nanjing.

The shape of the occipital part of mid-sagittal curve is somewhat angular (Figures 3 and 4) in contrast to the rounded transition in a.m.HS and Neanderthals.

Cranial wall is as thick as that of HSE from ZKD (Tables 39, 40, 60, 70, 73, 74).

The position of the infra-temporal surface of sphenoid bone is lower than the orbital floor. This is similar to that in HSE from ZKD (pp. 6, 165), while the infratemporal ridge and orbital ridge are at the same level in modern man.

The longitudinal axis of petrous portion of temporal bone intersects with the mid-sagittal plane at an angle slightly smaller than 40° (p. 21) which is close to that in HSE from ZKD.

The lateral wall of left infra-orbital fissure extends downward deeply, so that the orbital cavity communicates with the infra-temporal fossa through a vertical passage instead of a horizontal one (p. 6).

The supraorbital and infraorbital fissures are nearly as narrow as those in HSE from ZKD and much narrower than those in modern man (p. 7).

2. Some features of Dali cranium are within or very close to the v.r. of a.m.HS and different from those in HSE of China, and MPH of Europe/Africa. They include:

The angle g-i-l is 82° (Table 20, p. 72). This falls within the v.r. of modern man (80.2°–88.6°) and is much larger than those of HSE of China (57°–68°), Pithecanthropus of Java (62° and 62.5°), Ehringsdorf (63°), Kabwe (68°) and Neanderthals of Europe (59°–69°). The angle g-i-l of Dali is slightly larger than that of Neanderthals of West Asia (74°–81°).

The ratio of the subtense (FRS) to n-b chord is 24.1 (Table 49, p. 119). It is slightly higher than the v.r. of EMH of China (20.2–23.9). The magnitude of Dali is much larger than those of HSE of China (14.2–21.2), Bodo (18.4), Kabwe (17.5) and MPH of Europe (16.2–18.9). This ratio became larger from Middle Pleistocene through Late Pleistocene, so Dali cranium could be considered reaching the state of modern humans or "modern" state.

According to the data available, Dali cranium is the only MPH skull which reaches the "modern" state or level in the above mentioned two features.

3. Some features of Dali cranium are concordant with or close to those in a.m.HS, and they are more progressive than those in MPH of Europe and Africa. They include:

The depth of facial skeleton (ba-pr) is 105 mm (Table 21, p. 73). This is within the v.r. of EMH of China (100.0–113.6 mm) and close to that of modern man (average for 60 cases: 97.2 mm), and is shorter than those of MPH of Europe (115–133 mm) and Africa (116–121? mm). The v.r. of Early Pleistocene humans is very wide. The magnitude of Sangiran 17 is 136 mm, those of Dmanisi D 2700 and D 4500 are 106.5 mm and 126.7 mm respectively, those of KNM-ER 1813 and KNM-ER 3733 are 94? mm and 118 mm respectively. The v.r. of Early Pleistocene humans overlaps that of MPH, while it tends to become shorter from Middle Pleistocene to recent time.

The ratio of ba-n to ba-pr is 102.6 (Table 21, p. 73). It falls within the v.r. of EMH of China (99.3–104.5) and close to the average of modern man (101.7). The magnitude of Dali cranium is much larger than that of Bodo (88.4), Kabwe (93.1), and MPH of Europe (83.1–94.8, including Arago, Atapuerca SH, and Petralona). The magnitudes of Sangiran 17 and KNM-ER 3733 are 82.6 and 90.7 respectively. The v.r. of Early Pleistocene humans overlaps in large scale with the v.r. of MPH of Europe and Africa or tends to become slightly higher. The tendency of growing higher could be shown in modern humans.

The ratio of ba-pr to g-op is 50.8 (Table 21, p. 73). This is much lower than that of Kabwe (55.2, 56.3 or 57.0 according to different authors), MPH of Europe (55.9–66.8, including Arago, Atapuerca SH and Petralona). The v.r. of EMH of China (52.1–59.9) overlaps that of MPH of Europe. The values of Dmanisi D 2700, Sangiran 17, KNM-ER 1813 and KNM-ER 3733 are 64.5, 62.3 (or 67.3, or 63.2 according to different authors), 64.8 and 65.5 or 66.2 respectively. But that of Dmanisi D 4500 (75.0) is especially high and out of the v.r. of MPH. The development tendency of this feature shown by these data suggests that it is reasonable to infer that this feature of Dali cranium has reached the "modern" state.

The Prosthion angle ($\angle$ba-pr-n) is 69.5° (Table 36, p. 93). This is close to the average of modern man (71.4°±3.1°) and much larger than that of Bodo (59.0°), Kabwe (62.1°), Atapuerca SH 5 (60.9°) and Petralona (62.0°). This angle of KNM-ER 3733 (cast) is 57.0°. In general, this angle becomes larger suddenly in later period of human evolution.

In addition, the infraorbital plane is close to coronal plane and has canine fossa.

4. Some features of Dali cranium are close to those of MPH of Europe and/or Africa and different from those in HSE of China. Most of them are within the v.r. of or close to those of EMH and/or modern man. They include:

The index formed by the calotte height above glabella-inion chord with the glabella-inion length is 48.2 (Table 6, p. 41). It is close to that of Steinheim (47.5) and higher than those of HSE from ZKD (34.9–41.2), Pithecanthropus of Java (33.3–37.4), Saldanha (45.0), Jebel Irhoud 1 (43.7) and Kabwe (40.9). The magnitude of Dali falls within the v.r. of Skhul (41.0–52.6) and is very close to the lower limit of the v.r. of EMH of Europe (49.0–60.6). It is also within the v.r. of Neanderthals of Europe (39.2–48.7) and Asia (47.2–53.4).

Transverse fronto-parietal index (ft-ft/eu-eu) is 69.6 (Table 7, p. 43). It falls within the v.r. of MPH of Europe (67.1–77.9) and EMH of China (66.9–77.1). It is close to that of Minatogawa II (68.7). The magnitude of Dali is higher than those of HSE of China (55.9–64.5) and MPH of Africa (57.5–64.3). Dali's value is much lower than that of Jinniushan (77.0).

The arc n-o is 379 mm (Tables 8, 9, 10, pp. 46, 48, 49). It is within the v.r. of MPH of Europe and Africa (340–380 mm), EMH of China and Japan (335–388.5 mm), and modern man (343–398 mm). The value of Dali is much longer than those in HSE of China (321–340? mm) and Middle Pleistocene Jinniushan (362 mm). The arc n-o of Ngandong 5 is estimated as 381 mm, while the other 5 specimens vary from 338 mm to 356 mm, the average of all 6 specimens is 353.3 mm. In general, the n-o chord of Ngandong is much shorter than that of Dali.

The total midsagittal cranial curvature (n-o/arc n-o) is 37.7 (Table 10, p. 49). It is very close to that of Ehringsdorf (37.1).This falls within the v.r. of both EMH of China (36.4–40.3) and modern man (35.2–39.9). This curvature of Dali is close to the average of EMH of China (38.3) and lower than those of HSE from ZKD (43.6–44.9?), Nanjing 1 (48.8) and Hexian (38.5), as well as that of Kabwe (40.0).

The ratio of greater frontal breadth (co-co) to occipital breadth (ast-ast) is 103.5 (Table 17, p. 63). It falls within the v.r. of MPH of Europe (93.6–108.8) but higher than the highest value of HSE of China (ZKD X, 99.1?) and those of African MPH (90.5–95.7). This ratio of Dali falls within the v.r. of EMH of China (100–114.0?) and very close to the average of modern man of Sepúlveda (male, 103.0±6.7; female, 105.6±6.8).

The least frontal breadth (ft-ft) is 104 mm (Tables 46, 47, pp. 112, 116). It is within the v.r. of MPH of Europe (100–117 mm), MPH of Africa (81?–103 mm) and the v.r. of EMH of China (83?–110 mm), EMH of Europe (91–111 mm) as well as that of EMH of West Asia (96–110 mm). This measurement of Dali is very close to the average values of the latter two groups (105±5 mm and 103±5 mm respectively) and is much longer than those in HSE of China (80–93 mm).

The ratio of ft-ft to co-co is 87.4 (Table 46, p. 112). It falls within the v.r. of MPH of Europe (86.1–100), MPH of Africa (82.7–89.6), EMH of China (76.0–90.5), EMH of Europe (81.3–87.7), and is larger than those of HSE of China (77.8?–84.3).

The bi-stephanion breadth (st-st) is 108 mm (Table 47, p. 116). It falls within the v.r. of MPH of Europe (102–130 mm). It is between those of Bodo (104 mm) and Kabwe (112 mm). This measurement of Dali is longer than those of HSE of China (79–103 mm), but it is very close to the average of modern man (110.42 mm).

The ratio of subtense to g-b chord is 17.3 (Table 50, p. 121). It falls within the v.r. of both MPH of Africa (13.2–20.4) and EMH of China (16.5–21.4). It is higher than those of HSE of China (11.4–16.7). This ratio of Dali is very close to that of Maba (17.7).

The chord/arc index at the middle portion of parietal bone is 91.3 (Table 54, p. 127). It is close to those of Petralona (91.7 or 91.8, according to different authors), Arago (93.2), and Narmada (89.8) as well as the average of modern man (89.7) and but it is much smaller than those of HSE from ZKD (95.2–98.5).

The length of chord of posterior margin of parietal bone (l-ast) is 94 mm (Table 57, p. 129). This falls within the v.r. of MPH of Europe (74.5–95.6 mm) and is close to those of EMH of China (79–93 mm), while it is much longer than those of HSE of China (77–87 mm).

The profile angle of frontal bone ($\angle$ m-g-i) is 74° (Table 18, p. 67). It is very close to that of Ehringsdorf (73.5°) and falls within the v.r. of modern man (70°–96°, while other author gave a different data: 91.4°–100.3°) but this angle of Dali is much larger than those of Ceprano (60°), MPH of Africa (60°–67°), HSE of China (54°–63°) and two specimens of Pithecanthropus of Java (47.5°and 55°).

The upper facial breadth (fmt-fmt) is 121 mm (Table 26, p. 80). This is slightly shorter than the average of MPH of Europe, Africa and West Asia (123.0±10.4 mm) and falls within the v.r. of EMH of China (107–122 mm), while this breadth of Dali is much longer than those of HSE of China (107–114.5 mm, including ZKD XII and Nanjing) and those of Upper Paleolithic humans of Europe and Near East (109.7±4.6 mm).

Bifrontal breadth (fm:a-fm:a) is 114 mm (Tables 23, 27, pp. 76, 81), very close to the average of MPH of Europe, Africa and West Asia (114.7±8.5 mm), much longer than those of HSE of China (96–104 mm), Maba (100? mm), the average of those of early Late Paleolithic humans of Europe and Near East (102.5±5.3 mm) as well as Mongloids (male, 96.13–101.56 mm, female, 91.11–95.67 mm).

The data of Dali in above mentioned items are concordant with or close to those in a.m.HS. The data in following 2 items of Dali are not.

The biorbital breadth (ek-ek) is 111 mm (Table 24, p. 77). It is between Atapuerca SH 5 (113 mm) and Atapuerca SH 6 (100 mm), but much shorter than that of Petralona (124 mm). It is much longer than those of HSE of China (94?–98 mm) and somewhat different from those in EMH of China (100–108 mm).

The ratio of chord of posterior margin of parietal (l-ast) to the bregma-asterion chord (b-ast) is 71.8 (Table 57, p. 129). It falls in the upper part of the v.r. of Atapuerca SH (6 cases, 10 sides, 62.7–72.4), and is much higher than those of EMH of China (58.5–64.4) and those of HSE of China (58.6–69.4).

In addition, the following non-metric features are also of this kind.

Supraorbital process is absent in Dali and Maba crania. It is variably present in MPH of Europe and Africa while it is generally present in HSE of China.

The medial and lateral portions of the upper margin of the supraorbital torus form an obtuse angle instead of a curve in Dali cranium. This shape of this contour is similar to those in Petralona, Bodo, and Kabwe, while the upper margin of this torus is a curve in other MPH of China.

A bulge is present between the orbit and nasal aperture in Dali. A similar structure is present in Petralona, Bodo, and Kabwe, but absent in HSE of China.

In lateral view, the profile above the nasion forms an angle with that below the nasion, so forming a nasion depression in Dali and Maba skulls, while the profiles above and below the nasion continue to form a shallow curve in HSE of China and modern man. The shape of this region in KNM-ER 3733, OH 9, Bodo, Petralona and Steinheim is similar to that in Dali, while this region in Kabwe and Atapuerca SH 5 is similar to that of modern man.

5. Some features of Dali cranium are intermediate between those of MPH and EMH. Among them, some are in the overlapping area of the two groups, and some are out of the v.r. of both MPH and EMH. They include:

The ratio of the height of occipital bone (l-ba) and the breadth of it (ast-ast) is 100.9 (Table 63, p. 142). This is smaller than those of modern man (101.6–124.5) and EMH of China (111.6–120.4). It is larger than those of Petralona (99.2), Atapuerca SH 5 (93.8), Ceprano (82.0), Kabwe (92.6), and Namarda (83.3). If these data imply that this ratio tends to become higher from MPH to modern man, the ratio of Arago (114.2, according to de Lumley et al., 2008) seems to indicate that this population reached the "modern" state earlier than all other MPH. But the basis of the reconstruction of Arago skull includes only facial bone and a parietal bone, the data of its occipital bone may not be very correct.

The cranial volume is 1120 cm^3 (Table 38, p. 96).

The ratio of the cerebral fossa to the cerebellar fossa is about 3 : 2.

Distance between inion and the center of internal occipital protuberance is 11 mm.

The shape of the contour of the vault in hind view is intermediate between those of MPH and EMH.

The line vertical to the FH and passing through the lateral point of the mandibular fossa passes through the cranial wall, and the mandibular fossa is completely under the middle cranial fossa. The center of mandibular fossa of HSE from ZKD and Trinil corresponds to the internal surface of cranial wall.

Cranial breadth at supramastoid ridge is nearly equal to that at temporal squama.

Presence of weak bregma eminence.

The angular torus is at the external surface of parietal bone, while the torus of HSE can be shown at both external and internal surfaces.

The lateral part of occipital torus is much weaker than that of HSE from ZKD.

Opisthocranion is located between the occipital surface and the transitional part between occipital and nuchal surfaces.

Thickness of the tympanic plate is intermediate between modern man and HSE from ZKD.

The connection between the temporal and infra-temporal surfaces of the greater wing of sphenoid bone is gradually transitional without obvious infra-temporal ridge in between. This shape is intermediate between those of HSE from ZKD and modern man.

Crista galli is broad and not high, while it is very thin in modern man and absent in HSE from ZKD.

The branching pattern of the middle meningeal artery is somewhat similar to that in the latest skull-cap of HSE from ZKD (No. V). As a whole, the branching in Dali cranium is richer than that in HSE from ZKD.

The lateral part of the left transverse sulcus runs along the parieto-mastoid suture, and the right transverse sulcus passes through the parietal bone. While the transverse sulcus passes from occipital bone to temporal bone in HSE, it passes through the postero-inferior angle of parietal bone in recent man.

6. Some other features of Dali cranium are also concordant with or close to those of a.m.HS. They include:

Bregma position index based on g-op is 39.5 (Table 4, p. 39). This is within the v.r. of both EMH of China (33.7–44.2) and HSE of China (37–42). However, it is slightly higher than those of EMH of Europe (28–37).

The chord/arc index of n-i is 189.9 (Table 11, p. 50). It is between those of male (181.2) and female (203.7) of Oberkassel, and close to the average of that of Mid-century population of Japan (200.0). This index of Dali is higher than that of Neanderthals (145.1–178.1).

The ratio of glabella subtense fraction to g-b chord (M29f/M29d) is 43.4 (Table 52, p. 124). It falls within the v.r. of EMH of China (42.8–48.5) and that of African MPH (42.6–58.5). This ratio of Dali is between those of Jebel Irhoud 1 (42.6) and Jebel Irhoud 2 (45.4). The ratio of Dali is also lower than that of Maba (45.1), those of HSE of China (47.0–50.9), Arago (50.7), and Ceprano (60.8).

The ratio of height of temporal squama to the auricular height is 45.6 (p. 155). It falls within the v.r. of EMH (41.4–49.1, including Oberkassel, Skhul 5 & 9) and modern Japanese (37.1–49.6). The value of Dali is much higher than those of HSE from ZKD (31.0–38.0, including III, X, XI and XII) and Neanderthals (32.2–39.3, including La Chapelle, Gibraltar, Tabun 1, Shanidar, and Amud).

The height/length index of the temporal squama is 64.6 (Table 72, p. 153). It is very close to the averages of modern Japanese (male: 68.1; female: 66.7) and within the v.r. of them (male: 57.5–87.7; female: 56.4–77.0). That of Dali cranium is higher than those of HSE of China (45.2–60), but lower than those of Skhul (68.6–81.3) and those of Atapuerca SH (69.3–79.7).

The nasion angle ($\angle$ba-n-pr) is 68.5° (Table 36, p. 93). It is very close to the average of modern man (69.6°±3.5°) and those of Petralona (69.3°) and Kabwe (71.5°). However, the value of Dali is smaller than many other MPH (Bodo, 76°; Atapuerca SH 5, 76.2°) and Neanderthals (73.6°±3.5°), his angle of Dali is much smaller than that of KNM-ER 3733 (81°).

The naso-dental clivus has been deformed, but it can be estimated as 20 mm in length (p. 8). This is between the average of modern man of East Asia (16.9 mm) and Neanderthal (24.2 mm). The clivi of MPH from Chaoxian and Changyang are 28.4 mm and 24.5 mm, respectively.

The ratio of the occipital breadth (ast-ast) to max. cranial breadth (eu/eu) is 76.7 (Table 17, p. 63), and is within the v.r. of EMH of China (76.0–84.6) and the v.r. of HSE of China (69.3–104.9?). It is close to that of Petralona (76.6, Stringer et al., 1979), the average of female of Sepúlveda (77.8±3.0), those of Dmanisi D 2280 (76.5) and Sangiran 17 (77.0). These data make the author think about that it is not enough to consider any feature which reaches the "modern" state as having evolutionary significance without other more convincing evidence.

7. Some features of Dali cranium are intermediate between those of HSE of China and modern humans, and close to those of MPH of Europe and/or Africa. They include:

The ratio of nasio-occipital length (n-op) to total cranial arc (arc n-o) is 51.8 (Table 9, p. 48). This is lower than those of HSE from ZKD (55.7–57.3) and HSE from Nanjing (61.3). It is slightly lower than that of Hexian (53.2). It is slightly higher than the highest value of those of EMH of China (47.2–51.0) and falls within the v.r. of MPH of Europe (49.5–54.4) and slightly lower than that of Kabwe (54.2).

The ratio of greater frontal breadth (co-co) to maximum cranial breadth (eu-eu) is 79.3 (Table 17, p. 63). This is intermediate between HSE of China (68.5–76.9?) and EMH of China (79.7–93.1). It is close to that of the latter group and is within the v.r. of modern man of Sepúlveda (male, 72.9–90.1; female, 77.7–90.8). This ratio of Dali is within the v.r. of MPH of Europe (75.0–87.9), the v.r. of African MPH (74.7–81.6) and the v.r. of Neanderthals of Europe (75.5–83.4). However, tis ratio of Dali is much smaller than the averages of those of EMH of Europe (male, 87.9; female, 85.2).

The distance between parietal tubercles of the two sides is 139 mm (p. 33), and the ratio of this distance to maximum cranial breadth is 93.0. It is close to those of Ceprano (93.1) and Petralona (91.3) and between those of HSE of China and modern man.

8. Some features of Dali cranium are similar or close to those of many human fossils of China the majority of these features are close to the a.m.HS, while majority of MPH of Europe and/or Africa are quite different from those of Dali cranium. They include:

Frontal angle (M32(5)) is 128° (Table 19, p. 69). This is within the v.r. of HSE of China (125°–146°), and close to the average of early Upper Paleolithic humans (128.1°±4.1°). It is much lower than those of Atapuerca SH (139.8°–145.8°), Ceprano (138°) and MPH of African (133.2°–140°).

The ratio of subtense (M29c) to the frontal chord (n-b, M29) is 43.9 (Table 51, p. 122). This value is within the v.r. of both HSE of China (39.3–51.3) and EMH of China (43.0–46.0), and slightly lower than that of Maba (47.4). This ratio of Dali is close to those of Jebel Irhoud 1 (44.9) and Narmada (45.8), but lower than those of other MPH of Africa (47.0–54.2) and those of Petralona (50.0), Arago (49.5). Nevertheless, the v.r. of all these MPH outside China overlaps the v.r. of HSE of China.

The occipital angle is 96° (Table 19, p. 69). It falls within the v.r. of HSE of China (95°–108°) and is much smaller than those of Atapuerca SH (106.5°–126.1°). Dali's value is even smaller than those of Early Pleistocene humans of Africa (101°–118°), Dmanisi (107°–117°) and Sangiran (100°–105°).

The ratio of nasio-frontal subtense (M43b, NAS) to bifrontal breadth (M43a, FMB) is 16.5 (Table 23, p. 76). This falls within the v.r. of both HSE of China (13.9–18.3) and EMH of China (12.8–23.8). It is smaller than those of MPH of Europe (17.3–19.6).

The upper facial index (n-pr/zy-zy) is 53.2 (Table 25, p. 78). It is within the v.r. of EMH of China (48.5–53.8) and are not quite different from those of ZKD XII (54.5), HSE from Nanjing (49.9) and Jinniushan (50.1). It is lower than those of MPH of Africa (54.2–64.8) and slightly lower than most of MPH of Europe (55.3–61.2) except Arago (52.6).

Anterior interorbital breadth (mf-mf) is 21.5 mm (Tables 26, 31, pp. 80, 87). It is close to those of EMH of China (19.1–21.2 mm) and HSE of ZKD XII (21 mm) as well as that of Maba (20.8 mm). It is slightly longer than HSE from Nanjing (17 mm). While those of MPH of Europe, Africa and West Asia (29.5±2.2 mm), and Neanderthals (24.2±7.5 mm) are much longer than those in fossils of China. However, the value of Dali is close to that of early Upper Paleolithic humans of Europe and Near East (23.4±2.9 mm).

Interorbital breadth (d-d) is 26 mm (Tables 26, 27, pp. 80, 81). It equals that of Maba (26 mm) and close to HSE from ZKD (No. XII, 25 mm), but is longer than that of HSE from Nanjing and those of EMH of China (19.1–21.2). The average in MPH of Europe, Africa and West Asia (32.9±3.6 mm) and the average in Neanderthals (28.5±8.0 mm) are longer than that of Dali cranium. However, Arago (21 mm) is shorter than that of Dali.

Bizygomatic width (zm-zm, reconstructed) is 103? mm (Table 28, p. 82). It is within the v.r. of EMH of China (97.1–106.4 mm) and may be in the upper part of the v.r. of modern man (94.5±5.4 mm). It is close to those of HES from Nanjing (reconstructed, 100? mm) and ZKD (XII, reconstructed, 103 mm). This width of Dali cranium is much shorter than those of Arago 21 (112 mm) and Petralona (128.4 mm or 119 mm according to Stringer et al., 1979 and de Lumley et al., 2008 respectively).

Distance between the preserved right infraorbital foramen and infraorbital margin is 8.3 mm in Dali (p. 87). This is close to that in HSE of Nanjing (7.5 mm) and those of modern Chinese (3.5–10.2 mm, average 7.6 mm), while that of Dali skull is much shorter than those of Atapuerca SH (14.1–17.7 mm) and that in Petralona (16.4 mm).

In addition, some non-metric features of Dali skull are also concordant with many or even most Chinese human fossils and different from those of MPH of Europe and Africa. They are:

Mid-sagittal ridge is present at the lower part of frontal squama. Bottom of the ridge is much narrower than those in Petralona, Bodo, and Kabwe which are considered by some paleoanthropologists as having "mid-sagittal keeling". In fact, the so-called "mid-sagittal keeling" in these specimens is actually a low eminence with broad base instead of a narrower "ridge" in most Chinese MPH except that in Nanjing 2 which is similar to those of MPH of Europe and Africa in having broad and low eminence.

There is a small bone between parietal and occipital bones of Dali cranium (p. 16). It suggests possible presence of an Inca bone, whose frequency is high in HSE from ZKD, and it has high possibility to be present in the human fossils from Xujiayao, Dingcun and Shigou, while the small bone between parietal and occipital bones presents only in Petralona among MPH of Euro-Africa.

The fronto-nasal and fronto-maxillary sutures of both sides form a shape of inverse-V with a highly obtuse angle, which is close to the shape seen in other fossils of China.

The profile of nasal bone is close to vertical in Dali cranium. All of the human fossils of China are like this with only two exceptions (Nanjing 1 and Laishui).

The maxilla-alveolar ridge is curved as in other human fossils of China, while this ridge is close to a straight line.

9. A feature of Dali cranium is closer to those of HSE of China and Kabwe than to those of MPH of Europe. It is:

The ratio of interorbital breadth (d-d) to bifrontal breadth (fm:a-fm:a) is 22.8 (Table 27, p. 81). It is within the v.r. of HSE of China (ZKD XII, 24.0 and Nanjing, 20.8) and close to that of Kabwe (22.6). However, it is much lower than those of Petralona (28.7), Atapuerca SH 4 (33.0), Atapuerca SH 5 (29.5), and Maba (26). The ratio of EMH of China (17.5–20.8) is lower than all of these MPH except HSE of Nanjing.

10. Two features of Dali cranium are rarely seen and seem to be unique for Dali. They include:

The angle g-i-o is 21° (Table 20, p. 72). It is much smaller than those of HSE of China (ZKD, 37°–44°; Nanjing, 49°) and Neanderthals (31°–54°) as well as modern man (31°–40°).

There is a square process of temporal squama inserting behind frontal bone and between parietal and sphenoid bones, so that the sutures in pterion region are obliquely placed Π-shaped.

Features of group 1 and some features in other groups support the attribution of Dali cranium to Middle Pleistocene. In general, the metric data of MPH are different from those of modern humans, no overlap of the v.r. of both groups can be shown, however, there are cases different from this. In this study, the data of features in groups 2, 3, 6, most of the features in groups 4, 8, part of features in groups 5, 7 show that both facial skeleton and nerocranium of Dali skull have many features whose data fall within the variation range of or very close to the level of corresponding features in modern humans, i.e., reaching the 'modern' state or level in human evolution or very close to it. These facts indicate that the "modernization" of features in the origin of modern humans could be seen not only on the facial skeleton but also on the neurocranium of Dali specimen. Moreover, the comparative data show that Dali skull is more progressive than other MPH and closer to modern humans in some of these features. Features in group 8 and other features show similarities with or close relations to those of many human fossils of China. Data of features in groups 2, 3 and part of data in groups 6, 8 show that Dali is obviously different from MPH of Euro-Africa. All of these suggests that it is reasonable to infer that Dali is one of the links in the human evolution of China instead of to be attributed to a same taxon covering most of MPH of this region (*H. heidelbergensis* as suggested by some paleoanthropologists). Data in groups 8, 9 and part of groups 1, 6 show that Dali is concordant with or close to Middle Pleistocene *H. erectus* of China, so there may be close relation between Dali and *H. erectus*. Data of groups 2, 4, 7 and part of groups 1, 5, 6 show that Dali is quite different from the middle Pleistocene *H. erectus* of China, so Dali should not be classified together with this subspecies or paleo-species. However, it is possible that Dali represents one of the descendants of another branch issued from the *H. erectus* in Early Pleistocene.

The above mentioned comparative study shows the large variation ranges for the various features in MPH implying high diversity in the morphology of them. These suggest that the human evolution is very complex with at least a few lineages coexisting in Middle Pleistocene, and they are correlated instead of being isolated from each other. Many MPH skulls of Asia and Europe are not different sharply in all features from EMH, and some features of some Asian and European MPH skulls fall within the v.r. of the corresponding features of EMH or very close to them. These suggest that the human evolution is much more complex than that many scholars used to think. The origin of modern humans is not limited in the Middle Pleistocene population of Africa.

Comparative study shows that the data of many features which appear in "modern" state in some Middle Pleistocene human skulls have their own evolutionary tendencies from more primitive to more progressive, in other words some became larger, and some grew smaller. Some features appear in "modern" state only in some MPH skulls, but exhibit more primitive state (similar or very close to the state of early Pleistocene) in other MPH fossils. The present author calls such kind of features quasi-modern features, they have special evolutionary significance in the origin of modern humans.

The magnitude of g-i-l angle of Dali skull falls within the v.r. of modern man, much higher than those in HSE of China and Pithecanthropus of Java, Ehringsdorf and Kabwe (see data mentioned above). The ratio of FRS to n-b chord of Dali is slightly higher than the highest value of of EMH of China, much higher than those of HSE of China, Kabwe and MPH of Europe. According to the development tendency of this feature this ratio of Dali could also be considered as reaching the "modern" state. The ratio of ba-n to ba-pr of Dali skull is within the v.r. of EMH of China, very close to the average of modern man, much higher than those of MPH of Africa and Europe, Sangiran 17, Dmanisi D 2700 and D 4500 as well as KNM-ER 3733. The prognathion angle (ba-pr-n) is very close to the average of modern man, larger than those of MPH of Africa and Europe as well as KNM-ER 3733. In sum, among the Middle Pleistocene fossils Dali cranium is the only one which shows "modern" state of these four features. Except the g-i-l angle the Early Pleistocene data of which are not available, the data of all other three features of MPH other than Dali retain the primitive state of Early Pleistocene without obvious difference. The special evolutionary significance of these features may imply that the "modern" state of above mentioned four (at least three) features shown in modern humans are derived from the population represented by Dali cranium instead of other fossils now available. This provide more evidence supporting the MRE hypothesis.

Some Middle Pleistocene human skulls other than Dali also have a few features exhibiting the "modern" state, but no skull has this kind of features more than those in Dali.

Some "modern" state features are shared by Dali and another or a few MPH skulls, but other MPH skulls still retain the primitive state of these features, in other words, they are similar or close to the state in Early Pleistocene. This kind of features also has special evolutionary significance and suggests that the "modern" state of these features shared by Dali and certain other MPH skulls is derived instead of being inherited from Early Pleistocene common ancestor. For example, the ratio of co-co to ast-ast of Dali falls within the v.r. of EMH of China and very close to the average of Sepúlveda. This average falls within the v.r. of MPH of Europe which overlaps that of EMH of China in large scale, while those of Kabwe and HSE of China are lower and retain the primitive state of Early Pleistocene. The transverse fronto-parietal index (ft-ft/eu-eu) of Dali is within the v.r. of EMH of China and is close to that of Minatogawa II. The v.r. of MPH of Europe overlaps that of EMH of China in large scale, while those of Kabwe and HSE of China retain the state of Early Pleistocene humans. These data imply that Dali and MPH of Europe are possible to make contribution in the formation of the "modern" state of these two features shown in modern humans. Because these two features of other MPH (Kabwe and HSE of China) still retain in the primitive state, the "modern" state of these two features in Dali and MPH of Europe is most probably are derived instead of being inherited from the Early Pleistocene common ancestor. The sharing of the "modern" state of these two features by Dali and MPH of Europe may imply the existence of gene flow between them, then Dali and MPH of Europe could be considered belonging to the same species—*Homo sapiens*. To consider them belonging to different subspecies may be a reasonable choice.

A rough scenario of human evolution in Early and Middle Pleistocene will be presented in the following. *Homo sapiens* is an evolutionary species which appeared in or entered south-western part of Asia from Africa in the beginning of Pleistocene. Majority of this population migrated eastward and widely distributed in East Asia and South-east Asia. They are currently called *Homo erectus* (actually it could be considered a paleo-species or morpho-species which is different from the species in extant creatures in enabling exchanging genes with other paleo-species or morpho-species). Low and flatter upper face, deeply curved zygo-alveolar crest and high frequency of shovel-shaped upper incisor are predominant in this population. OH 10 and so called *Homo ergaster* are probably African representatives of this taxon. Human fossils from Ceprano and Arago are considered the European members of this taxon. The *H. erectus* of Early Pleistocene issued another branch which yielded a population represented by Dali cranium in Middle Pleistocene and developed to be the main contributor of the "modern" features in modern humans of East Asia in later time. In middle or late Early Pleistocene, another branch of hominid appeared in Africa and migrated to Europe. Some of the members are currently called *Homo heidelbergensis* (also a paleo-species). Longer and horizontally less flat upper face and less curved or almost straight zygo-alveolar crest are predominant in this taxon. Bodo and Petralona are probably the representative members of this taxon in Africa and Europe respectively. Atapuerca may represent another branch producing the Neanderthal lineage. Swanscombe may represent another lineage. In Middle Pleistocene *H. sapiens* were widely distributed in Africa and Eurasia with high diversity.

The multi-variate analysis of Jebel Irhoud shows that skull 1 and many reconstructions of skull 10 are within the v.r. of modern humans. The human fossils unearthed from this site are even considered as "the most securely dated evidence of the early phase of *Homo sapiens* evolution in Africa". Jebel Irhoud 10 is similar to Dali cranium in having low upper face, large nasal angle, curved zygo-alveolar crest and others. The supraorbital torus and occipital ridge of Jebel Irhoud 10 are much thinner than those in Dali. The supraorbital torus of Jebel Irhoud 10 tends to differentiate into medial and lateral arches. These are closer to modern humans and more progressive than those in Dali. The smaller prognathion angle and absence of canine fossa in Jebel Irhoud 10 are more primitive than those in Dali. Dali has chronometrical dates resulting from different techniques, including 209±23 ka, 349+53/−38 ka, and several dates between these. Recent TL date of Jebel Irhoud is 315±34 ka. Dali and Jebel Irhoud are probably close in date, but are rather different in morphology. They are separated with long geographical distance, but share some "modern" features. This is probably due to convergence instead of inheritance. That both Dali and Jebel Irhoud are closer to modern humans than all other MPH fossils and probably represent the main contributors to the origin of modern humans in Asia and Africa respectively provides further evidence for the Multi-regional Evolution hypothesis of modern human origins.

The comparative study in this monograph indicates that considerable number of features in both facial skeleton and neurocranium reached "modern" state around 300000 years ago. The "modernization" of the facial skeleton relates to the decrease of muscular force for taking and chewing food, and the that of the neurocranium relates to the modernization of brain. Both relate to the evolution of language. All of these inferences should be reflexed in the behavior of ancient humans, the present author expects that these inferences could be examined and expounded in archaeological researches.

The comparative data presented in this article show that in Dali and some MPH fossils there are some "modern" features coexisting with features which remain in the primitive state. This suggests that the mosaic of primitive and modern states of features in many fossils existed in the evolutionary course of modern human origins. In the beginning a few "modern" features occurred in some archaic humans, and the number of "modern" features increased through time. No evidence indicates that all "modern" features occurred suddenly in any one human fossil earlier than 40 ka. Morphological evidence supports that this course was a long and gradual process instead of an event rapidly accomplished in a short time. Based on the evidence available (fossils of Dali and Jebel Irhoud) this course lasted at least 0.3–0.4 million years and involved both modern and archaic types of humans.

Qafzeh, Skhul and Herto have been accepted to be the early representatives by paleoanthropologists. But all of them actually exhibit more or less features in archaic state. No human skull from these sites exhibits the full modern state. Actually it is impossible to draw a clear-cut border between archaic and modern humans.

It is certain that specimens from Maba, Jinniushan, Dongzhi, Harbin, Xujiayao and Xuchang should not be simply attributed to HSE. Many of them had absorbed gene flow from Europe, and most of them may belong to the lineages other than Dali. The photo shows that Harbin cranium may have higher affinities with Dali fossil than other fossils. In short, the morphologies of these fossils suggest a scenario exhibiting continuity with hybridization and a braided-stream network model including the existence of HSE, lineages represented by Dali cranium, and other fossils.

Human fossils from Ceprano and Arago belong to the paleo-species *Homo erectus*. Petralona is generally attributed to the paleo-species *Homo heidelbergensis*, while those from Swanscombe, Steinheim, and Atapuerca SH have obvious difference from them and could not be simply attributed to former two taxa. They are different from each other and could not be lumped together into one taxon. It is also not reasonable to lump Jebel Irhoud, Omo I, Omo II, Herto, Ngaloba, and Kabwe into one lineage. So it is better to consider that the models of human evolution in Europe and Africa are also braided-stream network-like.

The present author clearly understands that the extreme rarity of metric and nonmetric data for many features compared in this article may influence the validity of the inferences, and some of them may not be convincing or even mistaking. The present author expects that these inferences will be examined, confirmed, revised and/or corrected based on the appearance of new fossils and new studies.